汪文忠　编著

GONGYE
DIANLUBAN
XINPIAN
JI
WEIXIU
CONG RUMEN DAO JINGTONG

化学工业出版社
·北京·

图书在版编目（CIP）数据

工业电路板芯片级维修从入门到精通/汪文忠编著. —北京：化学工业出版社，2018.1（2024.6重印）

ISBN 978-7-122-31155-9

Ⅰ.①工… Ⅱ.①汪… Ⅲ.①印刷电路板（材料）-维修 Ⅳ.①TM215

中国版本图书馆CIP数据核字（2017）第300829号

责任编辑：宋 辉　　装帧设计：王晓宇

责任校对：边 涛

出版发行：化学工业出版社（北京市东城区青年湖南街13号 邮政编码100011）

印　　装：涿州市般润文化传播有限公司

787mm×1092mm 1/16 印张13½ 字数334千字 2024年6月北京第1版第9次印刷

购书咨询：010-64518888　　售后服务：010-64518899

网　　址：http：//www.cip.com.cn

凡购买本书，如有缺损质量问题，本社销售中心负责调换。

定　　价：58.00元

前言

《深度掌握工业电路板维修技术》一书自2013年出版以来，收到不少热心读者反馈，他们表示此书对工控电路板维修颇有助益，同时也指出了书中的一些不足之处。在此，笔者表示诚挚的感谢。经过几年的实际维修和培训体会，对工业电路板的维修又有一些新的感悟，基于此，在《深度掌握工业电路板维修技术》一书的基础上有了这本《工业电路板芯片级维修从入门到精通》，希望尽量把最核心、容易操作的东西呈现给大家。

工控行业电子电路维修最大的特点乃是“无图”。因为“无图”，如果从一般的维修思路入手，难免处处碰壁，太多的初涉工控维修者畏难而退，浅尝辄止，因此这一行业一直也只能维持着小众的从业人员，而坚持下来并乐在其中的优秀者，其待遇收益也非常可观。

常有人问我：我有××品牌的控制器，你能不能修？或者，我有××××型号的电路板，你能不能修？其实在有经验的电子维修技术人员眼中，一切电路板不过是基本的电子元件的组合，再加上些软件或可调试的硬件而已，他们的工作简单点说就是找出损坏的元件更换，所以那种维修一定要图纸的思想在电子技术日新月异，电子新产品层出不穷的今天已经不适合了，要适应新时期的维修工作，就要在可通用的维修思路上下工夫。

本书中，作者在内容安排上并不想照本宣科地把初学者引入高级阶段，所以那些特别基础的东西就没有介绍，读者或许先要有点电子电气常识，有些电路分析功底才适合参阅此书。笔者尽量贴近维修实践和真实案例来安排内容。

全书分为6章。

第1章　认识电子元件

维修的核心思想就是找到“坏件”，“坏件”就是引发故障的“病根”，针对此，围绕元件的可靠性，本章除了介绍工控电路中元件的特点之外，还要讨论元件损坏的工艺原因、环境原因、操作原因等，试图让读者摸清元件损坏的规律性的东西，形成一个统计概念，从而在维修实践中有的放矢。

第2章　正确使用维修工具

工欲善其事，必先利其器。维修工具的正确选择和使用是维修成功的前提和保证。亲见许多操作者因为工具的选用不当，使用不当，很难找到故障原因。即便在一块板上找到了坏件，因为糟糕的焊接，因为糟糕的拆卸，不但没有修复，还扩大了故障的范围。所以单独列出本章，对工具使用的注意事项、方法细节加以介绍，希望读者能够熟练使用维修工具。

第3章　典型电路分析

工控电路，各国各类，各型各款，多有差异。但万变不离其宗，掌握一些典型的基本电路，其他电路无非在此基础加减变化。本章重点介绍和分析一些数字逻辑电路，运算放大器电路，输入输出电路，开关电源电路，单片机电路，变频驱动电路等典型电路。电路死而思想活，做到“胸有成图”，因应工控电路“无图”的特点，见到未经手之电路，也可举一反三，融会贯通。

第 4 章　元器件测试详解

大部分的维修工作都会归结到对电路板元器件好坏的检测。本章归纳总结了工控电路板上常见元器件的测试方法，都是通过实际维修过程验证的较佳手段。

第 5 章　维修方法和技巧

维修工作久了，自然就有些觉得可行的捷径，本章中进行一些总结，把所谓的“秘诀”变成大家都可操作的手头指南，让大家少走弯路。

第 6 章　维修实例介绍

有实例，大家才觉得有操作性。本章介绍了笔者维修实践中的不少实例，从故障现象、维修思路、经验总结三个方面加以叙述介绍，读者遇到类似问题时可以照样修来，进而能够举一反三。为了给读者提供更多的学习资料，我们将本书未包含的维修案例做成视频，读者扫描下面的二维码即可观看学习。

然世界之大，无奇不有，各人各性，自有捷径坦途，通达目的，并不囿于方式方法，维修之道，亦是如此。故书中所述之言，或有谬误，所述之法，或走曲折，还望各位海涵。

此书在编写过程中，得到深圳市忠茂全芯科技有限公司、深圳市深度工控科技有限公司、东莞市芯维工控科技有限公司、东莞市全芯工控科技有限公司同仁，资深维修工程师肖茂林、汪海波、管颂的大力协助，许多实例及经验总结是大家共同努力的结果。另外，烟台远江电子科技的杨远江先生，神华神东煤炭集团锦界煤矿管理处的李运生先生，中山川芯电子科技公司的邓平先生，廊坊湛蓝自动化电气维修公司的刘学彬先生，海南盈仁和自动化设备有限公司的陈旭先生对本书的编写提供了许多实例和建议，书中所列某些检测方法，也是大家不断总结试验的结晶，在此一并向这几位业界同仁深表感谢！

编著者

作者微信

扫码看维修视频

目录

Chapter 1

第 1 章 认识电子元件

专家解读

工控电路维修的核心就是：找出“坏件”！

不管什么电路板，无非就是一些电子元件的组合，从理论上说，只要保证电路板上每一个元器件都是好的，那么可以认为这块电路板也就正常（排除调试及软件的因素）。进一步推定，在维修一块坏板时，只要检修人员逐个确认元件的好坏，直到找到坏件为止，然后把坏件更换，也就可以修好这块电路板了。因此，理论上，一个维修者可以不懂电路，可以不关心电路板品牌和型号，可以不关心电路板的工作原理、应用及操作方法，他只需关心每个电子元件的好坏，只要会测试确认每一个电子元件的好坏即可。这就给维修工作所涉及的行业范围一个很大的想象空间，小到身边的小家电，大到工厂的重型设备，甚至航空军工电子设备，都可以以这个核心思路来开展维修工作。

元件的损坏原因和机制多种多样，有些由制造工艺决定，有些由电路设计缺陷导致，有些由环境因素引起，还有些拜人为操作所赐。所以，要想高质量地完成维修工作，就必须对相关的电子元件有着深刻的认识，除了了解其外观、参数、测试方法以外，还要对制造工艺和损坏的统计规律有所熟悉，知道哪些东西容易坏，哪些东西不容易坏。这样在开展检修工作时就可有所侧重，避免盲目性，节省工作量。

同是一类元件，制造工艺的差异决定了元件的寿命和可靠性表现。比如同为电脑主板的滤波电解电容，有普通电解电容，有固态电解电容。普通电解电容介电材料为电解液，它的固有工艺特点决定了长时间工作情况下，这种电容必定会出现电解液干涸、漏电、ESR增加等种种老化变质情况，这会导致各种电路故障。

而固态电解电容的介电材料为导电性高分子，因为所谓的“固态”工艺，所以不存在普通电解电容那些问题。

电路的设计缺陷会导致批次问题。电路设计人员对某些元件的功率、耐压、温度参数取值欠妥，短时间可能故障体现不出来，但元件已经基本处于“满负荷”工作状态，参数裕度甚少，时间一长，故障就陆续出来了。曾经维修某品牌的无线终端，经常有LCD显示器不亮的故障，经检查，每次都是开关电源芯片反馈电路的一个2kΩ电阻损坏所致。此电阻是0805封装的贴片电阻，功率0.125W,但是此电阻长期工作在15V，计算其实际功率为0.1125W，接近满负荷，难怪容易坏了。

工业环境往往比较恶劣，许多设备工作在高温、高湿、多尘、油污、盐雾环境中，还有电网冲击、谐波干扰、自然雷击等等恶劣环境。虽然设备在设计时有所考虑，但实际情况往往难以预料，特别由于成本等因素，不少设备的工作环境未能按照设计要求来严格控制，糟糕的设备工作环境很大程度上造成了某些元件的损坏。在检修这一类故障时，就要把环境因素最可能导致的元件损坏考虑进去。

有些设备的损坏是由人为错误引起，这类故障大多是因为搞错电压或接错线，还有不按正常操作规程操作，机器长期大负荷引发的故障，还有不成功的维修导致的故障扩大等。

本章就围绕以上导致元件损坏的几个因素，围绕实际维修中工业电路板元件的具体特点来介绍内容。

1.1 电阻类元件

本书将电阻类元件分为插件电阻、贴片电阻、排阻、功率电阻、电位器和可调电阻、压敏电阻、热敏电阻来加以介绍，如此分类或许有点重叠，但便于维修实践中认识理解。

1.1.1 插件电阻

如图 1.1 所示，此类电阻是有引脚的，一般用色环来标识电阻的参数，电阻体较大的话也有用文字直接标识的。从制造工艺上来说，此类电阻可分为 4 个大类，分为实心碳质电阻器、绕线电阻器、薄膜电阻器、金属玻璃铀电阻器。

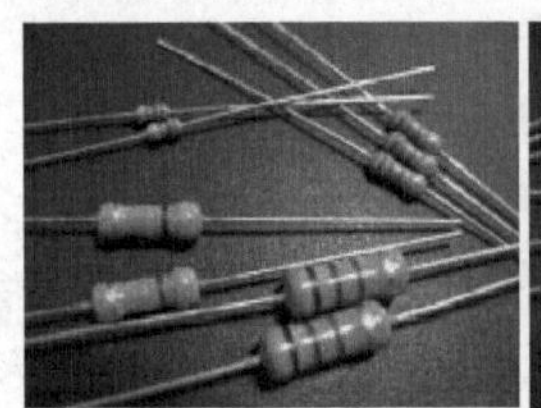
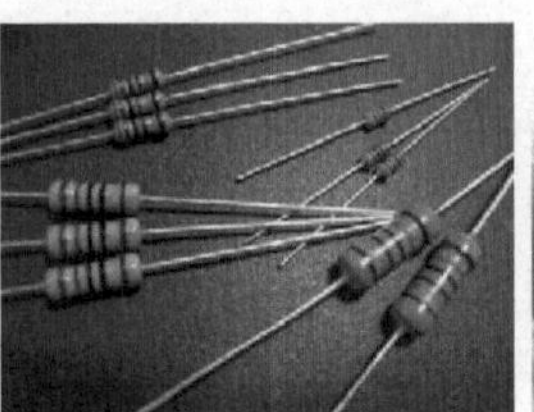
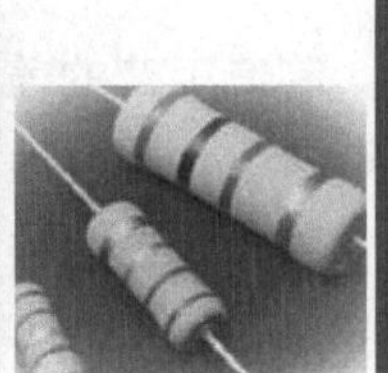
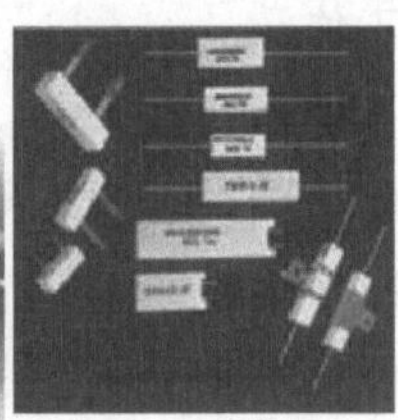

图 1.1　插件电阻

(1) 实心碳质电阻器

是用碳质颗粒状导电物质、填料和黏合剂混合制成一个实体的电阻器。价格低廉，但阻值误差、噪声电压都大，稳定性差，目前较少用，工控电路板上不会使用。

(2) 绕线电阻器

用高阻合金线绕在绝缘骨架上制成，外面涂有耐热的釉绝缘层或绝缘漆。绕线电阻具有较低的温度系数，阻值精度高，稳定性好，耐热耐腐蚀，主要做精密大功率电阻使用。因为是用线绕制，必然具有电感线圈的特点，所以此类电阻器的缺点是高频性能差。

(3) 薄膜电阻器

可分为 4 类，分别是碳膜电阻器、金属膜电阻器、金属氧化膜电阻器、合成膜电阻器。

① 碳膜电阻器是将结晶碳沉积在陶瓷棒骨架上制成。碳膜电阻器成本低、性能稳定、阻值范围宽、温度系数和电压系数低。观察工业电路板上的插件电阻器，碳膜电阻器的本体颜色多呈黄色、棕色，早期的工业电路板及一些低成本电路板上多有采用。如图 1.2 所示。

② 金属膜电阻器是用真空蒸发的方法将合金材料蒸镀于陶瓷棒骨架表面。金属膜电阻比碳膜电阻的精度高，稳定性好，噪声、温度系数小，在工业电路板上大部分采用的是此类电阻器。金属膜电阻器多是蓝色、绿色保护表层，无论早期近期，欧系美系工业电路板多会采用此类电阻器。如图 1.3 所示。

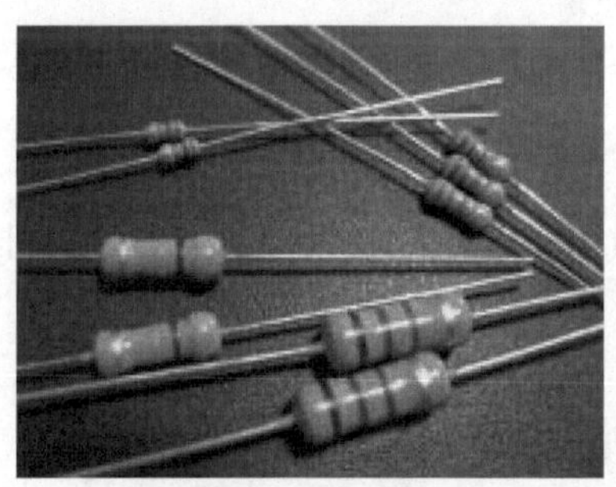

图 1.2　碳膜电阻器

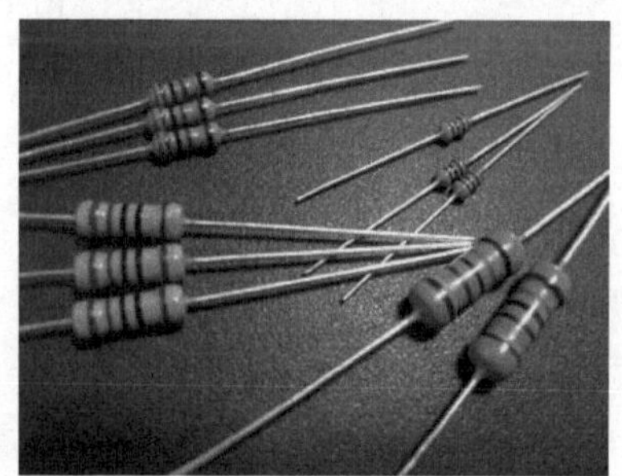

图 1.3　金属膜电阻器

③ 金属氧化膜电阻器是在绝缘棒上沉积一层金属氧化物。由于其本身即是氧化物，所以高温下稳定，耐热冲击，负载能力强，在电源电路、较大功率应用电路中多有采用。如图 1.4 所示。

图 1.4　金属氧化膜电阻器

图 1.5　合成膜电阻器

④ 合成膜电阻器是将导电合成物悬浮液涂敷在基体上而得，因此也叫漆膜电阻。由于其导电层呈现颗粒状结构，所以其噪声大，精度低，主要用来制造高压、高阻、小型电阻器。如图 1.5 所示。

1.1.2 贴片电阻

随着电路板功能增强、体积缩小，表面贴装技术（SMT）应运而生，电子元件都向着贴片化发展。片状电阻是金属玻璃釉电阻的一种形式，它的电阻体是高可靠的钌系列玻璃铀材料经过高温烧结而成，电极采用银钯合金浆料。体积小，精度高，稳定性好，由于其为片状元件，所以高频性能也很好。另有圆柱形的贴片电阻，内部结构同插件电阻没有什么不同，只是封装形式便于贴片机器的自动化操作而已。贴片电阻实物如图 1.6 所示。

图 1.6　贴片电阻实物

1.1.3 排阻

将数个相同阻值的电阻做成一体，便于在电路板上焊装，这类元件我们称之为排阻。如图 1.7 所示。

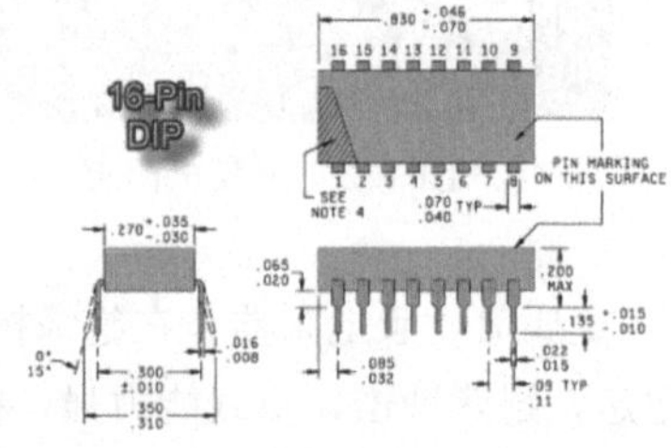

图 1.7　排阻

排阻分为 A 型排阻和 B 型排阻。A 型排阻有一个公共端（用白色的圆点表示），常见的排阻有 4 个、7 个、8 个电阻，所以引脚共有 5 个或 8 个或 9 个。B 型排阻没有公共端，常见的排阻有 4 个电阻，所以引脚共有 8 个。为便于安装，排阻有单列直插、双列直插及贴片等各类封装。

1.1.4 功率电阻

因为在电路中消耗的功率比较大，这类电阻损坏的概率也就大，所以将之归为一类拿出来单独认识。

如图 1.8 所示，此类电阻通常为陶瓷水泥电阻，电阻体是发热丝，使用耐火泥灌装充填

图 1.8　功率电阻

陶瓷外壳，再引出接线脚，有些还自带金属散热外壳。此类电阻用在大电流的场合，比如作为变频器的制动电阻。

1.1.5　电阻的参数标识及功率表示

(1) 电阻的参数及标识

电阻的主要参数包括阻值、功率、精度、热稳定性等。因为封装形式的多样，电阻参数的标识方法也各异。如果体积够大，通常会直接将阻值、功率、误差等文字印在电阻表面。更多的圆柱形状的电阻器会在圆柱体上涂上色环来表示电阻参数，色环标识的识别方法参照图 1.9，通常根据电路要求不同会制造出 4 色环、5 色环、6 色环的电阻，读数时从色环密集一端开始。4 色环电阻的第 1 道第 2 道色环表示数值，第 3 道色环表示 10 的倍率，第 4 道色环表示误差；5 色环电阻的第 1、2、3 道色环表示数值，第 4 道色环表示 10 的倍率，第 5 道色环表示误差；6 色环电阻的第 1、2、3、4、道色环表示意义与 5 色环电阻相同，第 6 道色环表示的是温度系数，不同的颜色对应不同的数值、倍率、误差和温度系数。工控电路板中较常见的是 4 色环和 5 色环的电阻。色环电阻的识别是电路板维修人员必须掌握的基本功。另有某些日系电路板的电阻会使用色点来标注，其表示方法和色环是一样的。

维修诀窍　巧记色环电阻

为了便于记忆，我们可以一边默念口诀：棕红橙黄绿，蓝紫灰白黑，一边依次弹出 10 个手指，念一种颜色，弹出一个手指，念到哪个颜色打住，弹出的手指数即颜色对应的数值，然后按色环电阻的取值规律来确定电阻的阻值和误差。

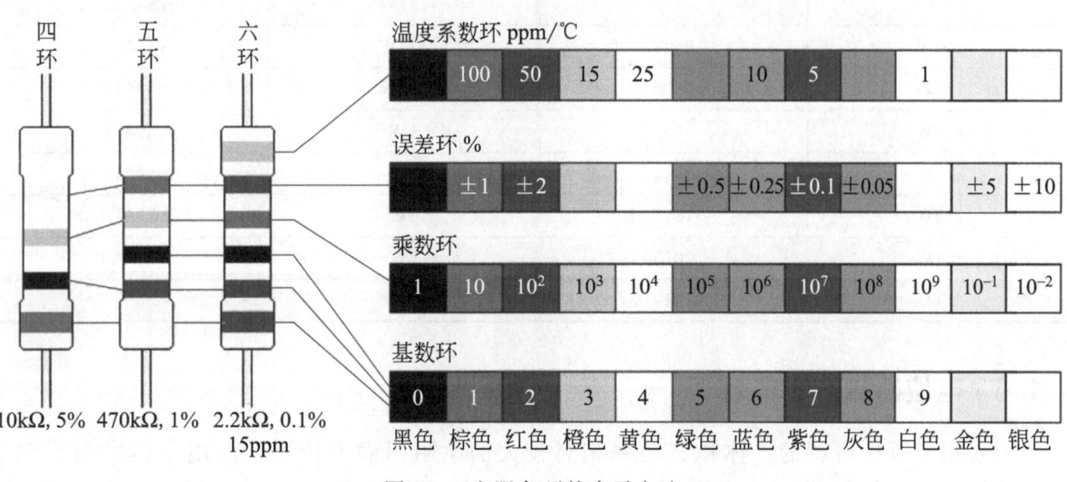

图 1.9　电阻色环的表示方法

贴片电阻是通过印在表面的字母和数字来表示的。

如果是用 3 个数字来表示，例如 103、202、510，那么对应的阻值是 10kΩ、2kΩ、51Ω，这三个数字第 1、2 位表示数值，第 3 位表示 10 的 n 次方，用 3 个数字表示的电阻误差默认为±5%。

如果是用 4 个数字来表示，例如 1002、2001、5100，那么对应的阻值是 10kΩ、2kΩ、510Ω，这三个数字第 1、2、3 位表示数值，第 4 位表示 10 的 n 次方，用 4 个数字表示的电阻误差默认为±1%。

另外还有数字配合字母的表示方法，例如 30R＝30Ω，33K2＝33.2kΩ，2R2＝2.2Ω，R22＝0.22Ω。

另外，某些欧系设备中的贴片电阻，表面会印上代码，通过查询代码表，查得代码对应的数值和倍率来读出阻值。例如代码 51X，51 代码对应的数值是 332，X 对应的倍率是 10 的负 1 次方即 0.1，所以阻值＝332×0.1＝33.2Ω，各代码对应的数值可见附录。

代码-倍率对应表

代码	A	B	C	D	E	F	G	H	X	Y	Z
倍率	10^0	10^1	10^2	10^3	10^4	10^5	10^6	10^7	10^{-1}	10^{-2}	10^{-3}

代码示例：
10Ω=01X
7.5kΩ=85B
150kΩ=18D
1MegΩ=01E

代码结构

XX X

X —倍率代码

XX —阻值代码

例：$10.2\text{k}\Omega = \dfrac{102}{02} \times \dfrac{10^2}{\text{C}}\Omega = 02\text{C}$

$33.2\Omega = \dfrac{332}{51} \times \dfrac{10^{-1}}{\text{X}} = 51\text{X}$

（2）电阻的功率

电阻都有一个额定功率，实际功率不能超过其额定功率，否则，电阻有可能因过热而烧毁。电阻的额定功率基本上由其体积决定，体积越大，功率也越大。体积较大的电阻，其标称功率一般会印在电阻表面上，而色环电阻、贴片电阻，额定功率和封装大小存在对应关系，表 1.1 列出了常用电阻的功率-封装对应关系，维修代换时应注意。

表 1.1　电阻功率-封装对应关系表

功率	封装(贴片式)	功率	封装(插接式)
1/16W	0402	1/8W	AXIAL0.3
1/10W	0603	1/4W	AXIAL0.4
1/8W	0805	1/2W	AXIAL0.5
1/4W	1206	1W	AXIAL0.6
1/3W	1210	2W	AXIAL0.8
1/2W	1812	3W	AXIAL1.0
3/4W	2010	5W	AXIAL1.2
1W	2512		

1.1.6 电位器和可调电阻

一般把带手柄可调的，体积、功率相对较大的电阻叫做电位器，而用小螺丝刀来调节的，体积、功率较小的电阻叫可调电阻，各种外观如图 1.10 所示。工控电路板常用到的为多圈精密可调电阻，一般用作模拟量的调整，调整好后用螺丝胶固定住，避免他人再去调整。维修时若怀疑某处模拟参数异常，在没有把握的情况下不可贸然调整可调电阻，如要调整，须将调整前的位置标记好，以防误调整后的恢复错误。

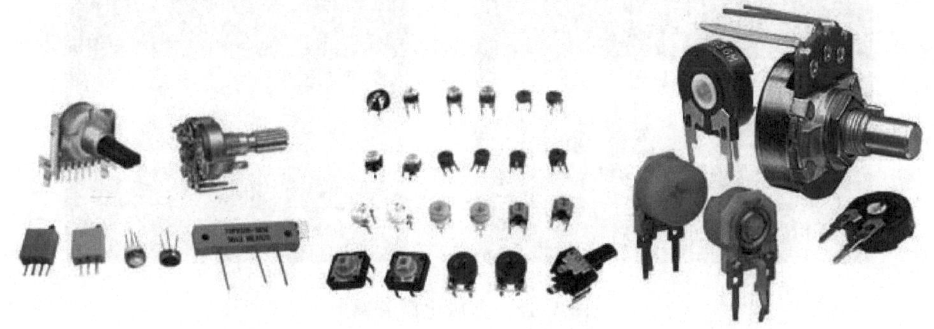

图 1.10 电位器和可调电阻

电位器和可调电阻的阻值标识方法与印字的电阻器基本相同。

1.1.7 热敏电阻

热敏电阻是对温度敏感的元件，不同的温度下表现出不同的电阻值。电阻值随着温度升高而变大的称为 PTC（正温度系数热敏电阻），电阻值随着温度升高而变小的称为 NTC（负温度系数热敏电阻）。热敏电阻如图 1.11 所示。

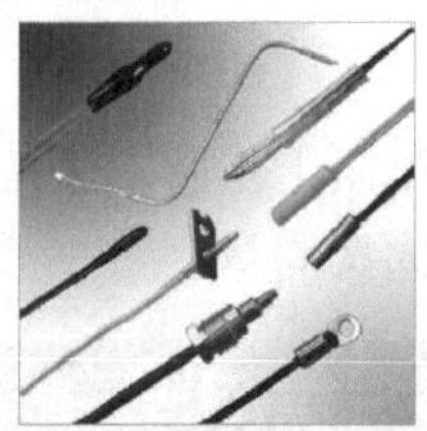

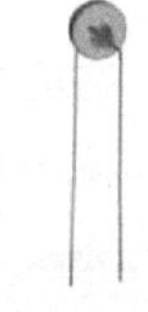

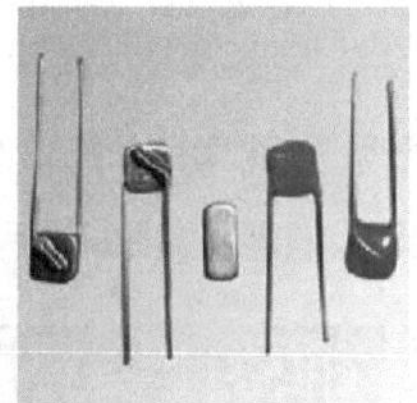

图 1.11 热敏电阻

1.1.8 电阻类元件检测判定方法

电阻是各种电路板中数量最多的元件，但不是损坏率最高的元件。电阻损坏以开路和阻值变大最为常见，阻值变小十分罕见。小阻值电阻（100Ω 以下）损坏时往往因为过流有烧黑的痕迹，从外观比较容易辨别。电阻失效除了电流过大引发的损坏，工作环境因素引起的损坏也是主要原因，如果外观观察电阻表面有锈蚀的情况，这种电阻损坏的可能性大。还有些电阻损坏外观看不出任何异样。

为什么电阻会有以上损坏特点呢？不难想象，绕线电阻因为用的是电阻丝，这就好比白炽灯的钨丝，通电后会有成分损耗，因而造成钨丝截面积减小，阻值自然增大了。而对于薄膜电阻和贴片电阻的情形，我们来看一下专业的失效分析。图 1.12 和图 1.13 是失效的薄膜电阻器表面被剥离后看到的内部情形。

我们可以看到，螺旋形的黑色电阻体某个区域因遭到侵蚀而变细或者断开，最终造成电阻的开路或阻值增大失效。电阻体被侵蚀的原因往往是因为水汽透过电阻的保护表层，在直流电场的作用下发生的电化学反应。

图 1.14 是贴片电阻因为使用过程中引出脚银的腐蚀和迁移造成空洞不断扩大，引发阻值变大甚至开路。

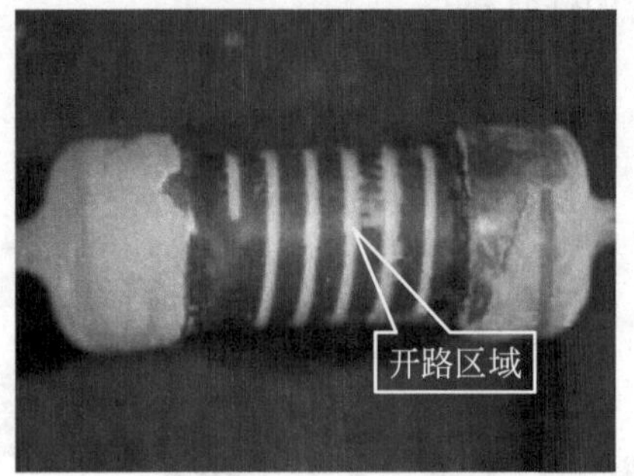

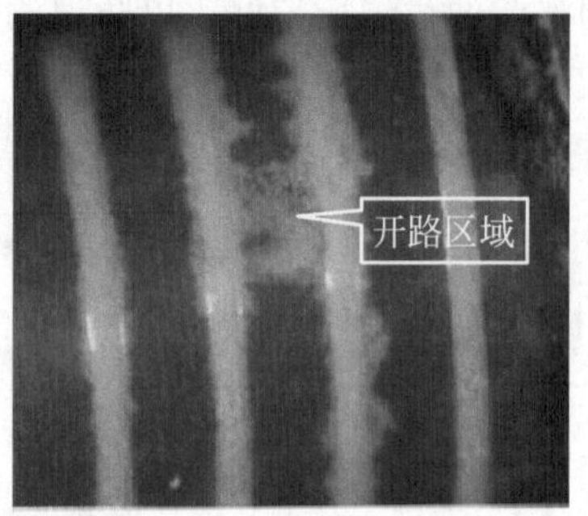

图 1.12　薄膜电阻开路

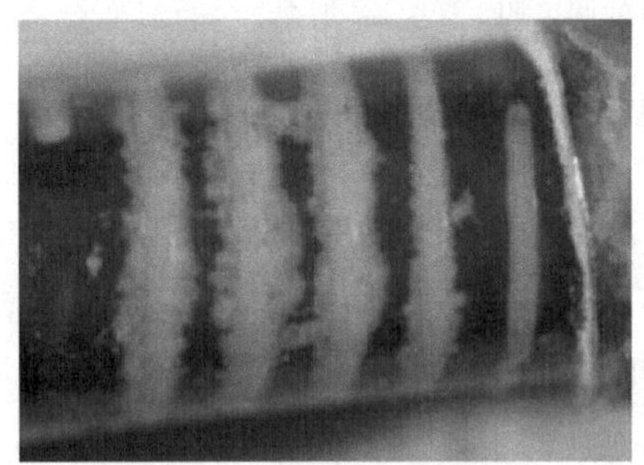

图 1.13　薄膜电阻阻值增大

图 1.14　贴片电阻引出脚银被腐蚀

常看见许多初学者检修电路时在电阻上折腾，又是拆又是焊的，其实修得多了，你只要了解了以上电阻的损坏特点，就不必大费周章。

维修诀窍　根据电阻查故障

电路原理告诉我们：电阻在电路中和其他元件并联以后的阻值必定小于或等于此电阻本身的阻值，根据这个特点，我们可以不从电路板上拆下电阻而在线测量其阻值，如果测得的阻值在误差范围内比被测电阻的标称阻值大，则此电阻一定损坏（注意要等阻值显示稳定后再下结论，因为电路中有可能并联电容元件，有一个充放电过程）。如果测得的阻值比标称阻值小或相等，由于电路可能有其他元件并联的原因，则一般不用理会它，因为电阻阻值变小的情况十分罕见，笔者也只见过 4~20mA 电流取样电路中的取样电阻有过一次这样的情形。在维修故障不明的电路板时，可以对电路板上每一个电阻都量一遍，即使“错判一千”，也不能放过一个！如果万用表反应够快，检测所耗工时也不会太多，万一真测出来那么一个阻值变大的“坏家伙”，很有可能它就是电路板异常罢工的“罪魁祸首”！笔者使用此法在维修实践中屡试不爽。

电位器常用于变频器速度调节电路中，损坏也大多是因为频繁调节引起的接触不良，或电阻体腐蚀引起的开路及阻值调节不连续故障。损坏后取相同参数规格的代换即可。

压敏电阻损坏时一般会爆裂，或有阻值（很少见），代换时要注意尺寸和电压。

1.1.9　电阻的代换

维修诀窍　电阻巧代换

在不完全清楚手头电路板原理的情况下，应该遵循的所有元件的代换原则是：以同级或更高级参数的元件来代换。 对于电阻则是：取相同或更高功率的电阻来代换，取相同或更高精度电阻值的电阻来代换，取相同或更高温度系数品质的电阻来代换。 在对频率敏感的电路中，更要注意代换电阻对频率可能的影响。

如果对电路的原理结构非常熟悉，知晓不同参数在电路中的影响大小，也可以根据手头现有元件方便行事。 有时手头缺少某款阻值的电阻，也不妨采用串、并联的方法来组成所需阻值的电阻，串、并联时要注意电阻功率的选取，进行必要的计算，考虑实际工作时每个电阻都不得超出其额定功率。

1.2　电容类元件

电容是工控电路板中使用量仅次于电阻的元件，各种电容外形见图 1.15。根据常见工控电路板的特点，下面将电容分为铝电解电容、钽电解电容、瓷片电容、薄膜电容、固态电容、法拉电容（超级电容）加以介绍。

1.2.1　铝电解电容

铝电解电容是将铝质圆筒状外壳作为负极，内部装有液体电解质，正极由铝带连电极引出。经过直流电压处理后，在正极铝带上形成氧化膜介质。铝电解电容容量可以做得很大，而且相对廉价，在低频滤波场合应用较多。

铝电解电容的容量从零点几微法到几万微法，耐压从 5V 到 630V 都算常见。如图 1.16 所示。电解电容的容量误差一般都是 20%。

图 1.15　各种电容外形

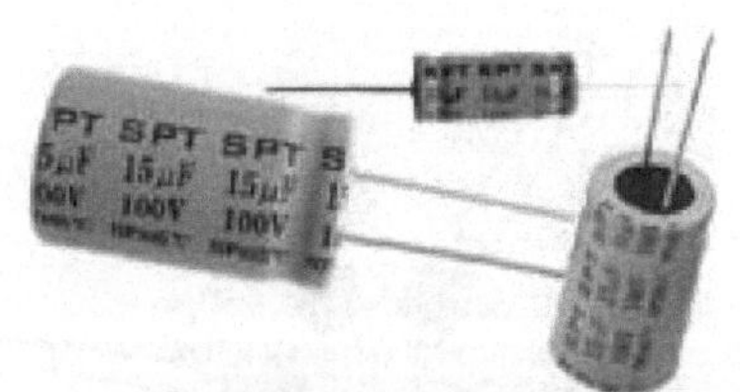

图 1.16　铝电解电容

因为铝电解电容的制造工艺特点，实际应用中，我们不能将电容看成理想电容器，要考虑的不仅仅是电容的电容特性，还要考虑电容的 ESR（串联等效电阻）和 ESL（串联等效电感）以及漏电等参数和特性。所谓 ESR，就是实际的电容器相当于理想电容器和一个电阻的串联，那么在通过电容的交流电流比较大的场合，因交流电流也同时要通过串联等效电阻，所以电源纹波会受到阻碍，滤波效果会大打折扣，同时，ESR会发热影响电容使用寿命。实际的电容器还有一定的电感特性，对交流电压电流具有阻碍作用，频率越高，作用越明显，因此对高频杂波的滤波效果不理想。另外，铝电解电容还存在一定的漏电流，电压越高，温度越高，漏电越明显。

基于以上因素，电路设计者会通过并联多个铝电解电容的方式来降低ESR的影响，同时会在铝电解电容上并联滤除高频成分的瓷片电容、独石电容等之类的小电容。

铝电解电容电解液的挥发不可避免，所以，铝电解电容几乎都会损坏，只是时间问题。

正常工作情况下，影响铝电解电容寿命的最大因素是温度。每增加10℃，电容的寿命减半。从笔者实际维修情况统计来看，品牌好的电容如NICHICON RUBYCON等牌子电解电容一般要10年以上才出问题，而质量不好的电容三五年就出问题。铝电解电容在代换时，须注意耐压的降比使用，应至少留足15%的耐压裕量。如24V电源使用25V耐压的电容，短时间应该不会出现问题，时间一长，问题就会显现，电容寿命会大打折扣。铝电解电容是有极性电容，要注意电容极性千万不可接反，否则会有爆炸危险，特别是高电压电解电容，接反后通电的爆炸威力会让人心有余悸。铝电解电容会在外壳上将负极特别标注，代换时须对照电路板上的正负极性，有些工控电路板不会在板上标注极性，拆卸更换之前须做好标记，以免更换再焊接时弄错。

1.2.2 钽电解电容

如图1.17所示钽电解电容使用稀土元素金属钽形成的五氧化二钽氧化膜作为介质，在工作过程中，具有自我修补的电化学特性，因为没有液态电解液，较之铝电解电容具有非常优异的性能，接近理想电容的特性。钽电解电容具有非常小的ESR和ESL，寿命长，耐高温，精度高，滤除高频谐波特性好，可以做到小型化。但其固有的工艺特点也决定了它的一些缺点。钽电解电容的电容量和耐压不可以做到很高，一般常见的容量在零点几微法到数百微法之间，耐压在5V到63V之间。因为较小的ESR和ESL，钽电容在电压加载瞬间，电流冲击比较大，这会造成钽电容击穿短路，我们在维修过程偶有碰到击穿短路的钽电解电容。另外，由于使用了稀土元素金属钽，钽电容的成本要比铝电解电容贵很多。钽电解电容也是有极性电容，厂家会在电容表面正极一端特别标注，这一点和铝电解电容在负极特别标注不同，初学者容易混淆，要特别注意。

图1.17 钽电解电容

1.2.3　瓷片电容

瓷片电容使用陶瓷做介质，其上涂覆一层金属薄膜，经高温烧结引出电极而成。瓷片电容容量稳定，绝缘性能好，耐高压，但容量小。如图 1.18 所示。

图 1.18　瓷片电容

1.2.4　独石电容

独石电容，也称 MLCC（Multi-layer ceramic capacitors），是片式多层陶瓷电容器英文缩写，有着不少优良的性能，近年来随着元件小型化及手机等消费类电子产品的快速发展而产量剧增。如图 1.19 所示。

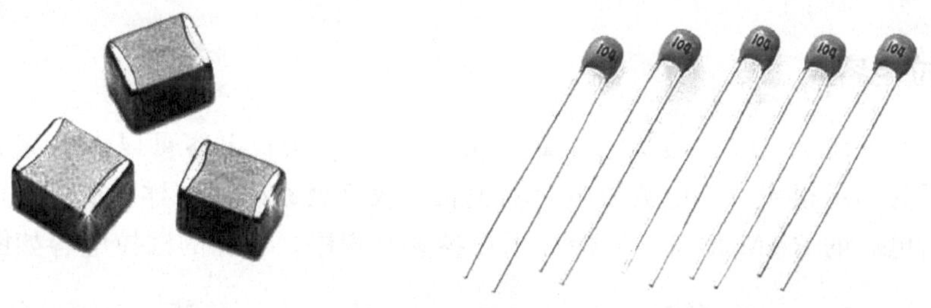

图 1.19　独石电容

1.2.5　薄膜电容

薄膜电容是以金属箔当电极，将其和聚乙酯、聚丙烯、聚苯乙烯或聚碳酸酯等塑料薄膜，从两端重叠后，卷绕成圆筒状的构造。而依塑料薄膜的种类又被分别称为聚乙酯电容（又称 Mylar 电容）、聚丙烯电容（又称 PP 电容）、聚苯乙烯电容（又称 PS 电容）和聚碳酸电容。随着工艺改进，在塑料薄膜上真空蒸镀一层很薄的金属作为电极，可以省去金属箔的厚度，便于电容的小型化。图 1.20 是各种薄膜电容器。

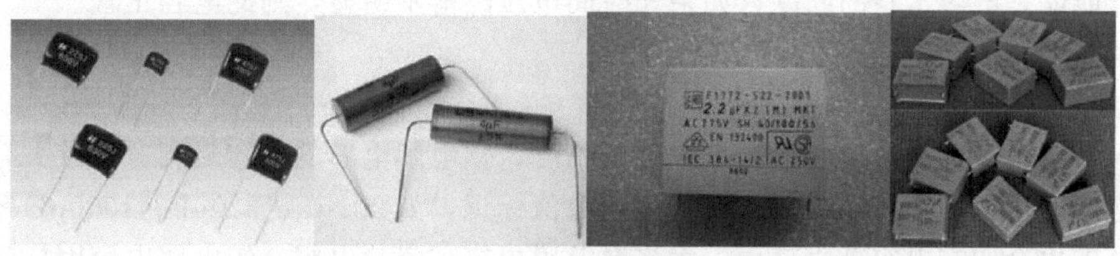

图 1.20　薄膜电容器

薄膜电容器具有不少优良特性：无极性，绝缘阻抗很高，频率特性优异（频率响应宽广），而且介质损失很小。因此在模拟电路中得以大量应用，高档音响更是以使用高品质薄膜电容器作为卖点和噱头。工业电路板中常见作为安规电容、电机启动电容以及仪器仪表电路中的振荡、信号耦合电容。

1.2.6 固态电容

固态电容全称固态铝质电解电容，如图 1.21 所示，它使用了与普通铝电解电容不同的介电材料。普通电容使用电解液，而固态电容使用导电性高分子作为介电材料，因而较之普通铝电解电容具有很多优良特性，如环保，温度特性优良，频率特性好，寿命长，低 ESR，不会爆浆、爆炸等。所以固态电容在仪器仪表、电脑主板及数码产品中已经得到大量应用。但固态电容的耐压不可以做到很高，这限制了它的应用范围。

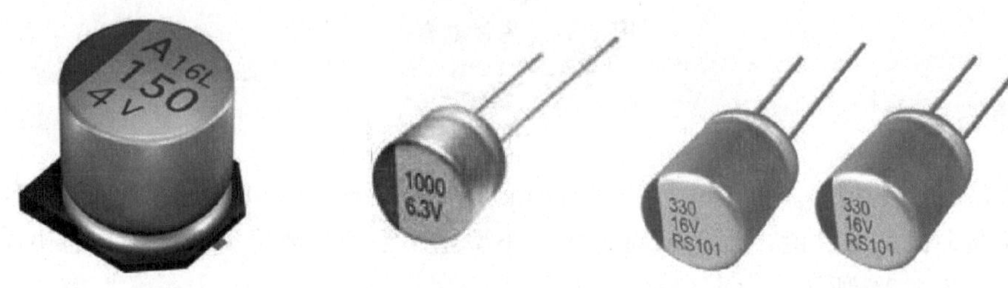

图 1.21 固态电容

1.2.7 法拉电容

法拉电容亦称超级电容，通常电容量在 0.1F 以上。法拉电容可以大电流充电，可以很快就充满，因为容量很大，小电流放电时间很长，表现就跟电池一样，所以在电路中常用来代替电池给断电后的 RAM 供电，以保存用户参数及程序。常见的法拉电容如图 1.22 所示。

图 1.22 法拉电容（超级电容）

如果超级电容失效，可能会引发电路板容易丢失参数或参数读写失败等故障。法拉电容是否损坏可以视其电压保持时间来判断，如果在电路板断电后电压跌落很快，则排除其他原因后，可能就是电容本身的问题，如果长时间电压跌落不明显，则此电容正常。

1.2.8 电容的参数识别

电容的基本参数有容量、耐压、温度及精度。铝电解电容的电容量相对比较大，表面有足够的空间便于印刷字符，所以一般直接用数值标识，如 0.1μF、220μF、1000μF 等，耐压和温度范围也会印在电容外壳表面。大多数薄膜电容、瓷片电容、钽电解电容因标注空间有限，会使用类似贴片电阻上的标识方法，即第一、第二位表示数字，第三位表示倍率，单位是 pF，如 103 表示 10000pF，224 表示 220000pF，有些会直接用 nF 单位表示，如 10nF、33nF。小于 100pF 的插件瓷片电容会在上面直接标注数值，如 33、22 等。片式瓷片电容及独石电容一般不会在上面标注容量，我们想要知道其容量只能拆下使用电容表测量。薄膜电容通常会在容量标注后带一个字母，对应不同精度等级，其表示意义是：

D：±0.5%；F：±1%；G：±2%；J：±5%；K：±10%；M：±20%。

铝电解电容的温度范围很重要，常见有标识−25～85℃及−55～125℃范围，表示电容在这个温度范围内可以正常工作。

1.2.9　电容的测量及好坏判断

经统计，电容，特别是铝电解电容是工控电路板中最多可能引发故障的元件。随着电路板工作时间的增加，电解电容的电解液会出现干涸，漏液情况，电容的容量会下降，ESR增加，这会造成各种各样的电路故障。在后面章节的典型电路介绍中会特别提到。

指针式万用表可粗略测量电解电容的充放电特性及漏电情况，许多家电维修人员会使用此法来判断电容是否失效，但这只能测量那些容量下降明显的电容以及漏电比较明显的电容，至于电容的ESR、ESL等其他参数就无能为力了，这会漏掉对损坏电容的判断。有些数字万用表带有电容容量测量功能，但范围有限，通常只能测量1000pF至100μF的电容，可以测试电容容量是否下降，同样的也不能测试ESR、ESL等其他参数。能大范围测量电容量的是电容表，通常从1pF至10mF都可以测量。

有些电解电容损坏单从外观并不能分辨出来，拆下后测量其容量也正常，此时就需要使用专业的电容测试仪器，最直观的就是使用在线维修测试仪测试其*VI*曲线，具体测试和判别方法在工具使用一章会特别介绍。

1.2.10　电容的代换

电容代换时除了要电容量一致以外，还须注意原电容上标注的耐压和温度，一定要使用同级或更高级别的耐压和温度等级的电容来代换原电容，同时注意电容的安装尺寸。

1.3　磁性元件

本书将电感线圈、变压器、电磁继电器和接触器归为磁性元件介绍。

1.3.1　电感线圈

电感是将导线一圈一圈绕在绝缘骨架上，绝缘骨架可以是空心、铁芯或磁芯。在工控电路板的应用中，最常见到的是做开关电源中的滤波或储能用途。如图1.23所示。

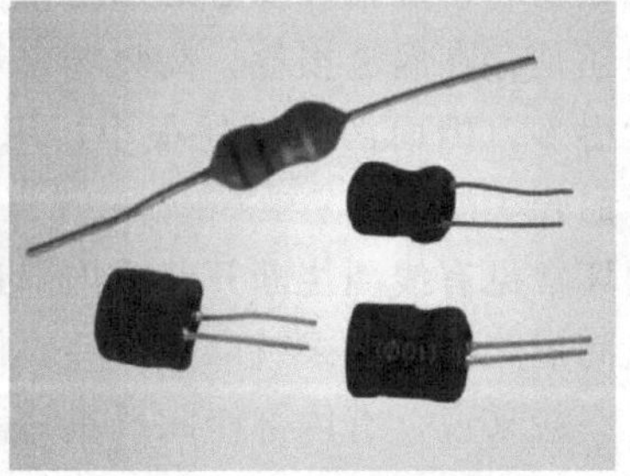

图1.23　电感线圈

电感线圈使用直接标注法，如 220 表示 22μH，100 表示 10μH，4R7 表示 4.7μH，R10 表示 0.1μH，22N 表示 22nH。

工控电路板维修中，电感线圈属于不易损坏的元件，偶见因腐蚀断路，电流过大烧断及线圈匝间短路的情况。开路损坏可用万用表电阻挡测出。电感量可以用电感量测试仪测出，实际维修时可使用测量电阻值、电容量及电感量合一的所谓 LCR 电表来测量。

1.3.2 变压器

变压器是利用电磁感应原理改变电压的装置，工控电路板常见的变压器是使用铁芯的工频变压器（如图 1.24 所示）和使用铁氧体磁芯的开关变压器（如图 1.25）所示。

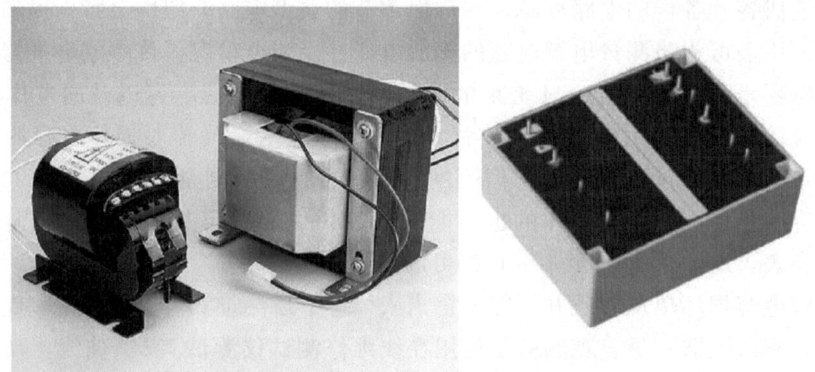

图 1.24 工频变压器

图 1.25 开关变压器

理想变压器的基本特点是：输入输出交流电压的比值与输入输出线圈的匝数比值相同，因而理论上可以对交流电压进行任意的升压或降压的变换。硅钢片铁芯的变压器，一般用于 50～400Hz 的工频场合，硅钢片铁芯的磁通密度大，虽然叠加的硅钢片之间有绝缘漆绝缘，但单片硅钢片内还是存在涡流损耗，高频场合不适用此类铁芯。铁氧体磁芯电阻率比金属、合金磁性材料大得多，因而涡流损耗很小，用铁氧体磁芯制作的变压器用于比较高频的场合，如开关电源的开关变压器。

变压器的损坏常见有线圈烧断开路或内部过热匝间短路。线圈开路比较好判断，量一下电阻即可，而匝间短路判断起来就麻烦一些，但可以从通过观察变压器外观或使用比较法或代换法来确定。一般来说，有内部匝间严重短路的变压器，发热量较大，会将变压器线圈的包覆材料烤焦并有或多或少的焦煳味。比较法即找到相同好板上相同的变压器，测量相同部位线圈的电阻值，如果相差比较大，即阻值明显偏小就可认为变压器已经损坏。另外如果有

VI 曲线测试设备，可以测试线圈的 *VI* 曲线，通过比较也能大致判断好坏。代换法即用相同变压器替换，通电后，故障消失，说明先前的变压器损坏，如开关电源中的开关变压器，往往线圈电阻值很小，不好分辨，而找相同电源的变压器替换试验就能说明问题。

1.3.3　电磁继电器和接触器

电磁继电器和接触器是利用电磁线圈产生的电磁力配合弹簧和机械杠杆来控制触点的通断的一类器件，如图 1.26 所示。通常继电器有密闭的封装空间，尽量减少外接不良环境对触点的影响，相对接触器，它所控制的触点电流较小；接触器的触点电流较大。另有干簧继电器，其原理和电磁继电器大同小异，只是触点电流相对更小，触点密封，不受尘埃、潮气及有害气体污染，可靠性也大大提高，见图 1.27。

图 1.26　电磁继电器和接触器

图 1.27　干簧继电器

继电器和接触器的常见故障是触点接触电阻大、触点烧死、触点闭合时开路，测试时可以通过给线圈施加额定电压，检测触点的导通和闭合情况，可以使用万用表的欧姆挡测量触点导通时的电阻，如无异常，基本接近 0Ω，如果 10Ω 以上，则视为故障。如果触点可见，应急维修可将触点的烧蚀氧化部分锉掉，露出金属光泽，继电器或接触器可重新投入使用，为保险起见，建议更换新件为好。

1.4　保护及滤波元件

电路中用作电流保护的元件有熔断器、自恢复保险丝，用作电压保护的元件有压敏电阻、瞬态电压抑制器（TVS）、齐纳二极管（稳压二极管）。滤波器通常是将若干个电容和电感做在一起，对特定频率的电信号具有通过或阻碍作用。图 1.28 为各种熔断器的实物图。

图 1.28　各种熔断器实物图

熔断器烧断后，不能简单更换了事。除非熔断器确实老化，它的损坏原因必定是电路有过流的情况发生，在过流因素排除之前，不能贸然更换熔断器后就通电。更换熔断器时，除了要注意额定电流外，也要注意额定电压以及熔断速度。虽然理论上熔断器的熔断与电流直接相关，电压似乎不是熔断器需要考虑的因素，但其实熔断器熔断后两端存在电极放电可能性，放电击穿空气也会继续导电，给电路带来危害，所以应该选择额定电压高于或等于实际电压的熔断器。另外替换时也要留意熔断器的熔断速度，快速熔断器用于电流冲击小、比较平稳的电路中，慢速熔断器用在存在一定浪涌电流冲击的电路中。

熔断器是一次性的，熔断后必须更换。自恢复保险丝在通过额定以下电流时呈导通状态，而当它流过超出额定的电流时，就会呈现高阻态从而将电路断开，起到保护作用，当过流的情况消失以后，自恢复保险丝又可以恢复到低阻态。自恢复保险丝这个特点既可以对电路起保护作用，又可以自保护，方便了电路维修，在现在的工控电路板中应用比较普遍。图 1.29 是自恢复保险丝的各种实物图。

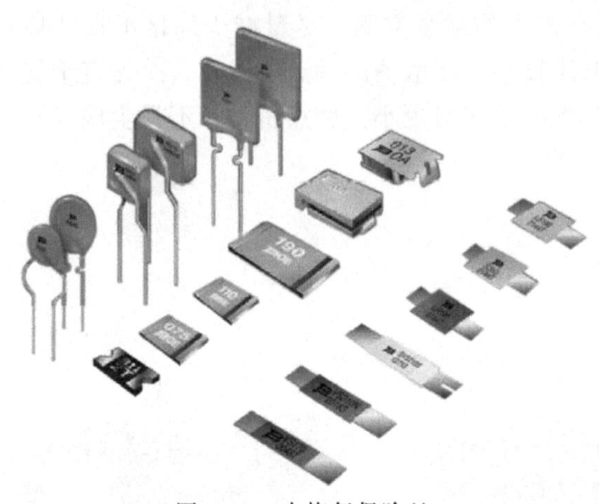

图 1.29　自恢复保险丝

工业电路的电力工作环境比较恶劣，为防止浪涌冲击，往往在电压输入端加有压敏电阻，压敏电阻是同熔断器一样“风格高尚”的元件，当电压未超出范围，压敏电阻相当于开路，不起作用，一旦电压高出某个范围时，它以纳秒级的速度迅速短路，使后级失去电压，从而保护了后级电路。通过压敏电阻的损坏情况，我们大致可以分析当时的故障原因。压敏电阻外形图如图 1.30 所示。

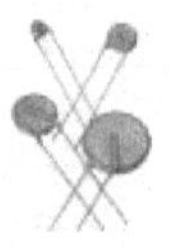

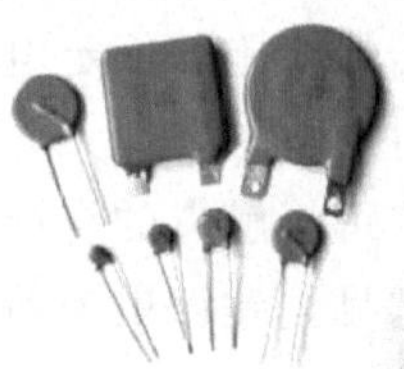

图 1.30　压敏电阻

瞬态电压抑制器（TVS）的动作原理同压敏电阻类似，但动作速度更快，相较压敏电阻纳秒（ns）级的速度，TVS 的速度为皮秒（ps）级。TVS 的额定反向关断电压是它在正常状态下能够承受而不会击穿的反向电压，这个电压应该高于被保护电路的正常工作电压，但低于被保护电路的可承受极限电压。如图 1.31 所示。

齐纳二极管，也叫稳压二极管，当电压高出其电压临界稳定点时，反向击穿，电流增大而电压保持稳定，从而保护了后级电路。

TVS 和稳压二极管常见并联于电源的两端，其动作电压高出电源电压些许，如 24V 电源端可见使用 30V 的 TVS 或稳压二极管，5V 电源端使

图 1.31　瞬态电压抑制器（TVS）

用 6.2V 的 TVS 或稳压二极管。

TVS 或稳压二极管常见的损坏故障是短路。因为并联在电源两端的缘故，确定哪个元件短路可能要查很多元件，但 TVS 或稳压二极管总归概率要大些，所以维修人员碰到上述短路情况后，可以从先查 TVS 或稳压二极管入手。

1.5　光电及显示元件

工控电路板常见的光电及显示器件有 LED、数码管、红外发射及接收器件、光电耦合器、显示器、光纤组件、激光元件和模块，我们将光电耦合器放在集成电路类别里单独介绍。

1.5.1　LED（发光二极管）和数码管

在工控电路板中，各种颜色的 LED 用来指示电路的工作状态，通常，绿色 LED 用来指示电源开启或是机器的正常运行状态，红色 LED 用来指示错误及报警状态。通过观察 LED 的亮灯状态，结合机器操作手册，可以大致清楚机器的故障类型，为维修入手提供依据。发光二极管是极不容易损坏的器件，即使损坏，对电路的正常工作也不会构成实质影响。

白光 LED 因为发光效率高，寿命长，近些年来得到很大发展。

数码管也是由若干 LED 组成，通过芯片控制不同的发光段组合来得到显示的字符或图形。LED 管和数码管外形见图 1.32。

图 1.32　LED 管和数码管

1.5.2　红外发射及接收器件

红外线发射管属于二极管类，正向通电后可以发射某个波长的红外线，并有一定的辐射范围。如图 1.33 所示。

红外线接收管有两种，一种是光电二极管，另一种是光电三极管。光电二极管是在反向

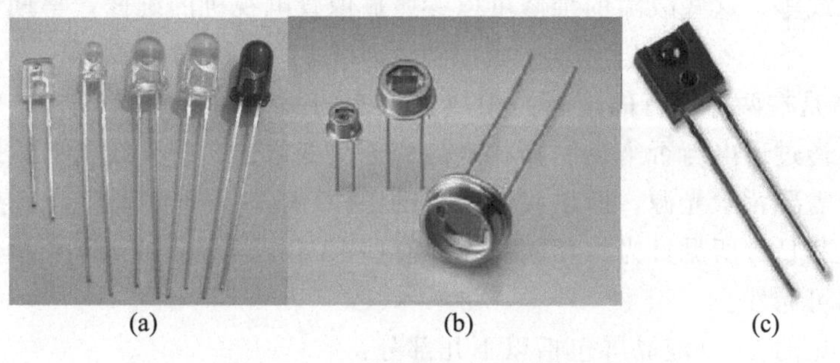

(a)　(b)　(c)

图 1.33　红外发射及接收器件外形

电压作用下工作的，没有光照时，反向电流极其微弱，叫暗电流；有光照时，反向电流迅速增大到几十微安，称为光电流。光的强度越大，反向电流也越大。光的变化引起光电二极管电流变化，这就可以把光信号转换成电信号，成为光电传感器件。

光电三极管在将光信号转化为电信号的同时，也把电流放大了。因此，光电三极管也分为两种，分别是 NPN 型和 PNP 型。

红外发射及接收器件可以组合成很多应用，如红外线遥控、数据传输、光强检测、安全控制等。

1.5.3 显示器

工控行业中，早期的显示器是 CRT（阴极射线管）显示器，现在多使用 LCD（液晶显示器）。CRT 显示器体积较大、笨重，相对耗电及故障率高，但色度还原较 LCD 要好，对显示颜色要求比较苛刻的场合还有用到；液晶显示器体积小、耗电少、相对寿命长、故障率低，在很多显示场合已经取代 CRT 显示器。如图 1.34 所示。

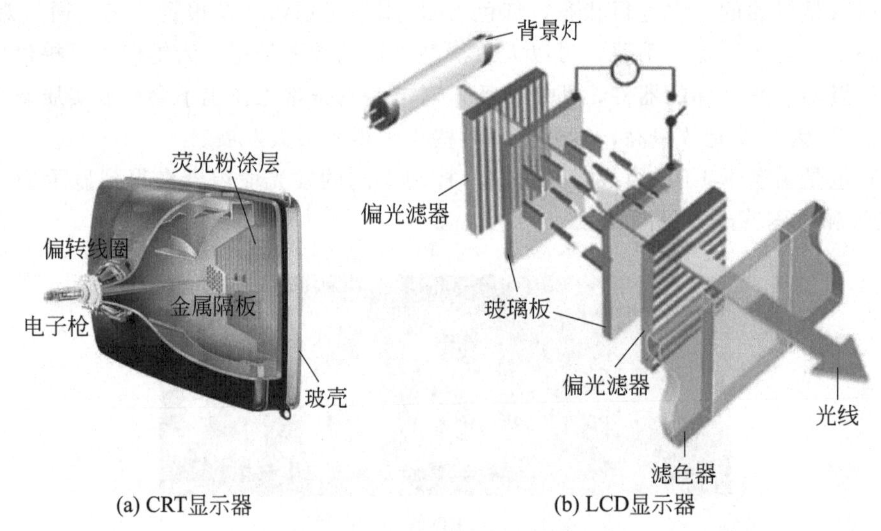

图 1.34　CRT 显示器和 LCD

CRT 主要有五部分组成：电子枪（Electron Gun），偏转线圈（Deflection coils），荫罩（Shadow mask），荧光粉层（Phosphor）及玻璃外壳。它是通过阴极发射电子束轰击荧光屏来发光的，电子束的发射方向由偏转线圈通电后产生的磁场来控制。

CRT 显示器的常见故障有：屏幕无显示、水平一条亮线、垂直一条亮线、屏幕显示模糊、屏幕有消隐线等，这些故障的维修可以参照显像管电视机的维修，早期各类维修书籍也都有介绍。

LCD 的构造是在两片平行的玻璃当中放置液态的晶体，两片玻璃中间有许多垂直和水平的细小电线，透过通电与否来控制杆状水晶分子改变方向，将光线折射出来产生画面。液晶本身不发光，需要背景光源，所以我们看到的 LCD 都离不开背景灯，有些背景灯使用高压灯管，其原理和日常所见日光灯相同；现在有些 LCD 已经使用 LED 光源做背景灯，做到更加节能并增加可靠性。

工控行业常见的 LCD 液晶屏包括以下几部分：

① 高压板：将主板的 5V 或 12V 电压转换为几百伏以上的高压供灯管使用。

② 灯管：提供显示背景光。

③ 控制电路：负责主机与液晶屏的数据处理。

④ 排线：负责主机与控制电路的数据传递。

⑤ 液晶屏部分：最基本有背光纸（反光用），光导板，柔光膜、聚光膜 2～3 张，最后（也就是面对的最前面一层）是液晶板；根据液晶屏的档次，这些结构还有些不同。

液晶屏产生的故障大致有这样几种：白屏、花屏、黑屏、屏暗、发黄、显示模糊等。

这些故障中相对而言较容易维修的是屏暗、发黄、白斑。屏暗其实就是灯管老化了，直接更换就行。发黄和白斑均是背光源的问题，通过更换相应背光片或导光板均可解决。

白屏、花屏、黑屏基本均是由于电路故障产生的。首先应该排除屏线的断裂，而后看电压是否已经加到屏上，再依次检查后级是否有高压及负压输出、主控制芯片是否工作等。有相当一部分花屏是由于行驱动没有工作，少部分的花屏是由于行或列的驱动模块损坏。

显示模糊、若有若无，甚至看不到显示字符或图像，是屏的对比度发生变化。而对比度与屏上电路的负电压有关，改变负压的大小可以调节屏的对比度。某些屏可以通过相应电路的电位器进行调节，某些屏是通过软件来调节的，如果不能调整，则要从分析负压电路结构入手查找。

1.5.4　光纤组件、激光元件

光纤在工控设备的数据传输应用越来越多，如在数字伺服和传动系统数据通信中使用 SERCOS 总线，就使用光纤来传输数据。另外某些设备的激光束也使用光纤来传输。如图 1.35(a) 所示。

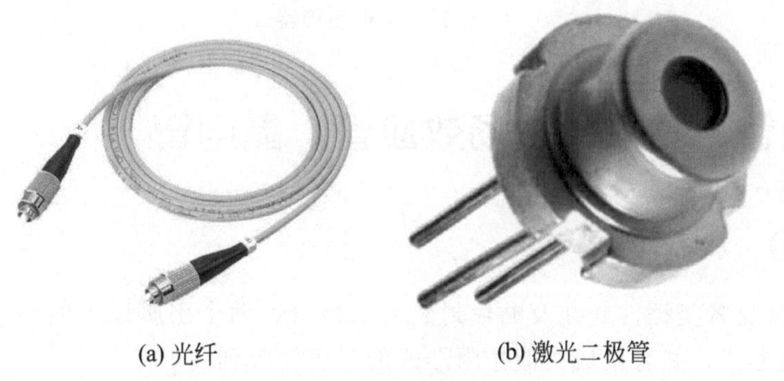

(a) 光纤　　(b) 激光二极管

图 1.35　光纤及激光二极管

最常见的激光元件是激光二极管，如图 1.35(b) 所示，其本质上也是一个半导体二极管，具有二极管的特点。激光二极管常见故障就是老化，测量判断方法如下。

用指针万用表 R×1k 或 R×10k 挡测量其正、反向电阻值。正常时，正向电阻值为 20～40kΩ，反向电阻值为∞（无穷大）。若测得正向电阻值已超过 50kΩ，则说明激光二极管的性能已下降。若测得的正向电阻值大于 90kΩ，则说明该二极管已严重老化，不能再使用了。

1.6 连接器元件

连接器使导体与适当的配对元件连接，实现电路接通和断开的机电元件。在设备维修过程中，各种接触问题引发的故障并不少见。设备工作环境及人为因素容易造成此类故障。故障虽然容易解决，但维修人员也常常出现误判情况。如有出现设备时好时坏情况，不妨对怀疑部分的接线仔细检查，插拔紧固连接线端子，也许问题马上解决，不用“大动干戈”，扩大怀疑对象。各种连接器见图 1.36。

图 1.36 各种连接器

1.7 二极管、三极管、场效应管、晶闸管

1.7.1 二极管

图 1.37 是常见各类插件封装及贴片封装的二极管，两个引脚以上的贴片有些是多个二极管的一体封装形式，并有做成类似排阻形式的二极管阵列。

二极管的基本特性就是单向导电性。检修测量时通过两个方向的截止和导通情况来判断是否损坏。二极管的主要参数有反向电压、持续正向电流、正向导通电压、耗散功率和反向恢复时间（决定适用工作频率）。不同型号的二极管，维修替换时要全面考虑这些参数，用于替换的元件参数须与元件参数相同或高出原件。

二极管的正向压降使用数字万用表的二极管测试挡可以测出，一般在 0.4～0.8V 之间，肖特基二极管的导通电压可以低至 0.2V，在需要低电压降的场合大量应用，维修时选择替换型号尤其要引起注意。

图 1.37　二极管

1.7.2　三极管

图 1.38 是各种三极管的实物图。三极管是电流控制型半导体器件，是透过基极的小电流来控制集电极相对大电流的元件。三极管有三个工作状态：截止状态、放大状态和饱和状态。因为运算放大器的广泛使用，在工控电路板中使用三极管用作模拟放大的电路已不多见，三极管的最常见用法是使用它的饱和截止状态做开关信号驱动。

图 1.38　三极管实物

三极管的参数如下。

(1) 电流放大倍数 β

三极管处于放大区时，集电极电流和基极电流的比值叫做放大倍数 β 值。一般小功率的三极管 β 值在 30～100 之间，大功率的管子的 β 值较低，在 10～30 之间。三极管的 β 值过小放大能力小；但是 β 值过大，稳定性差。手册上常用 h_{FE} 表示 β 值。

（2）穿透电流 I_{CEO}

穿透电流是衡量一个管子好坏的重要指标，穿透电流大，三极管电流中非受控成分大，管子性能差。穿透电流受温度影响大，温度上升，穿透电流增大很快。

（3）极限参数

① 最大集电极允许电流 I_{CM}　I_{CM} 是指三极管的参数变化不允许超过允许值时的最大集电极电流。当电流超过 I_{CM} 时，管子的性能显著下降，集电结温度上升，甚至烧坏管子。

② 反向击穿电压 $U_{(BR)CEO}$　是指三极管基极开路时，允许加到 C-E 极间的最大电压。一般三极管为几十伏，高反压的管子的反向击穿电压大到上千伏。

③ 集电极最大允许功耗 P_{CM}　三极管工作时，消耗的功率 $P_C=I_CU_{CE}$，三极管的功耗增加会使集电结的温度上升，过高的温度会损害三极管。因此，I_CU_{CE} 不能超过 P_{CM}。小功率的管子 P_{CM} 为几十毫瓦，大功率的管子 P_{CM} 可达几百瓦以上。

④ 特征频率 f_T　由于极间电容的影响，频率增加时管子的电流放大倍数下降，f_T 是三极管的 β 值下降到 1 时的频率。高频率三极管的特征频率可达 1000MHz。

维修诀窍　三极管的在线测量

从工控维修效率的角度，须掌握不从电路板上拆下三极管就可判断好坏的技术。三极管有两个 PN 结，即集电结和发射结，测试时与二极管相同，指针万用表使用欧姆挡，数字万用表使用二极管挡测正反向通断，据此可以判断三极管 PN 结是否开路或短路，三极管是 PNP 型还是 NPN 型，定位三极管的基极。然后可以从三极管的发射结即基极和发射极之间注入电流，注入电流的方法可以使用指针万用表的欧姆挡的 ×1Ω 挡。对 NPN 型三极管，黑表笔接基极，红表笔接发射极，电流从基极流入，发射极流出，同时使用数字表二极管挡红表笔接集电极，黑表笔接发射极，监测集电极到发射极的受控导通情况，如果能够正常控制导通，说明三极管是好的。

如果三极管方便易拆焊，拆下后也可以使用晶体管测试仪来测量三极管，晶体管测试仪的使用请参看工具使用章节。

1. 7. 3　场效应管

场效应管的外观封装和三极管相同。场效应管属于电压控制型半导体器件，即通过控制栅极和源极电压大小来控制漏极和源极的导通情况，场效应管的栅极输入阻抗非常高。根据结构的不同，场效应管又分为 P 沟道和 N 沟道两种类型。

维修时，需要关注的几个场效应管的主要参数如下。

V_{DSS}（漏-源电压）：场效应管工作时，漏极-源极之间的电压应低于此电压；

V_{GS}（栅极-源极电压）：在栅极和源极所加控制电压的极限；

I_D（漏极持续电流）：场效应管导通时，漏极能持续通过的最大电流；

$R_{DS(ON)}$（漏-源通态电阻）：当漏极和源极导通后，它们之间的电阻值；

$V_{GS(TO)}$ 栅-源阈值电压：即要使场效应管导通，加在栅极和源极之间的最小电压。

维修诀窍　场效应管的测量

场效应管的栅极、源极、漏极相当于三极管的基极、发射极、集电极，测量是否有受控导通能力，可以在栅极和源极之间加上电压（根据其性能不同，一般可在 4～10V 之间），同时测试源极和漏极的导通能力。 因为场效应管的栅极输入阻抗非常高，在栅-源之间加上电压后，栅极和源极之间的结电容得以充电，如果此时断开电路，没有放电回路，栅-源之间的电压会一直保持，漏极和源极就会一直导通。 以数字万用表为例，测试时可把万用表置于二极管测试挡位，用红表笔和黑表笔在栅极和源极之间接触一下（对 N 沟道场效应管，红表笔接栅极，红表笔接源极，P 沟道场效应管，则红表笔接源极，黑表笔接栅极），然后再测漏-源极之间的导通情况，可以二极管挡测，也可以电阻挡测，注意对 N 型场效应管，红表笔接漏极，红表笔接源极。 P 沟道型，则是红表笔接源极，黑表笔接漏极。

1.7.4　晶闸管

晶闸管也称可控硅，也是电流型控制半导体器件，如图 1.39(a) 所示，控制极和阴极之间的电阻比较小，通过施加控制极 G 和阴极 K 之间的电流来控制阳极 A 和阴极 K 之间的导通。晶闸管的特点是“一触即发”，就是在 G 和 K 之间加上电流后，A 和 K 导通，即使去除 G 和 K 之间的电流，阳极和阴极也会维持导通。如果要关断 A 和 K，就要断开加在 A 上的电压或减小 A、K 之间的回路电流至足够小才行。其原理就像图 1.39(b) 所示的晶闸管等效电路。

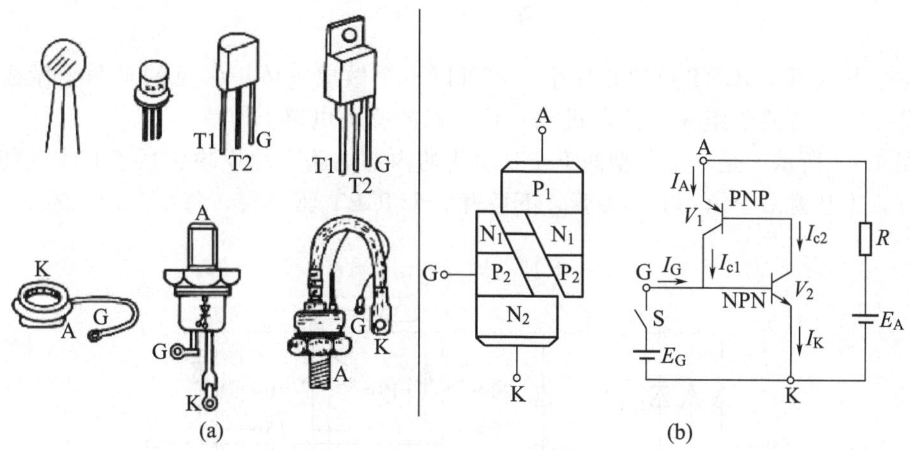

图 1.39　晶闸管及其等效电路

双向晶闸管可被认为是一对反并联连接的普通晶闸管的集成，工作原理与普通单向晶闸管相同。图 1.40 为双向晶闸管的基本结构及其等效电路，它有两个主电极 T1 和 T2，一个控制极 G，控制极使器件在主电极的正反两个方向均可触发导通。

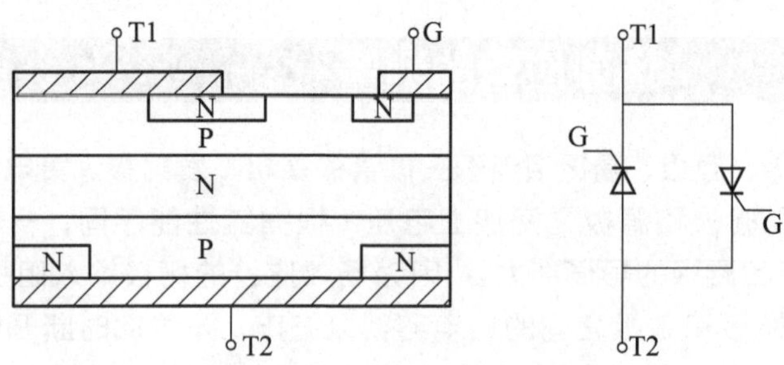

图 1.40　双向晶闸管的基本结构及其等效电路

1.8　IGBT 和 IPM

IGBT（Insulated Gate Bipolar Transistor）是绝缘栅双极型晶体管的简称，可看做前级 MOSFET 和后级大功率三极管（GTR）的组合，兼有 MOSFET 的高输入阻抗和 GTR 的可通过大电流的优点。GTR 饱和压降低，载流密度大，但驱动电流较大；MOSFET 驱动功率很小，开关速度快，但导通压降大，载流密度小。IGBT 综合了以上两种器件的优点，驱动功率小而饱和压降低，在工控行业的变频器、伺服驱动器、大功率电源、逆变器等设备中已经广泛应用。如图 1.41 所示。

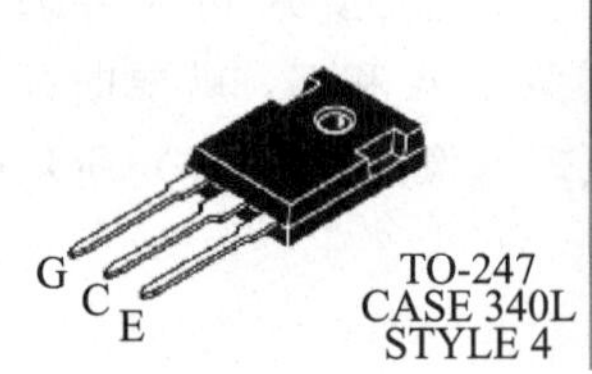

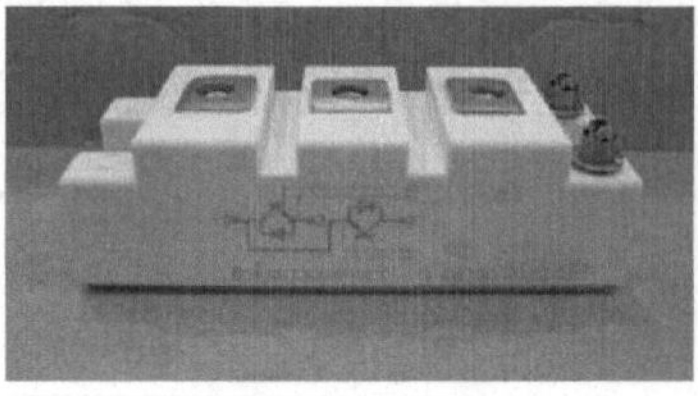

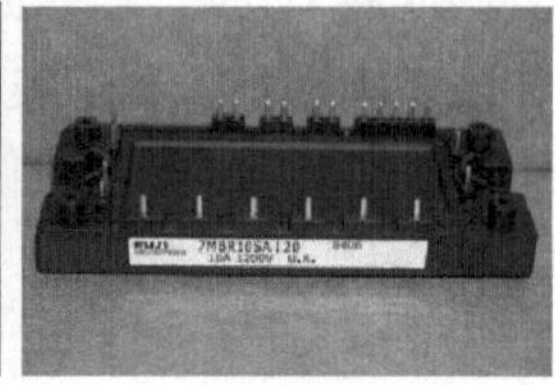

图 1.41　IGBT

根据应用需要，IGBT 可以是单个，也可以多个做成一体。常见的是两个做成一体或 6 个做成一体，这便于组成直流电机或三相电机的驱动电路。

如图 1.42 所示，是一个典型的 IGBT 模块的内部电路，此模块包括了 6 个三相桥式整流二极管，上桥臂三个 IGBT 驱动管，下桥臂三个 IGBT 驱动管，每个 IGBT 的 C、E 极都

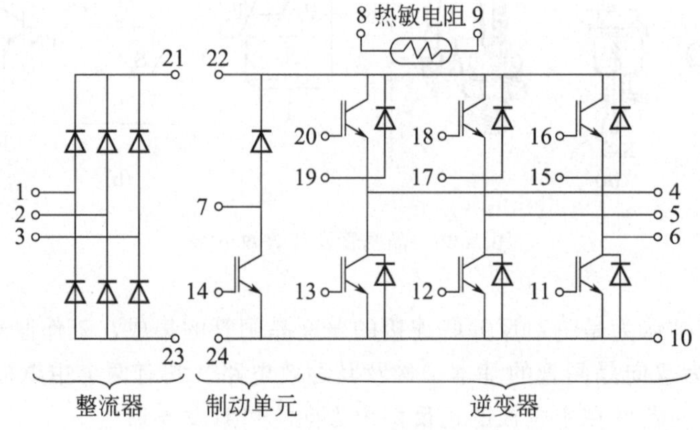

图 1.42　典型的 IGBT 模块内部电路

并联了一个续流二极管，给制动减速时电机线圈产生的高压提供回馈通路。模块还内置一个制动 IGBT，用于迅速泄放能量；内置一个热敏电阻，监测模块内部温度。

IGBT 的测量按照 MOSFET 的测量方法即可。对 IGBT 模块的测量，对内部元件可单个单个测量，每个都测试通过即可。IGBT 的耐压测试可使用晶体管测试仪。

维修经验

IGBT 模块是价格相对较高的电子元件，市面上有不少拆机模块，价格相对全新模块有优势，性能测试也都符合要求，维修中使用这些拆机模块也无可厚非，但有不良商家偷梁换柱，将电流值低一档次但外观一致的模块经过重新打磨贴标，冒充高一档电流的模块出售，这些模块工作在其额定电流内一般也不会出现问题，一旦电流高出额定值，往往造成炸机后果。笔者亲遇此情形数次，每每怀疑自己的维修技术水平。其实可有一法检定模块的额定电流水平，即测 IGBT 的栅极 G 对发射极 E 的结电容，电容量大则电流大，所以只要将购入模块和损坏模块的 G、E 结电容比较一下就可判断模块有无猫腻。

IPM（Intelligent Power Module），即智能功率模块，内部不仅包含了电子开关和功率驱动部分电路，还集成了欠压、过流、过热等保护电路。

图 1.43 是 IPM 模块 PM30RSF060 的内部结构图，从图中可以看出，在 IPM 的每一个 IGBT 管子（包括制动的 IGBT）的前级都设有驱动及保护电路，每一组电路的接入引脚包括电源引脚、信号输入引脚和报警输出引脚，每当模块有欠压、过流、过热情形发生，异常报警信号 F_O 便有效输出，这个信号可以用来关断驱动信号的输入，从而起到保护作用。

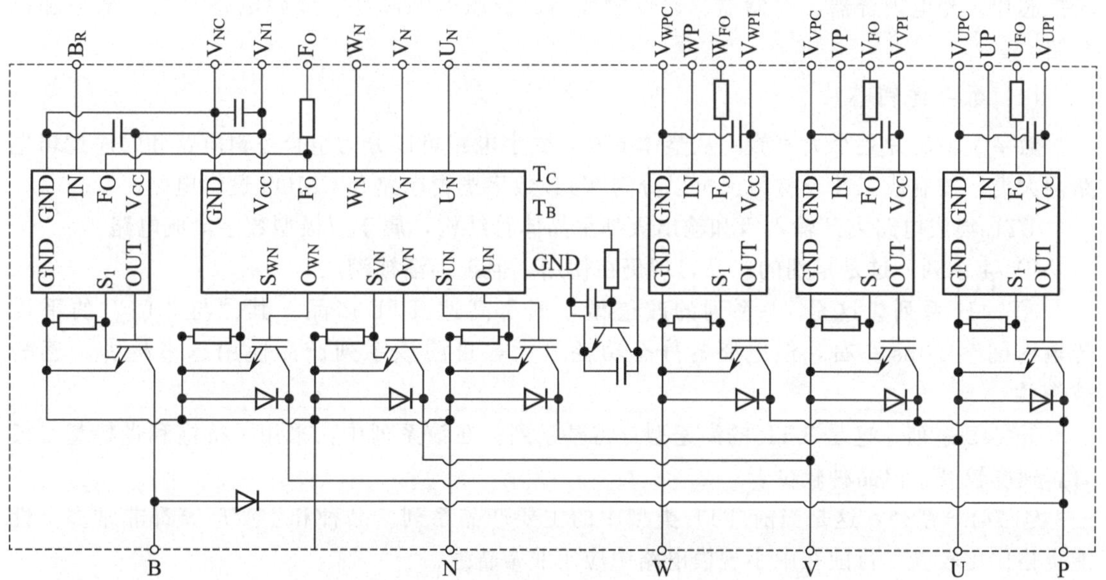

图 1.43　IPM 智能模块 PM30RSF060 的内部结构图

IPM 与以往 IGBT 模块及驱动电路的组件相比具有如下特点：

① 内含驱动电路。设定了最佳的 IGBT 驱动条件，驱动电路与 IGBT 间的距离很短，

输出阻抗很低，因此，不需要加反向偏压。所需电源为下桥臂 1 组，上桥臂 3 组，共 4 组。

② 内含过电流保护（OC）、短路保护（SC）。由于是通过检测各 IGBT 集电极电流实现保护的，故不管哪个 IGBT 发生异常，都能保护，特别是下桥臂短路和对地短路的保护。

③ 内含驱动电源欠电压保护（UV）。每个驱动电路都具有 UV 保护功能。当驱动电源电压小于规定值时，产生欠电压保护。

④ 内含过热保护（OH）。OH 是防止 IGBT、FRD（快恢复二极管）过热的保护功能。IPM 内部的绝缘基板上没有温度检测元件检测绝缘基板温度 T_{coh}（IGBT、FRD 芯片异常发热后的保护动作时间比较慢）。R-IPM 进一步在各 IGBT 芯片内设有温度检测元件，对于芯片的异常发热能高速实现 OH 保护。

⑤ 内含报警输出（Fo）。Fo 是向外部输出故障报警的一种功能，当 OH 及下桥臂 OC、Tjoh、UV 保护动作时，通过向控制 IPM 的微机输出异常信号，能即时停止系统。

⑥ 内含制动电路。和逆变桥一样，内含 IGBT、FRD、驱动电路、保护电路，加上电能释放电阻可构成制动电路。

IPM 智能模块内部元件牵连较多，除非明显的 IGBT 短路损坏，不太容易判断好坏。如果不上机测试，模拟测试要用到多组电压，要连线很多引脚，比较麻烦。实际测试时可以用工频变压、滤波、稳压做一个多路独立的电源及信号输入系统，来整体测试 IPM 功能。

1.9 集成电路

为了方便起见，我们将集成电路大致分为数字逻辑芯片、处理器芯片、模数转换和数模转换芯片、光电耦合器、存储器、运算放大器、稳压电源芯片、厚膜电路等几个部分加以介绍。

（1）数字逻辑芯片

数字逻辑芯片是个大家族。从整体上看，数字电路可以分为组合逻辑电路和时序逻辑电路两大类。按制成工艺及材料又可以分为 TTL 数字逻辑电路和 CMOS 逻辑电路。

TTL 集成电路内部输入级和输出级都是晶体管结构，属于双极型数字集成电路。

① 74 系列，这是早期的产品，现仍在使用，但正逐渐被淘汰。

② 74H 系列，这是 74-系列的改进型，属于高速 TTL 产品。其“与非门”的平均传输时间达 10ns 左右，但电路的静态功耗较大，目前该系列产品使用越来越少，逐渐被淘汰。

③ 74S 系列，这是 TTL 的高速型肖特基系列。在该系列中，采用了抗饱和肖特基二极管，速度较高，但品种较少。

④ 74LS 系列，这是当前 TTL 类型中的主要产品系列。品种和生产厂家都非常多。性能价格比比较高，目前在中小规模电路中应用非常普遍。

⑤ 74ALS 系列，这是“先进的低功耗肖特基”系列。属于 74LS-系列的后继产品，速度（典型值为 4ns）、功耗（典型值为 1mW）等方面都有较大的改进，但价格比较高。

⑥ 74AS 系列. 这是 74S 系列的后继产品，尤其速度（典型值为 1.5ns）有显著的提高，又称“先进超高速肖特基”系列。

CMOS数字集成电路是利用NMOS管和PMOS管巧妙组合成的电路，属于一种微功耗的数字集成电路。

① 标准型4000B/4500B系列。该系列是以美国RCA公司的CD4000B系列和CD4500B系列制定的，与美国Motorola公司的MC14000B系列和MC14500B系列产品完全兼容。该系列产品的最大特点是工作电源电压范围宽（3～18V）、功耗最小、速度较低、品种多、价格低廉，是目前CMOS集成电路的主要应用产品。

② 74HC-系列 54/74HC-系列是高速CMOS标准逻辑电路系列，具有与74LS-系列同等的工作度和CMOS集成电路固有的低功耗及电源电压范围宽等特点。74HCxxx是74LSxxx同序号的翻版，型号最后几位数字相同，表示电路的逻辑功能、引脚排列完全兼容，为用74HC替代74LS提供了方便。

③ 74AC-系列。该系列又称“先进的CMOS集成电路”，54/74AC系列具有与74AS系列等同的工作速度和与CMOS集成电路固有的低功耗及电源电压范围宽等特点。

维修经验

数字逻辑芯片的自然损坏是极少见的，其损坏大多是高电压冲击引起或者输出端口短路引起。

绝大多数双列封装的数字逻辑芯片的电源引脚安排都有一个规律，即第一排引脚的最后一脚是GND，第二排引脚的最后一脚是VCC，因此在检修测试的时候可以根据这个规律来入手。

数字逻辑芯片的代换：从电压范围、芯片速度和驱动能力三个方面来考虑，代换的芯片应与换下来的芯片具有相同或更宽的电压范围，相同或更快的速度，相同或更高的驱动能力。

（2）处理器芯片

工控主板的处理器同通用电脑主板的处理器差别不大，某些环境严酷的场合可能会采用耐高温的工业级处理器。工业上见到最多的是使用各种微处理器即所谓的单片机电路板。但凡使用处理器的场合，一定离不开满足正常工作条件的三个基本要素，即正常的工作电源、正常的时钟/晶振信号、正常的复位过程。检修包含处理器的电路板时可以根据这个规律来入手。

随着技术的发展，微处理器的设计也包含了越来越多的功能，比如有些处理器包含程序存储器，有些包含ADC和DAC，有些包含模拟量增益放大器，有的包含特别的通信处理单元。在检修这些处理器电路板时，需根据数据手册提供的信息来考虑。

工控电路板上CPU是否损坏可以通过更换来判断。

电路板微处理器的损坏极少见，除非受到高电压的冲击。

维修诀窍　检测及维修处理器的方法

检测处理器有没有损坏的办法，直观一点就是排除短路可能性后给故障电路板通电，使程序“跑起来”，但凡系统有指示灯闪烁、有字符显示，有各种各样的报警，说明处理器和系统程序基本正常，“大脑”尚存活力，能让灯闪烁，让字符显示，能报警“说出”哪儿有毛病，碰到这种情况就不要在处理器上或程序上纠结。如果通电后电路板一点反应没有，就可以按照满足处理器正常工作的三个必要条件来查找原因，即查电源、时钟/晶振、复位。

有些板子程序跑起来了，但没有指示灯、显示器及报警信息来显示，这种情况可以使用示波器来测量处理器各个引脚是否有波形，只要测得数个引脚有波形输出，则可以认为程序已经跑起来了。

有些带处理器的板子，它的处理器在系统中并不是独立工作的，程序和电路中设置了“激活”以及“通信”的机制，单独给板子通电也并不能让程序跑起来。这样的情况下，可以采用引脚对地电阻值测试法来测试，只要是某些不接地的引脚对地阻值不是低得离谱，基本认为处理器就是好的。

不包含程序的处理器损坏后换新即可，包含程序的处理器就不能简单地换新，新的处理器没有程序，换新也没法用。可行的办法是：找到一块相同的报废电路板，如果上面有相同程序的处理器，可以将这个处理器拆下更换到处理器损坏的电路板上。如果找不到带相同程序的处理器芯片，则只能放弃维修了。或有人想到复制处理器内的程序，但为保护知识产权，实际上大部分的处理器程序是经过加密处理的，复制的难度是相当高的，国内有所谓的芯片“逆向工程”，“单片机解密服务”，或许可以达到复制的目的，其费用还不菲，但是因维修而复制，是否具有经济性，就具体而论了。

(3) 模数转换器和数模转换器

模数转换器（ADC）数字量输出的方式有多种，有并行输出、串行输出及V-F（电压-频率）转换输出的方式，有些还有多个模拟通道。数模转换器（DAC）也有数据并行输入、串行输入及F-V（频率-电压）转换的方式，某些类型也有多个模拟通道。ADC和DAC也都是难得碰到一坏的器件，对其检修时重点关注一下电源及参考电压是否正常即可。

(4) 光电耦合器

光电耦合器一般由三部分组成：光的发射、光的接收及信号放大。输入的电信号驱动发光二极管（LED），使之发出一定波长的光，被光探测器接收而产生光电流，再经过进一步放大后输出。这就完成了电-光-电的转换，从而起到输入、输出、隔离的作用。由于光耦合器输入输出间互相隔离，电信号传输具有单向性等特点，因而具有良好的电绝缘能力和抗干扰能力。又由于光耦合器的输入端属于电流型工作的低阻元件，因而具有很强的共模抑制能力。

光电耦合器可实现电气隔离情况下的信号传输，在工业电路板上使用甚广，可见用于门极驱动、电流电压检测、数据传输、开关电源等。因为作为隔离器件的光耦通常有一个隔离端与高电压部分电气相连，加之光耦内的LED通电日久也存在老化现象，所以光耦是损坏率比较高的器件，在工控电路板上检修过程中是经常见到的。

工控电路板中比较常见的光耦介绍如下。

① 非线性光耦4N25、4N35、4N26、4N36，如图1.44所示。此类光耦只做普通的数字信号隔离传输使用。

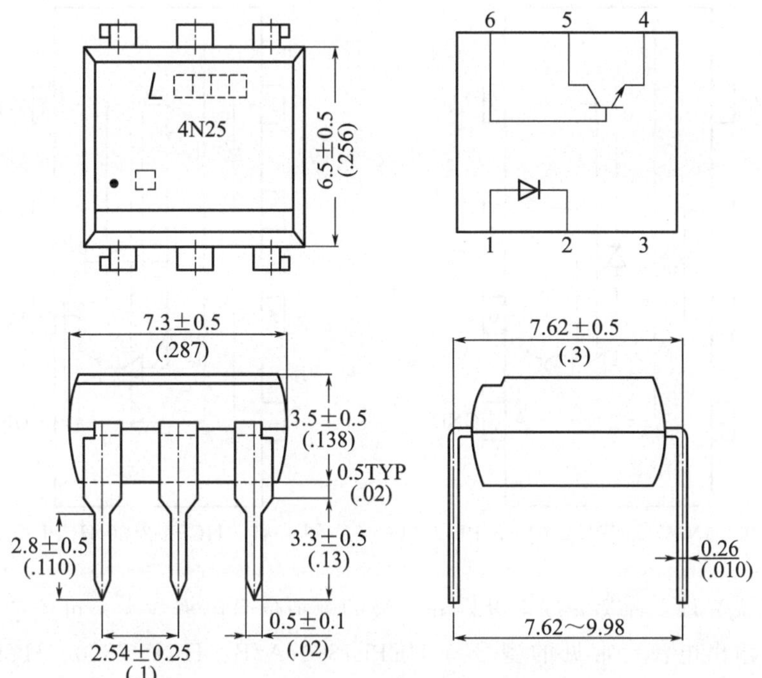

图 1.44 非线性光耦

② 低速线性光耦 PC817、PC818、PC810、PC812、PC502、LTV817、TLP521-1、TLP621-1、ON3111、OC617、PS2401-1、GIC5102，如图 1.45 所示。此类芯片多用于低速（100K bit/s 以下）的数字接口电路，如 PLC、变频器的输入接口，或者开关电源的反馈电路中。

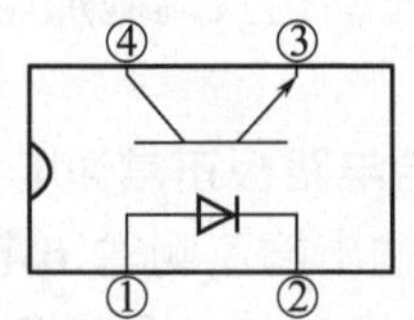

图 1.45 低速线性光耦

③ 高速光耦。此类光耦多用于通信信号的隔离传输，通常在光耦输出端接有 5V 电源电压，方便与 TTL 电路的接口。按照速度划分，比较常见的此类光耦型号有：

100K bit/s：6N138、6N139、PS8703。

1M bit/s：6N135、6N136、CNW135、CNW136、PS8601、PS8602、PS8701、PS9613、PS9713、CNW4502、HCPL-2503、HCPL-4502、HCPL-2530（双路）、HCPL-2531（双路）。

10M bit/s：6N137、PS9614、PS9714、PS9611、PS9715、HCPL-2601、HCPL-2611、HCPL-2630（双路）、HCPL-2631（双路）。例图如图 1.46、图 1.47 所示。

④ 功率晶体管驱动光耦。此类光耦用于驱动功率晶体管，用于电动机、UPS、焊机领域的逆变、可控整流等。光耦工作在频繁开关状态，速度要求高，还需要足够的电流驱动能力。通常此类光耦的输出端电源电压在 15～20V 之间。常见的此类光耦有 HCPL0454、HCPL3120、HCPL4503、HCPL4504、PC923、PC929 等。

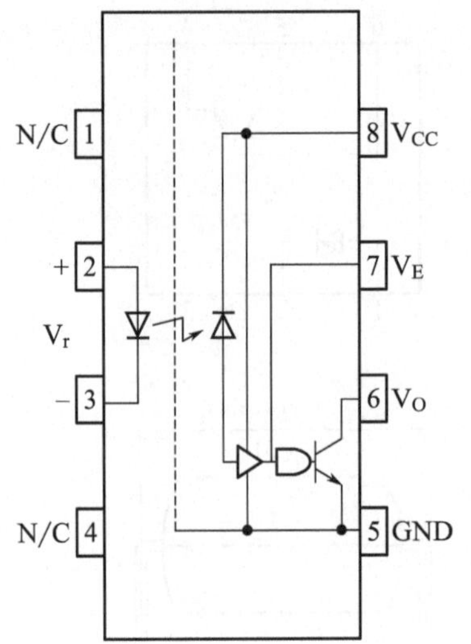

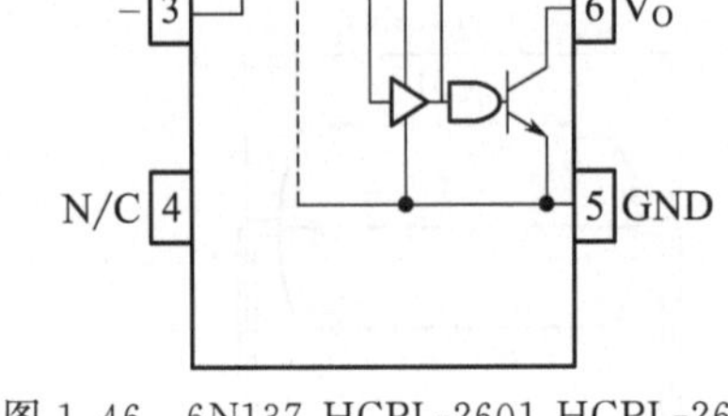

图 1.46　6N137 HCPL-2601 HCPL-2611

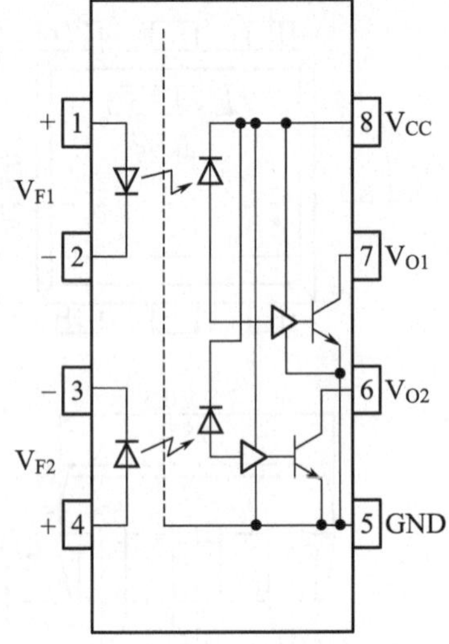

图 1.47　HCPL-2630 HCPL-2631

⑤ 隔离放大光耦。此类光耦可以将 mV 级的模拟信号隔离放大，可用于检测直流母线电压、电动机输出电流。常见的型号有 HCPL7800/A/B、HCPL7820、HCPL7840、HCPL7860（串行数据输出）。

维修诀窍　光电耦合器的检测

① 无需外接电源的光耦可以使用两个万用表来检测,可以不从电路板上拆下光耦。在输入端使用指针万用表 RX1Ω 挡给光耦输入端施加电流，输出端使用数字万用表二极管挡检测导通情况。

② 使用外接电源的光耦，可以给电路板正常通电，在光耦的输入端注入信号（要注意屏蔽对前级电路的影响），在光耦的输出端监测输出电平的变化，如果随着输入信号的有无，输出电平出现高低变化，说明光耦有效，没有损坏。如果给电路板加电，使用光耦自身供电不方便，也可以在电源引脚上外接相应大小的电压检测，总之，尽可能不要拆下光耦测试，可省下不少工时，实在不方便在电路板检测的情况下才焊下光耦独立通电测试。

③ 检测模拟信号隔离放大的光耦，如 A7800、A7840、A7841 等芯片，也可以给电路板通电，如通电后输入输出端的电压都正常，就可以实测放大后的输出电压大小及输入电压的大小，比较放大系数是否正常。以 A7800 为例，根据检修经验，当输入电压(2 脚对 3 脚电压)为 0mV 时，正常的输出电压（7 脚对 6 脚）基本在 5mV 以下且保持稳定，如果输出电压在－20mV 以下（比如－30mV），或者通电时间长了达到－20mV 以下(比如－30mV)，则视为损坏。最可靠的测试方法是制作一个电路，调节输入电压在规定的范围内变化，同时测输出电压和输入电压的比值是否满足增益情况。如 A7800 的放大增益为 8 倍，输出电压和输入电压大小就应该满足 8 倍的关系。

(5) 存储器

存储器总体上分为易失性存储器和非易失性存储器。易失性存储器断电后内部数据会丢失，非易失性存储器断电后数据也不会丢失。

易失性存储器包括 SRAM（静态随机存储器）和 DRAM（动态随机存储器）。SRAM 在通电状态下数据不会丢失，断电后即丢失；DRAM 在通电状态下需要控制电路来周期性刷新才能保持数据。SRAM 的数据存储速度非常快，价格比同等存储容量的 DRAM 高出很多。

非易失性存储器包括带备用电源的 NVRAM（非易失性 RAM）、掩膜 ROM、PROM（可编程 ROM）、EPROM（紫外线可擦除可编程 ROM）、EEPROM（电可擦可编程 ROM）、FLASH MEMORY（闪存）、FRAM（铁电存储器）。

NVRAM 内置锂电池，电池和 RAM 芯片封装为一体，如图 1.48 所示，NVRAM 无外部供电情况下可保留数据 10 年不丢失。

EPROM 如图 1.49 所示，它有一个明显特征，即陶瓷封装的芯片上有一个玻璃窗口，紫外线可以透过窗口将芯片内部数据擦除，擦除干净后又可以重新写入新的数据。EPROM 可以反复擦除和写入数据，但有寿命次数限制。EPROM 需要编程序对其写入数据，EPROM 的芯片型号以“27”开头，如 27C512、27C040 等。EPROM 一般用于存储系统程序，写入程序后使用标签将玻璃窗口封住，并在标签上注明版本和 CHECKSUM（校验和）信息，维修时要注意不能将标签去除，如果因为查看芯片型号撕下标签，要记得重新贴回。

图 1.48　内置备用电源的 NVRAM

图 1.49　EPROM

掩膜 ROM 的数据是在芯片制造过程中就固化好的，用户只能读取不能修改数据，此类芯片用于低成本大量制造的电子产品，如计算器、音乐芯片等。

PROM 是一次性编程的 ROM，芯片出厂时，内部数据全 0 或全 1，用户编程只可写入一次，如果出错，芯片只有报废。

EEPROM（又写作 E^{2}PROM）既可以用编程器擦除和写入，也可以设置在电路上通过程序操作改写数据。EEPROM 以“28”开头，如 AT 28C010、AT 28C040。另有通过串行方式读写数据的 SE^{2}PROM，芯片型号以“24”“25”“93”开头，如 24C04、25C04、93C46 等，这类芯片内部可以存储少量数据，可用于设置用户参数等改变不频繁、数据量不大的数据，由于使用串行方式，电路设计可以大大简化。此类芯片通常只有 8 个引脚，通过 SPI 串行总线或 I^2C 串行总线与其他控制芯片通信来存储程序。图 1.50 就是 I^2C 总线通信的

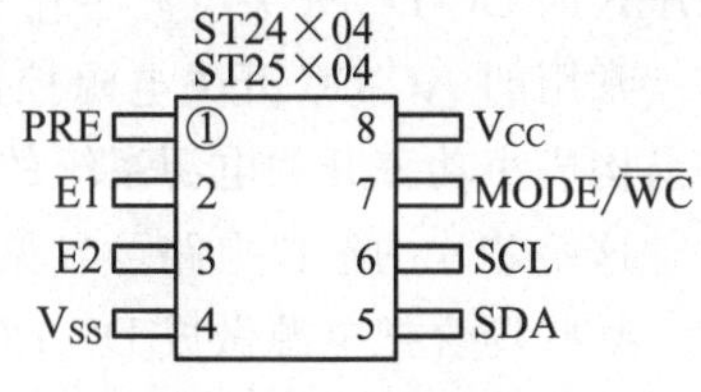

图 1.50　串行 SE^{2}PROM

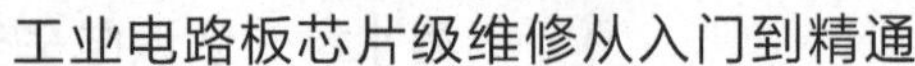

SE^{2}PROM，由程序控制串行时钟线 SCL 和串行数据线 SDA 来完成数据的读写。

FLASH MEMORY（闪存）也是可以擦除数据的存储器，如今在便携式领域得到广泛应用，例如 U 盘就是典型的应用代表。Flash 存储器芯片型号常见以“29”开头，如 29F040。Flash 芯片可见于存储可在线升级的主板 BIOS 程序。

铁电存储器（FRAM）产品将 ROM 的非易失性数据存储特性和 RAM 的无限次读写、高速读写以及低功耗等优势结合在一起，在工控电路板中多有应用。

维修诀窍　存储器的检测

某些 RAM 芯片可以使用程序烧录器进行检测，烧录器可以对 RAM 进行写入、读出操作并进行校验，如果 RAM 损坏，则读出的代码和写入的代码不一致。

对有固定程序的非易失性存储器来说，也可以通过验证读出代码的 CHECKSUM（校验和）来判断内部程序是否丢失或混乱，芯片读出的校验和可以跟芯片上标签标注的校验和比对，也可以找到确定程序未有损坏的相同电路板上的芯片，读出校验和进行比较。

从检修的统计规律来看，存储器是相对难以出现损坏的，但 E^{2}PROM 特别是 SE^{2}PROM 除外。不知是易受干扰还是芯片本身工艺方面的原因，如果说有带程序的芯片出问题，那么极大的可能性就是 SE^{2}PROM 的问题，这类芯片出现问题也不是功能性损坏，而是存储的数据出现错误导致。例如变频器的参数出现莫名其妙的混乱，则很大可能性是存储参数的 SE^{2}PROM 内部数据出现了混乱。

（6）运算放大器

运算放大器应用在模拟电路中。但凡电路板中有正负双电源的设计，就一定是去向模拟电路部分的，当然也有使用单电源的运算放大器，这样电路会简化。随着技术的进步，使用单电源、低电压的所谓 rail to rail（轨到轨）运算放大器也不断开发出来得到应用。

运算放大器电路的具体分析和检测在“典型电路分析”一章有详细的介绍。

（7）稳压电源芯片

线性稳压电源芯片常见型号有正电压固定输出的 78xx 系列，负电压输出的 79xx 系列，输出正电压可调的 xx317，输出负电压可调的 xx337。在 3.3V 电路系统可以见到 LDR（low dropout regulator 意为低压差线性稳压器），这类芯片对稳压输入端和输出端的电压差别要求没有传统线性稳压芯片那么苛刻，需要至少 2～3V 的压差，如 AMS1117 可以将 5V 输入的电压稳定到 3.3V 输出。

LM2575、LM2576 是常常见到的经典降压式的 DC-DC 开关电源芯片，MC34063 则是升压式的 DC-DC 开关电源芯片。

常用的 AC-DC 开关电源控制芯片最经典的有 TL494、UC384X 系列，还有结构简单，容易构成小功率开关电源系统的 TOP 系列芯片。

这些芯片的经典电路可参见本书“典型电路分析”一章的详细介绍。

某些场合把电源做成 DC-DC 模块的形式，为电路的设计提供了方便，而且输出和输入可以完全电气隔离，如图 1.51 所示是一个将 9～18VDC 变换成 5V/20W 输出的 DC-DC 电源模块。

(8) 厚膜电路

厚膜电路也算是集成电路的一种，是将电阻、电容、电感、半导体器件甚至某些 IC 通过印刷、烧结、焊接等工艺建立连接关系，集成制作在陶瓷基片上，实现特定电路功能的一类器件，这类器件通常使用树脂密封，电气性能稳定，适合可靠性高或者高电压、大电流场合。如图 1.52 所示。

图 1.51　DC-DC 电源模块

图 1.52　厚膜电路

1.10　印制电路板介绍

从维修角度，也可将印制电路板（PCB）视为一款“元件”。PCB 本身的问题引发的电路故障不在少数，甚至超过总故障的 1/3。PCB 上走线、过孔、焊盘开路是故障电路板上最常见的问题。发生开路故障的原因是线路板受到腐蚀。工业现场环境恶劣，高温、高湿、灰尘、盐雾环境以及线路板受到附近电容漏液影响都可能使细小走线断开或过孔上下不通。

作为维修人员，应该对 PCB 的制造流程有所了解。PCB 的制造流程包括以下步骤。

(1) 胶片制版

设计者使用电路板 CAD 软件如 PROTEL、PADS 等设计的 PCB 文件打印输出制成胶片。

(2) 图形转移

将胶片上的 PCB 图形采用丝网漏印法或光化学法转移到覆铜板上。

(3) 化学蚀刻

将转移了图形的 PCB 置于蚀刻溶液中，去掉不需要的铜箔，留下组成图形的焊盘、印制导线及符号等。

(4) 过孔与铜箔处理

焊盘和过孔位置钻孔后，上下有连接关系的，须做金属化处理。金属化孔就是把铜沉积在贯通两面导线或焊盘的孔壁上，使原来非金属的孔壁金属化，也称沉铜。在双面和多层 PCB 中，这是一道必不可少的工序，实际生产中要经过：钻孔-去油-粗化-浸清洗液-孔壁活化-化学沉铜-电镀-加厚等一系列工艺过程才能完成。

金属化孔的质量对双面 PCB 是至关重要的，因此必须对其进行检查，要求金属层均匀、

完整，与铜箔连接可靠。在表面安装高密度板中这种金属化孔采用盲孔方法（沉铜充满整个孔）来减小过孔所占面积，提高密度。

(5) 金属涂覆

为了提高PCB印制电路的导电性、可焊性、耐磨性、装饰性及延长PCB的使用寿命，提高电气可靠性，往往在PCB的铜箔上进行金属涂覆。常用的涂覆层材料有金、银和铅锡合金等。

(6) 助焊与阻焊处理

PCB经表面金属涂覆后，根据不同需要可进行助焊或阻焊处理。涂助焊剂可提高可焊性；而在高密度铅锡合金板上，为使板面得到保护，确保焊接的准确性，可在板面上加阻焊剂，使焊盘裸露，其他部位均在阻焊层下。

(7) 印刷丝印层

最后在PCB上采用丝网印刷方式印上丝印层，将元件图形符号及编号、电路板名称及版本信息印刷在PCB上，装配元件，检测电路板功能或维修时就可以根据这些信息和电路图建立对应关系。

一般会使用元件英文名称的首写字母来给元件编号，例如用R表示电阻，C表示电容，D表示二极管，T或TR表示三极管，Z表示稳压管等。如果维修人员初次见到某些不认识的元件，可以通过PCB上的丝印的元件编号字母来判断。

Chapter 2

第2章 正确使用维修工具

专家解读

“工欲善其事，必先利其器”，工控电路板维修中，选用好的工具，并善用这些工具是保证维修速度和维修质量的前提。工业设备相对消费电子设备出货数量少，成本高，价格昂贵，其上的电路板价格相应也昂贵许多，所以只要能够修好电路板，采用价格稍贵、品质较高的工具还是很划算的。工具好用，对电路板的损伤小，维修起来干净利落，维修速度和质量才好保证。所以建议采用行业内较有口碑的品牌工具。

2.1 手工工具

工控电路板维修常用的手工工具有螺丝批（也叫螺丝刀，专业上称旋具）、镊子、尖嘴钳、剥线钳、斜口钳、扳手、锉刀、刻刀、放大镜、电路板焊接辅助工具等。

螺丝批要准备多种大小规格，有一字批、十字批、梅花批、内六角批、套筒批，在拆装螺丝时注意选用最合适的螺丝批，螺丝批旋紧旋松时要注意力度大小，勿使螺丝滑丝，给拆装造成不必要的麻烦。如图 2.1 所示。

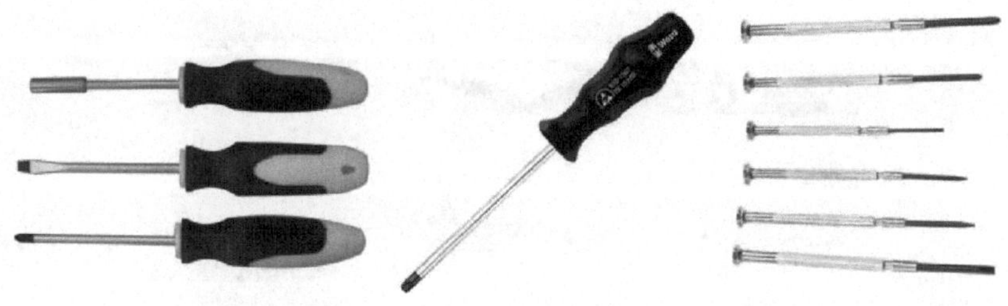

图 2.1　各种螺丝批

镊子须准备几种规格，用于夹取不同的元件，以及焊接导线时夹住导线方便焊接。较短、较硬，刚性大的镊子，用于夹取较大的元件或导线头；较长、较软，刚性小的镊子，用于夹取较小的贴片元件。如图 2.2 所示。

图 2.2　镊子和刻刀

刻刀用于刮除元件引脚表面的氧化层，切断不需要的铜箔走线，刮除电路板表面的氧化层，以及刮除电路板铜箔走线表面的绿油，露出有光泽的铜箔表面，便于维修时连线。

电路板修复工具套件一般有 6 件，用于弯折及调整引脚、切断走线及刮除引脚表面氧化物、扩大引脚孔位便于焊接、清除焊锡残渣、清除电路板表面的保护漆、翘起拆焊中的芯片等。其实物及操作演示如图 2.3 所示。

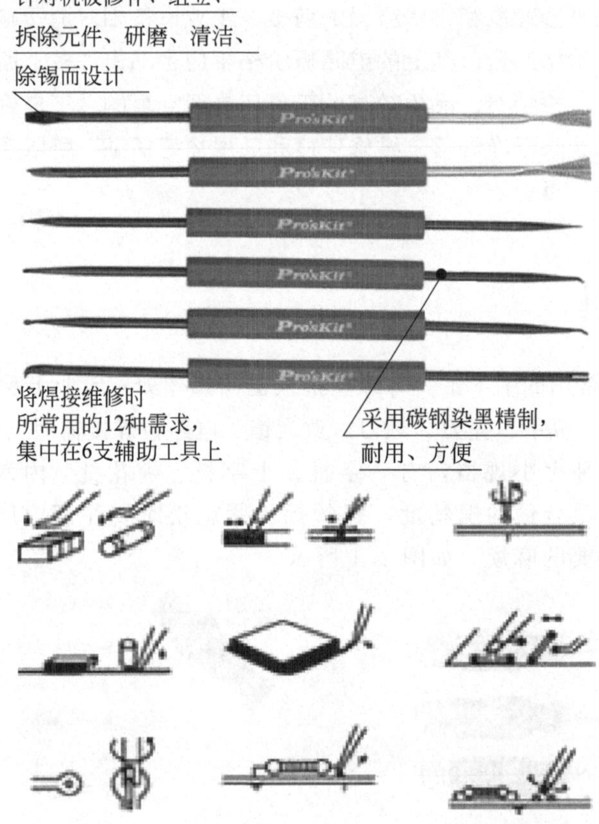

图 2.3　电路板焊接辅助工具及使用示意图

老虎钳可以用于夹持螺丝头劈裂的螺丝，便于拧松；剥线钳用于剥除导线的塑料表皮，尖嘴钳用于夹取螺丝、导线等小部件；斜口钳用于剪切导线及焊接后过长的元件引脚。如图 2.4 所示。

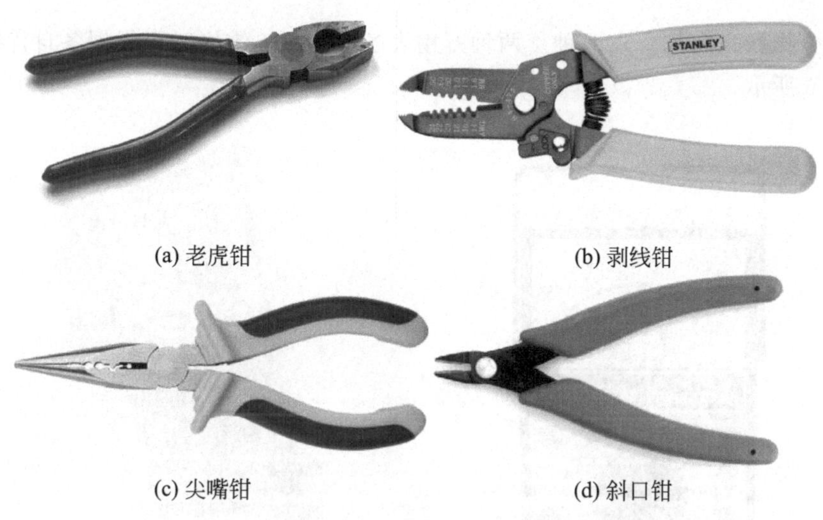

(a) 老虎钳　(b) 剥线钳

(c) 尖嘴钳　(d) 斜口钳

图 2.4　老虎钳、剥线钳、尖嘴钳和斜口钳

另外还要用到放大镜，便于观察细小元件的型号、焊接情况以及电路板上的细小走线情况。放大镜最好选用带照明灯的，放大 20 倍和 40 倍的各一款备用，放大 20 倍的可用于大部分电路板和小元件的丝印放大观察，部分丝印字体极小的元件可以使用 40 倍的放大镜，但不宜使用更大放大倍数的，放大倍数越大，越需要贴近观察，会不大方便；什锦锉用于维修中可能碰到的电路板修饰加工；酒精壶可以盛装酒精、洗板水等电路板清洗溶剂；防静电毛刷用于去除电路板的灰尘，清洗脏污表面。如图 2.5 所示。

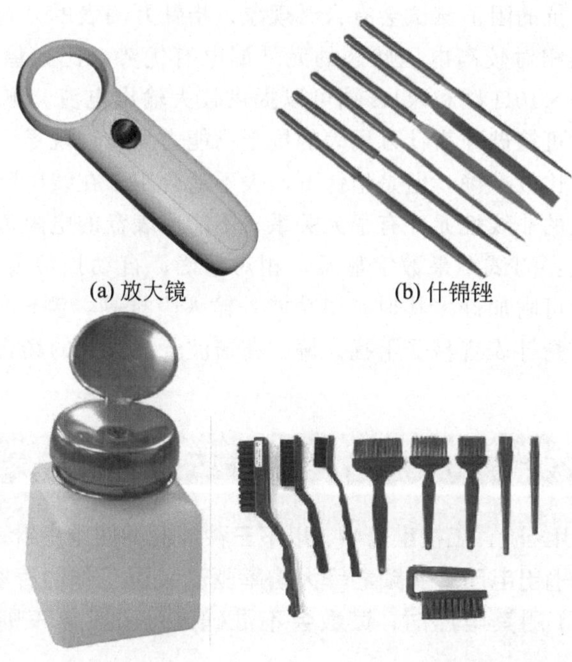

(a) 放大镜　(b) 什锦锉

(c) 酒精壶　(d) 防静电毛刷

图 2.5　放大镜、什锦锉、酒精壶和防静电毛刷

2.2 万用表

万用表分指针式和数字式两种。两种万用表各有特点，维修时可根据各自优缺点灵活选用。如图 2.6 所示。

(a) 指针式万用表

(b) 数字式万用表

图 2.6 万用表

指针万用表的特点：测试结果快速直观但不够精确，需要经常改变测试挡位；输入阻抗相对较小，受电磁干扰影响小，但对测试电路的分流作用相对明显，在维修中主要用于电路板不通电测试，可以定性比较对地电阻值或对电源端电阻值大小，比较快速、直观、准确，不像数字表那样对高阻抗的阻值测试会有自激现象。指针万用表的×10k 挡位可输出十几伏电压，测试某些工作在相对较高电压状态的元件漏电有优势，比如稳压二极管、瓷片电容等。另外指针万用表的×10Ω 挡和×1Ω 挡可以提供较大输出电流，测试元件时可以用于驱动三极管、光耦、触发可控硅。指针万用表的抗干扰能力强，在现场干扰比较大的场合比如测试驱动器交流电压时比较准确。但是指针万用表不适合用于在线电阻阻值的精确判断，因为指针的偏转与板子上的非线性元件有很大关系，不能用表盘的电阻值显示来判断阻值。

数字万用表的特点：测试结果数字显示，相对精确；自动挡位变换，无需频繁切换挡位；单片机智能控制，可附加许多其他有用功能；输入阻抗高，测试时对被测电路影响小，但万用表内部电路相对指针表容易受干扰，例如在谐波干扰很大的场合会出现测量数据不准确的情况。

维修经验

根据笔者实际使用经验，工控维修中，以下三种情况下使用指针表比较方便。

① 测量驱动器的输出电压　变频器等大功率驱动装置工作时存在谐波干扰，数字表（特别是低档数字表）测其电压时，读数会不准确，而用指针表则可以得到较准确的读数。

② 测量 CMOS 芯片的对地或对电源端的电阻值　数字万用表输入阻抗非常高，CMOS 芯片的输入阻抗也非常高，所以欲使用电阻法测试芯片有没有异常时，容易在电路中引起振荡噪声，读数也会忽高忽低，不能稳定，而用指针表就不存在这个问题。

③ 给光耦内部的发光二极管施加电流或给三极管、可控硅施加测试电流　以 MF47 型指针万用表为例，其电阻挡的 Rx1Ω 挡，输出电流比较可观，短路电流达到 80mA，因此可用此挡位给诸如光耦、三极管、晶闸管施加驱动电流，以检测此类器件功能是否正常。

除却以上几种情形，大多数情况下，使用数字万用表还是很方便的，有时也可以指针表和数字表配合使用来测试某些元件的功能。总之要根据万用表的特点灵活使用，下面以 MF47 指针式万用表和 FLUKE189 型万用表为例，介绍万用表在工控维修中的常用功能。

(1) 万用表测通断和测电阻

电路板维修中电阻值测量是最常用的功能，通断测试也算是电阻测试的一种形式。对不能确定故障的电路板，电阻测试非常有用。例如，可以测试直流电源正负两端的阻值，如果过小，就要怀疑电源短路；可以在电路板上直接测试电阻的阻值，如果测得的阻值比标称阻值大，则说明被测电阻已经开路或阻值变大。

某些电路板，其上电阻元件不少，对故障点不明确的此类电路板可以使用电阻法测电阻元件的电阻值，测试电阻的工作量非常大，万用表须快速显示出阻值方可提高效率。低档数字万用表大多使用电容积分方式的测量方法，内部电路包含充放电过程，虽然精度可以保证，但测量速度很慢，从电阻接入到显示稳定这段时间较长，这在要求维修速度的工控电路板维修领域是不能容忍的。高档数字万用表测量电阻时，会输出一个恒流源，恒流源的电流流过被测电阻，在电阻上产生一个电压降，电压大小就反映了阻值大小，整个测量过程是非常迅速的。大家可以比较一下高档数字万用表和普通数字万用表的电阻测量显示效果，它们的显示速度是有着明显差别的。

使用数字万用表测量 CMOS 芯片的对地电阻时，可发现显示阻值飘忽不定的现象，不容易用电阻法来判断比较芯片的好坏。这是因为 CMOS 芯片的输入阻抗很高，而数字万用表的内部阻抗也是很高，所以测量回路易受干扰，形成振荡现象。这种情况下，宜使用指针万用表来测电阻。

某些电阻精度很高，相应地，万用表在测试此类电阻时，精度也应该足够。

测通断也是万用表的常用功能。万用表的通断测试功能通常会单独做成一个挡位，设定若外接电阻小于某个值则蜂鸣器报警。通断测试用于查找电路板上线路的走向，线路的连接关系，各种低阻值元件的好坏（如保险、线圈等），以及确定短路点等。FLUKE189 万用表的通断测试还可以设定小于不同的阻值情况下蜂鸣器发出警示声，有小于 20Ω、小于 200Ω、小于 2kΩ 报警的不同设置，这一功能在电阻法检修时较有用。例如笔者曾经检修一块板，某个芯片的引出脚对芯片接地脚的电阻是 70Ω 左右，如果使用电阻挡，一个一个脚去测其对地阻值，要盯住显示屏，则工作量太大。快捷的方法是一表笔定于接地点，另一表笔以扫描方式扫过各引脚测通断情况，如果选用默认小于 20Ω 通断测试，则蜂鸣器不会响起，错过了故障点，而如果使用小于 200Ω 通断测试，则测此引出脚电阻就不会错过。

使用电阻挡时，要注意指针表和数字表电流的流向是不一样的，数字表电流是从红表笔流出，黑表笔流入的，而指针表正相反，电流是从黑表笔流出，红表笔流入的。

(2) 万用表测电容

使用指针万用表的电阻挡可以测试电容是否有充放电作用，某些数字万用表也有电容容量的测试功能，但这些都是粗略的测试，测试电容的真实好坏情况最好的方法还是使用电桥测试电容参数或 *VI* 曲线测试仪测试电容的 *VI* 特性曲线。

(3) 万用表测二极管、三极管

指针万用表可以使用电阻测试挡来测二极管，以正反向通断情况来判断二极管的单向导电性。数字万用表设有单独的二极管测试挡，测试时以蜂鸣器响起为通，同时显示二极管的导通电压。

工控电路板上的三极管大多做驱动使用，三极管工作时不是饱和就是截止状态，故而测三极管时，能够控制三极管饱和或截止即认为此三极管功能正常。如果是三极管在电路板的情况，已知三极管型号及 b、c、e 极，则可用以下方法确定三极管的功能：使用两块万用表，一块指针表，一款数字表，使用指针表的电阻测试 R×1Ω 挡，红黑表笔接 b、e 两极，注入基极偏置电流，然后使用数字表的二极管挡测 c、e 两极的通断情况。对于 NPN 型的三极管，指针表黑表笔接基极 b，红表笔接发射极 e，形成偏置电流，同时数字万用表红表笔接集电极 c，黑表笔接发射极 e，测 c、e 之间的通断；对于 PNP 型的三极管，指针表黑表笔接发射极 e，红表笔接基极 b，同时，数字万用表红表笔接发射极 e，黑表笔接集电极 c，测 e、c 之间的通断。

如果没有弄清楚板上三极管是 NPN 还是 PNP 型，则需要先判断，方法是：使用数字表，置于二极管测试挡，在三脚中任选一脚，一支表笔固定接触此脚不变，另一支表笔换接其余两脚，如果都有导通，固定接触的表笔是红表笔，说明三极管是 NPN 型，且红表笔接的是 b 极；如果固定接触的表笔是黑表笔，说明三极管是 PNP 型，且黑表笔接的是 b 极。确定三极管属 NPN 还是 PNP 型及 b 极之后，可假定其他两脚一脚是 c 极，一脚是 e 极，然后使用先前的方法来测试其功能，如果功能正常，则说明判断是准确的，功能不正常，则再假定 c 和 e 的位置对换后测试，功能测试还不正常，就要怀疑三极管损坏，可进一步将其从板上拆下测试。

不清楚三极管的类型及引脚，但从三极管在板上的连线规律，也可大致判断三极管的情况。一般来说，三极管基极 b 通过的电流比较小，连线比较细，基极往往还连接了一个限流电阻，而集电极和发射极要通过驱动电流，连线相对较粗，通过这一点，可以很容易找到三极管的基极。另外，大多数 NPN 型三极管的应用，它的集电极和电源正端是负载，它的发射极通常直接接地，或者串联一个小电阻接地，我们只要量一下哪个引脚对地短路或小阻值即可；而对于 PNP 型三极管，负载接在集电极和地之间，它的发射极是接高电位的，它直接接电源正端或者串联一个小电阻接电源正端。通过以上规律，大致判断后再用功能测试的方法进一步确认，可以省却不少工夫。

(4) 万用表测晶闸管

晶闸管分单向晶闸管和双向晶闸管，如果已知晶闸管的各个脚的极性，测晶闸管的功能，对于小功率的可控硅，可使用先前与 NPN 型三极管相同的功能测试方法。

① 单向晶闸管的测量

单向晶闸管实质上是一个直流控制器件，正常工作时，只允许电流从阳极 A 流入，阴极 K 流出。测量同时使用一块指针万用表和一块数字万用表，指针表电阻×1Ω 挡，黑表笔接控制极 G，红表笔接阴极 K，给晶闸管施加触发电流，同时数字表置二极管挡，数字表的红表笔接阳极 A，黑表笔接阴极 K，测试导通情况。对于大功率的晶闸管，万用表施加的电流可能不足以触发其导通，则可以使用可调电源串联 100Ω 电阻提供触发电流，调节电压在 1～5V 之间，观察电流变化，同时数字表红表笔接阳极 A，黑表笔接阴极 K，测试晶闸管导通情况。

如果不知单向晶闸管的引脚各极，则可使用指针万用表×1Ω 挡，用红黑两表笔分别测任意两引脚间正反向电阻，直至找出读数为数十欧姆的一对引脚，此时黑笔接的引脚为控制极 G，红笔接的引脚为阴极 K，另一空脚为阳极 A，然后再使用以上办法测晶闸管的触发导通功能是否正常。

② 双向晶闸管的测量：

双向晶闸管三个电极分别是 T1、T2、G，因该器件可以双向导通，故除门极 G 以外的两个电极统称为主端子，用 T1、T2 表示，不再划分成阳极或阴极。其特点是，当 G 极和 T2 极相对于 T1 的电压均为正时，T2 是阳极，T1 是阴极。反之，当 G 极和 T2 极相对于 T1 的电压均为负时，T1 变成阳极，T2 为阴极。双向晶闸管可在任何一个方向导通。

如果已知各引脚情况，测试方法可同单向晶闸管，指针表给 G 和 T1 之间加触发电流，同时数字表检测 T1 和 T2 的受控导通情况。如果不知各引脚情况，使用指针万用表×1Ω 挡，用红黑两表笔分别测任意两引脚正反向电阻，结果其中两组读数为无穷大。若一组为数十欧姆阻值最小，该组红黑表笔所接的两引脚为 T1 和控制极 G，另一空脚即为 T2。

(5) 万用表测场效应管

场效应管的栅极 G 输入阻抗很大，几近开路，且栅极 G 和源极 S 之间存在结电容，利用这个特点，很容易测量 MOSFET 的功能。

方法是：数字表置于二极管挡，对于 N 沟道型，红表笔接栅极 G，黑表笔接源极 S，只要点触一下引脚，结电容即可充电，维持约 3V 以上电压，大多数 MOSFET 就会导通，此时万用表保持二极管挡，再红表笔接漏极 D，黑表笔接源极 S，会呈导通状态。然后使用短接线将 G 和 S 短接一下放掉电荷，复测 D、S 之间为截止状态。

对于 P 沟道 MOSFET，则加上源极 S 正、栅极 G 负的电压才可导通，相应地，数字表红表笔接 S，黑表笔接 G，点触一下给 G、S 之间充电，然后红表笔接 S，黑表笔接 D，呈导通状态。

使用指针表测 MOSFET，应将万用表置×10kΩ 挡，并注意电流是从黑表笔流出，红表笔流入的，测试时，表笔颜色的位置同数字表刚好相反。

IGBT 可视为 MOSFET 和三极管的组合，它的输入特性同 MOSFET，输出特性则与三极管相同，使用万用表测试时，可以采用完全与 MOSFET 相同的测试方法。我们可以观察到，与 MOSFET 相比，IGBT 完全导通时，C、E 之间的电压降较之 MOSFET 完全导通时 D、S 之间的电压降要大，约 0.3～0.7V 之间，MOSFET 导通时可以测得 D、S 之间的电阻，可通过电流越大的 MOSFET，其 D、S 之间的电阻越小，约零点几欧姆到几欧姆之间。

(6) 万用表检测 IGBT

图 2.7 所示的 IGBT 引脚图显示了 6 个 IGBT 的内部连接关系。检修有此类 IGBT 模块的驱动器时，可用万用表大致判断模块的基本情况。大多数情况下，IGBT 的损坏表现为内

部某一个 IGBT 短路，所以，在模块不好拆下的情况下，将模块视为三相桥堆来测量可以判断有无短路，以数字万用表为例，方法是：万用表置二极管挡，红表笔接 N 端，黑表笔分别接 U、V、W 端，显示二极管导通，并有 0.3～0.5V 的电压值，反测则是开路状态，这一步可以判断下端桥的三个 IGBT 有没有短路。然后，黑表笔接 P 端，红表笔分别接 U、V、W 端，显示也应该是二极管导通状态，反接表笔则应开路，这一步可以判断上部分三个 IGBT 有没有短路。如果没有短路，则可以大致认为 IGBT 是好的，为下一步维修提供依据。如果模块拆下，则可以用先前方法逐个测试 6 个 IGBT 的导通功能。

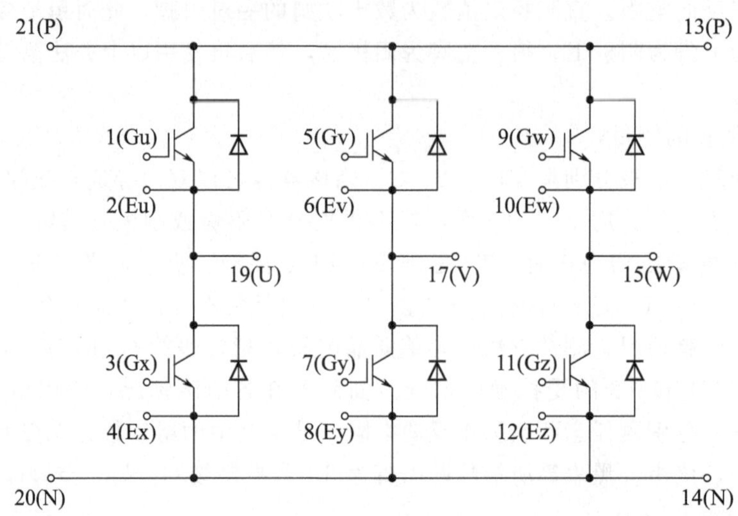

图 2.7　IGBT 引脚电路图

2.3　数字电桥

数字电桥也叫 LCR 电桥，可以在不给元器件上电的情况下，测试其在不同频率下的阻抗特性，将元器件的特性参数显示出来。如图 2.8 所示，我们实际使用的电阻、电容和电感元件都不是理想的纯电阻、电容和电感，因为固有特点和工艺上的差异，它们在不同频率下的特性表现不一样。例如铝电解电容，实际的参数特性可以用图 2.9 所示电路来表示，它不单单是一个纯电容，而是相当于电容两端并联了一个漏电电阻 $R_{leakage}$，然后再串联一个等效串联电阻 R_{ESR} 和一个等效串联电感 L_{ESL}。而这些特性是用万用表测试不到的，因为万用

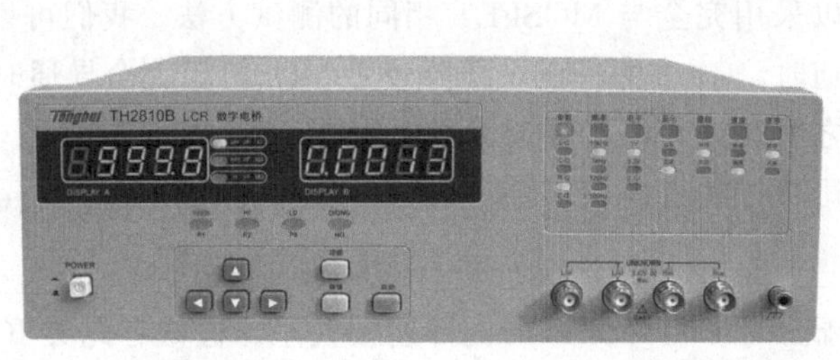

图 2.8　数字电桥

表激励信号不是像数字电桥这样的各种频率的交流正弦波信号，因此对元器件的频率特性的测试无能为力。

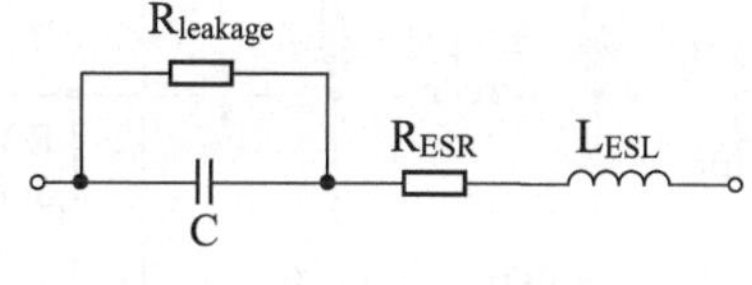

图 2.9　电解电容的等效电路

在工控维修中，数字电桥的以下功能对寻找故障元件是非常有用的。

(1) 对电容的测试

有过家电维修经验的朋友，可能会使用数字万用表的欧姆挡对电容进行充放电测试来判断电容的好坏，有人还会使用数字万用表的电容挡功能来测试电容的容量是否和标称的一致来判断电容好坏。但其实这些手段不足以判断电容的好坏，甚至还会误导维修人员。而电容表测试电容时，通过对被测电容施加各种频率和幅度的交流正弦波信号来全面显示电容的各项参数，其中包括电容的容量 C，品质因素 Q，损耗正切值 D，损耗角 θ。电解电容是电路板中损坏概率最大的元器件，通过解读电桥显示的电解电容特征就可以准确判断电解电容的损坏情况。

维修经验

电解电容测试判断技巧：数字电桥选择频率 100Hz 测试，除了电容容量应符合标称值以外，$D<0.1$ 视为正常，$0.1<D<0.2$，视为特性变差，$D>0.2$，视为完全损坏。

(2) 对电阻的测试

阻值在几个欧姆以上的电阻，使用万用表就可以测试，但是低于 1 欧姆阻值的电阻，普通万用表区分不出来，因为接触电阻的存在使得测试值非常不稳定。数字电桥的优势在于对微电阻的测试，即对毫欧姆级别的电阻值的测试。电路板上的电感或变压器线圈阻值，毫欧姆级别的取样电阻的阻值都可以使用数字电桥精确测试出来，数字电桥还能分辨线路板铜箔走线的电阻值，这些对准确判断短路点非常有意义。例如图 2.10 所示的电路，如果两处箭头所指之一节点有对地短路的情况，如果使用万用表来测试两处箭头所指节点对地阻值，发现都是差不多的，因为两处只是隔了一个电感线圈，电感线圈阻值很小，近似于短路，如果想知道左边短路还是右边短路，还得把电感取下一脚，再测试两边对地阻值来判断。而使用电桥的直流电阻测试挡就可以测试比较两端的对地阻值差异（即使是毫欧姆差异），很容易判断是哪一边短路，这样就避免了不必要的拆焊过程。

(3) 对电感的测试

通常万用表没有测试电感的功能。数字电桥除了可以测试电感在不同频率下的电感量，还可以测试电感的 Q 值和 D 值，我们可以通过读取或比较 Q 值或 D 值来判断电感元件的内部损坏情况。例如开关变压器内部如果有匝间短路，万用表是不能判断的，而通过测试线圈 D 值就可以轻松判断。

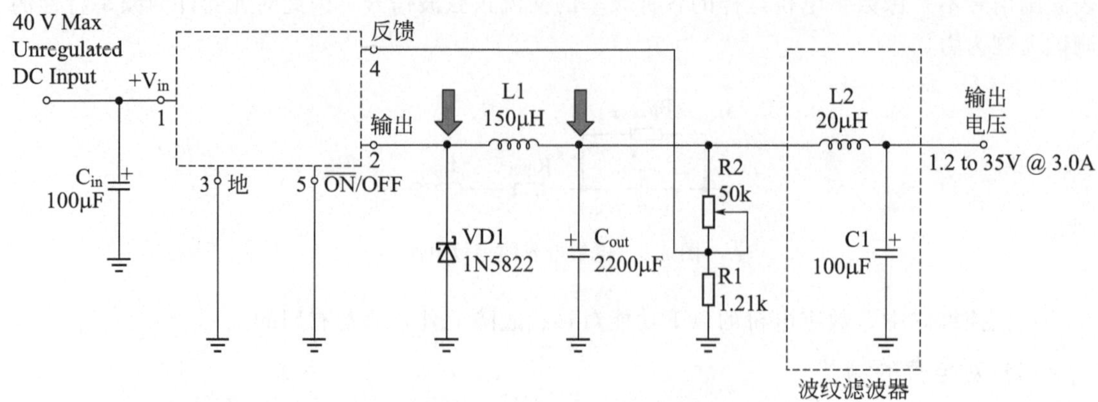

图 2.10　电桥确定短路点

维修经验

开关变压器匝间短路判断技巧：电桥频率选择 10kHz，电压选择最小，测试初级线圈，如果 $D>0.1$，判断变压器有匝间短路情况。

（4）阻抗对比查找故障

有些电路板故障可以通过使用万用表对比电阻值测试出来。但是我们知道，万用表测试的只是直流电阻值，而不同频率信号下的各种元件的综合特征并不能仅仅通过直流电阻一项特征来体现。例如一个电阻和一个 10nF 电容并联的电路，如果电容开路，使用普通万用表测试阻值，有没有开路并不能判断出来，而使用电桥测试阻抗则会有非常明显的差异。

2.4　电路板拆焊工具

焊接和拆卸元件是电路板维修中的经常性工作，选用高品质的拆焊工具，并使用正确的操作方法是保证维修质量的前提。

工控电路板维修中常用的拆焊工具有电烙铁、恒温焊台、热风焊台、手动吸锡器、电动吸锡泵等。

电烙铁和恒温焊台外形如图 2.11 所示。

高品质电烙铁的特点是：发热芯和烙铁头寿命长，烙铁头和焊锡相熔性好，烙铁温度稳定可控，并有防感应电及防静电功能，对应不同的焊点，烙铁头还可以更换。维修

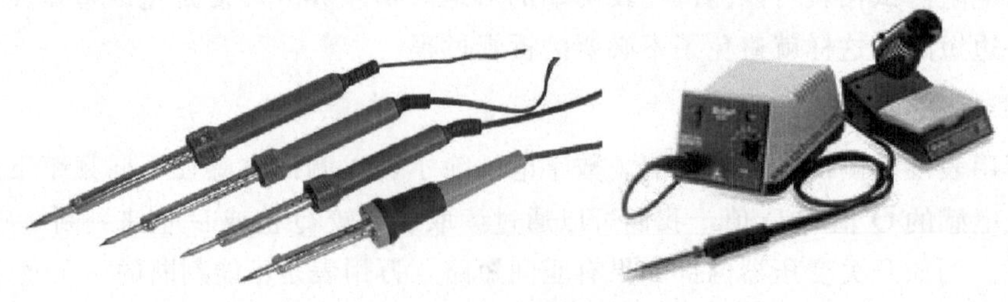

图 2.11　电烙铁和恒温焊台外形

工作中电烙铁使用频繁，最好选用工业级用途的长寿命调温电烙铁，并且有可更换烙铁头的结构，图 2.12 所示为更换的各种烙铁头。另外，在某些不方便使用交流电源的设备维修场合，使用电池做电源的烙铁也可以派上用场，如图 2.13 所示。

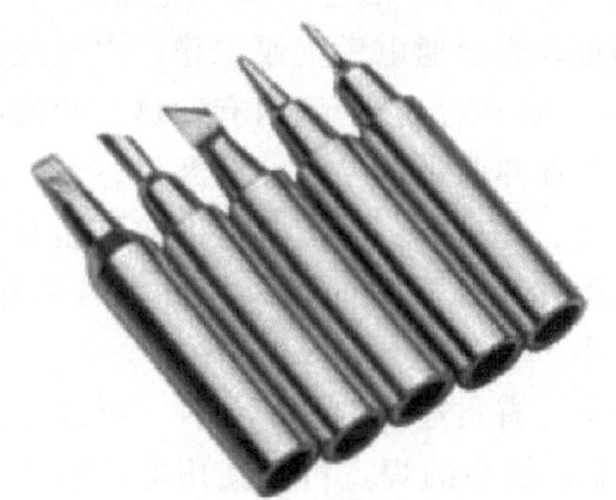

图 2.12　各种烙铁头

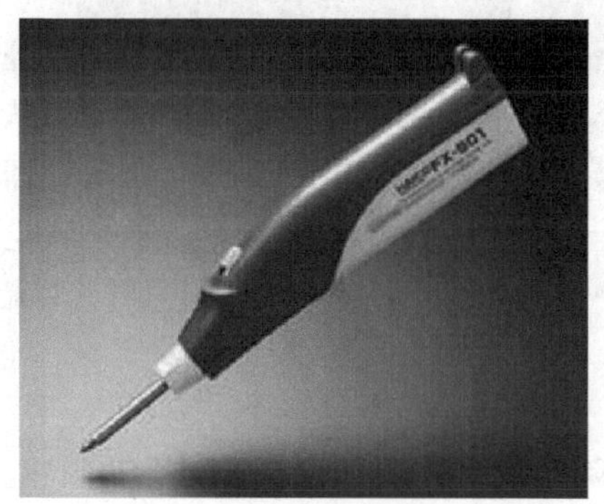

图 2.13　电池烙铁

工控维修建议使用高频无铅焊台，如图 2.14 所示。高频焊台不是使用普通焊台的发热芯，而是使用高频涡流加热原理对烙铁头加热，使用此种方式，烙铁头升温迅速，回温快，控温准确，焊接时非常顺手。

吸锡线是用软铜线做的网状编织线，用于吸走加热熔化的焊锡，细导线可做断线处的连接线，可根据线路板上电流大小选取不同线径的导线。如图 2.15 所示。

图 2.14　高频无铅焊台

图 2.15　吸锡线、细导线

维修焊锡丝不建议选用无铅焊锡，可选用内含水溶性助焊剂的焊锡丝，焊锡丝的线径以 0.8mm 为宜。建议使用优良中性助焊膏如 PSI 品牌助焊膏，在铝质、铁质等不易上锡的金属表面上焊接时可使用酸性焊锡膏，焊完后要清洗焊接表面，防止腐蚀。如图 2.16 所示。

图 2.16　焊锡丝、焊锡膏、松香

图 2.17　热风焊台

贴片元件的焊接和拆卸适合使用热风焊台。热风焊台是通过空气加热来实现焊接功能的，由气泵、气管、加热芯、手柄、温控电路等部件组成。

如图 2.17 所示，黑盒子内部包括一个气泵和控制电路板，焊台通电后气泵工作，空气经由气管从手柄的出风口吹出，手柄内有发热芯和温度传感器，发热芯加热吹出的空气，温度传感器检测吹出空气的温度。焊台有一个控制温度的旋钮和控制气流大小的旋钮。品质好的热风焊台发热芯寿命长，气泵噪声小。

电路板上有贯通焊接孔的元件，拆卸时必须将焊锡去除，较大的焊点可以使用手动吸锡器来去除，较小的焊点可以使用电动吸锡泵来去除。如图 2.18 所示。

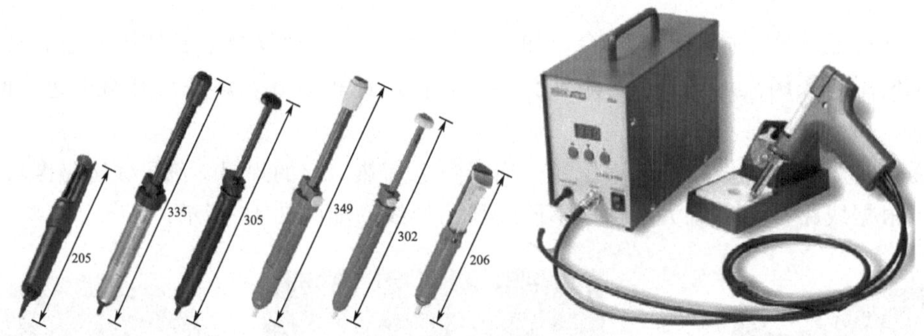

图 2.18　手动吸锡器和电动吸锡泵

BGA 返修台可提供电路板 BGA 部位上下层的均匀加热，并有智能可控的温度变化曲线，以保证 BGA 芯片拆焊的品质。如图 2.19 所示。

BGA 返修台是针对 BGA 芯片拆焊的专用设备，价格较为昂贵，操作也较为复杂，维修量不大的话，购买并不经济，这种情况下可寻求电脑主板维修点帮助拆焊。

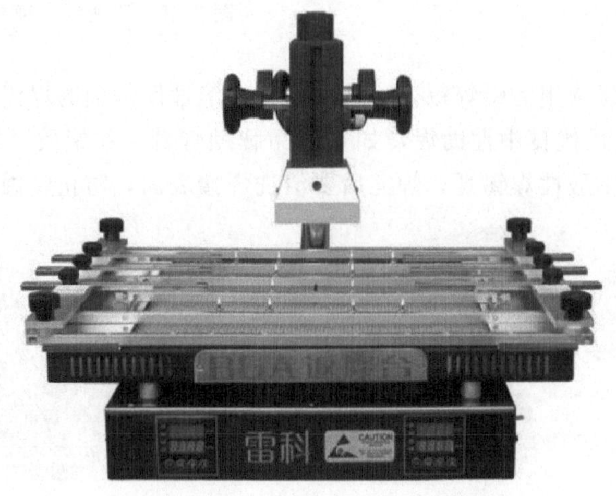

图 2.19　BGA 返修台

维修诀窍　元件拆焊实际操作方法

① 通孔元件的拆焊

对具有贯通电路板焊接的引脚元件，如果引脚较少，简单地，可使用电烙铁将引脚加热，待焊锡充分熔化，使用手动吸锡器将焊锡迅速吸走；如果通孔引脚很多且比较细密，可以使用电动吸锡泵加热引脚焊锡并吸走。

加热焊点时，温度控制在 350℃左右，可以根据焊点大小及散热情况合理调节温度，操作焊孔大的引脚及焊盘接有大面积铜箔的引脚时，可以将温度适当调高，以焊锡充分熔化为宜，用烙铁加热还是用电动吸锡泵加热都可如此操作。某些焊孔焊锡多且元件引脚散热面积大，散热很快，即使调高烙铁温度，焊锡都不易熔化，如拆卸电路板上的模块就是这样的情况，此时除了使用高频焊台以外，还可配合使用热风焊台的热风枪对焊点区域部位吹热风加热，焊接这些焊点时也可配合吹热风加温。

工控行业电路板送修时往往是之前使用了很长一段时间，其上焊锡点的表面大多已经氧化，所以如果遇到明显氧化发暗的焊点，在用烙铁加热前，宜使用刻刀将焊点表面氧化层刮除，以利其熔锡性。

元件的拆焊，难度在“拆”，拆的原则是最大限度地保护焊盘和走线不受损伤。吸走焊点的焊锡后，要检查引脚是否完全和焊点脱离，可用工具拨动去锡的引脚，如果不能拨动，说明焊锡没有完全吸走，应该再次做去锡的操作，如果强拉硬拽，极易损坏焊盘，顺带拉扯走线，留下人为故障隐患。

元件焊接前要注意清洁引脚，如果引脚有色泽发暗的氧化现象，可使用刻刀将氧化层刮除。焊盘也要清洁干净，可用毛刷蘸洗板水将焊点表面的杂质清除干净。要使用品质较高的焊锡，质量好的焊锡，焊锡合金比例适宜，焊锡和烙铁、焊盘熔接性好，焊点表面收缩有光泽。一般使用中性助焊剂，助焊剂可使焊点收缩光滑，如果焊接点可焊性不高，可使用酸性焊锡膏做助焊剂，不过焊接完成后要将焊点清洗干净。维修时不建议使用无铅焊锡，无铅焊锡第二次过烙铁时，熔性不是很好，易呈现豆腐渣样。

② 贴片元件的拆焊

贴片元件拆焊要使用热风焊台。拆卸贴片元件时，可将热风焊台温度调至 400℃左右，风量调至合适，持手柄，风嘴对准要拆卸的元件引脚约 4cm，要稍微晃动手柄，使元件的引脚受热均匀，同时另一只手持镊子，夹持元件，待焊锡充分熔化后，夹持元件顺势从电路板上分离，不可生拉硬拽，在焊锡熔化前强行夹持元件脱离电路板，以免拉扯损坏焊盘。热风温度不可调得太高，风嘴也不可对电路板上一个小范围部位吹太久，避免元件和电路板长期受高温损坏。

焊接时，先将焊盘处理干净，使用烙铁和吸锡线配合吸走焊盘上多余的焊锡，使用毛刷蘸洗板水清洗焊盘及周边的部位。要焊上的元件，如果引脚有发暗氧化情况，应使用刻刀刮除氧化层。要保持引脚规则平整，可在焊盘上涂覆一层中性的助焊剂，将元件在电路板上放置后和焊盘对应良好。对于引脚密集的芯片，可先使用烙铁将四边引脚熔锡固定，再使用热风均匀加热所有引脚，同时手持镊子等物件，按压元件顶部，待焊锡元件引脚和焊盘完全焊接在一起。

焊接完毕，要对引脚焊接情况进行检查，特别是引脚密集芯片容易出现虚焊和连锡的现象。 可用放大镜检查，有引脚连锡时，应用烙铁配合使用松香加热引脚，利用松香表面张力收缩焊锡，引开连锡；用镊子尖端扫描式地给芯片引脚施加横向拨动的力量，并用放大镜观察，如果芯片引脚能够被拨动，说明存在虚焊，应使用烙铁配合松香补焊，直到所有焊点完全没有虚焊。

2.5 维修用可调电源

电路板都离不开电源部分，很多电路板作为整机的一部分并不包括电源部分，它的电源由专门的电源模块来提供，电源模块通过端子和引线给它供电。一般电路板上的数字电路，其供给电压是5V或3.3V，模拟电路是±5V或±12V或±15V不等，要观察待修电路板的故障现象或检测维修效果，加上合适的电压才能观察和检测。另外，对加电的电路板，还需要完善的过流保护措施，不能因为接入电源过流而引发故障，使损失扩大。所以，准备一个多路输出且电压和电流可调的直流电源，维修时就比较方便。如图2.20所示结构的可调电源，其中两路是输出0～30V，0～5A可调的，一路固定输出5V，这可以满足大多数的测试需求。

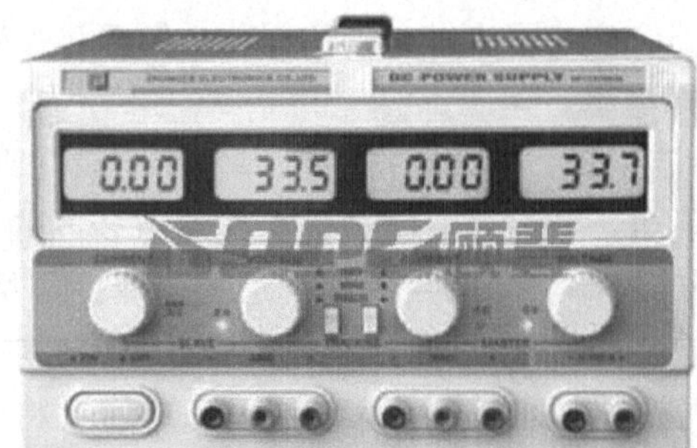

图2.20　可调直流电源

2.6 信号发生器和示波器

普通信号发生器也叫函数发生器，是一种输出波形、频率和幅度可调的有源工具。另外有工控行业维修专用的信号发生器，可以输出供测试的直流电压信号、电流信号，可以模拟热电阻、热电偶等。如图2.21所示。

函数信号发生器可产生不同幅度和频率的正弦波、方波、锯齿波等信号，某些时候可以做驱动信号注入电路板，测试某些芯片或电路的响应特性，如测试某些芯片的频率特性，可配合使用示波器观察信号波形。

示波器外形见图2.22，示波器在有图纸维修场合可以有很好的表现，但维修的电路板基本上是没有图纸的，关键点的波形并没有参考，示波器派上用场的机会并不是很大，大致可以用于检测一下开关电源有没有驱动波形、晶体有没有起振、微处理器芯片有没有输出、通信接口的关键节点有没有信号等。但是某些数字信号的明显畸变还是可以参考的，比如图2.23是测试某一个芯

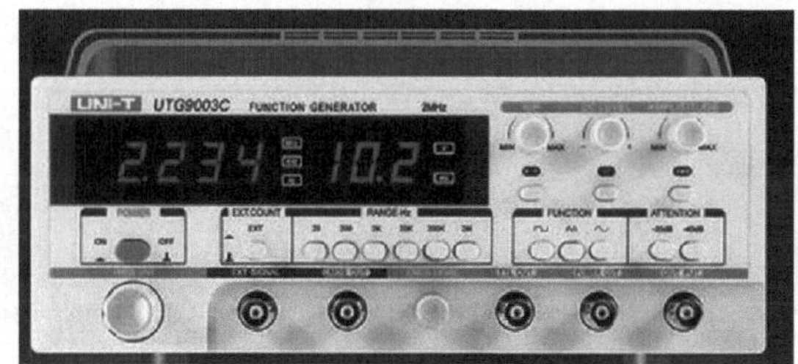

(a) 普通信号发生器

全功能信号发生器

√直流电流信号

√直流电压信号

√热电偶热电阻

√脉冲　开关量

(b) 工控信号发生器

图 2.21　信号发生器

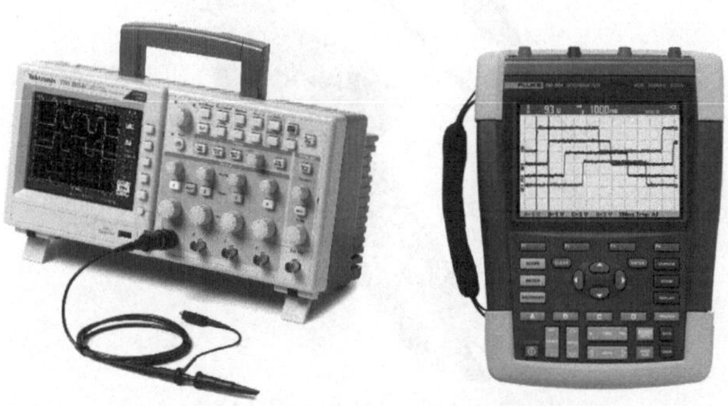

图 2.22　示波器外形

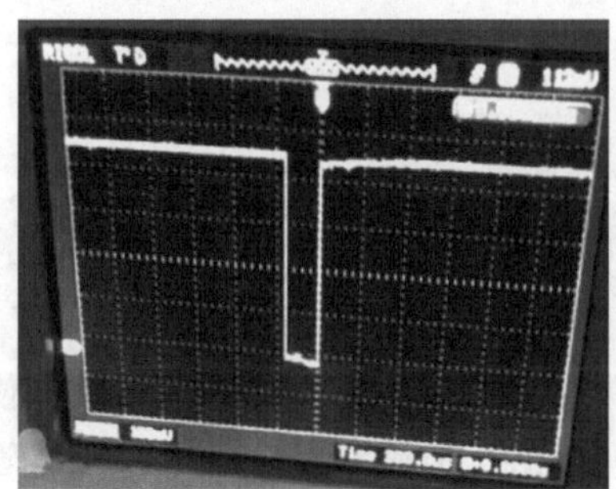

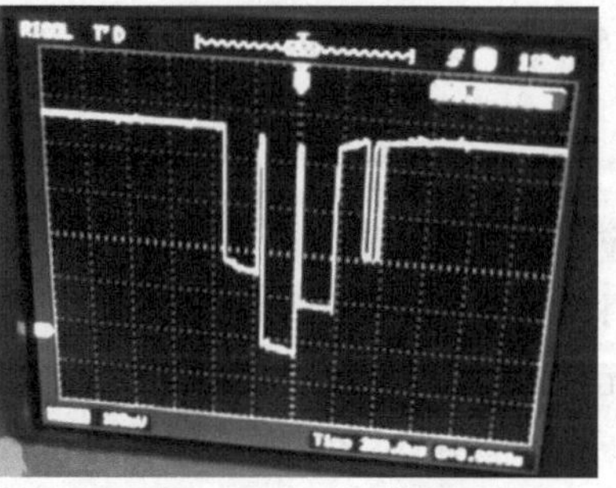

图 2.23　正常波形和故障波形对比

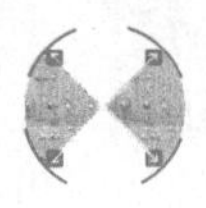
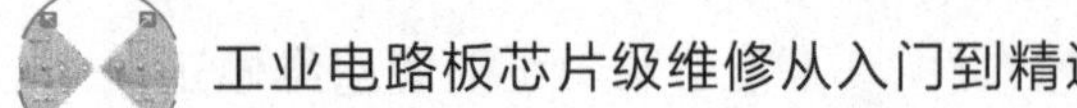

片片选信号的波形，左图是正常波形，右图是畸变波形，这就表示这个测试点处的某一个元件不良，从而提供了一条寻找故障的线索。

注意

信号发生器和示波器的一个特点在维修接线时要引起特别注意，那就是信号的参考点即接地端是实际接大地的，也就是说，信号发生器的信号输出两根线其中有一根信号屏蔽线是通过电源线和接地端相连的，示波器的输入屏蔽线也是和电源线的地线相连的，所以如果维修的电路板使用的是交流市电，信号发生器给定信号或示波器测量波形时不可直接测试，否则电路板的零线和信号发生器示波器的屏蔽线会形成回路，造成短路，此类电路板应该使用 1：1 的隔离变压器供电才不受影响。另外如果没有电源隔离，也可以使用示波器差分探头来测试信号，但是差分探头价格昂贵，和购买一台新的示波器的价格差不多。

手持式示波器也叫示波表，示波表便于携带，电池供电，无需和被测部分的电源隔离，现场测试非常方便。

使用示波器时应该留意示波器能够测试的最高电压，如果被测电压超过示波器的最高电压，有可能引起示波器损坏。这种情况下，可以使用示波器高压探头（图 2.24）来对信号衰减后再测试。

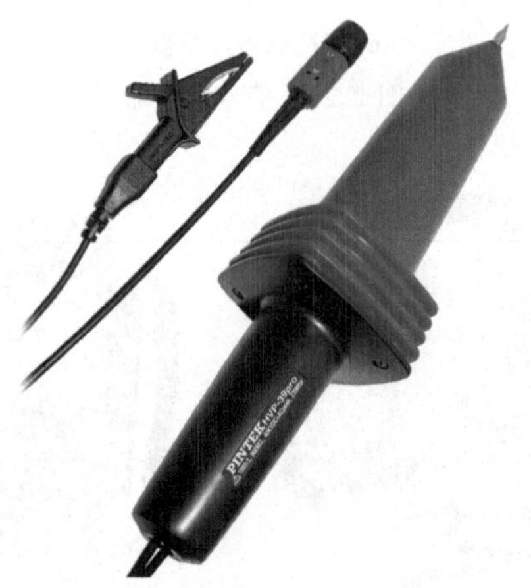

图 2.24　示波器高压探头

2.7　晶体管测试仪

如图 2.25 所示，在工控电路维修中，晶体管测试仪主要用来测试二极管、稳压管、三极管、场效应管、IGBT 和电容等原件的耐压，还可以测试三极管的放大倍数，附带判断其引脚情况。对电路板上不明型号的二极管、稳压管、三极管可以通过测试来了解耐压参数，为寻找替换元件提供依据。另外某些 IGBT 模块属于耐压性能下降损坏，可以使用晶体管测试仪测试耐压值，替换 IGBT 上机前也可以测一下耐压值确认符合要求。晶体管测试仪的具体使用方法可以参见随附的使用说明书。

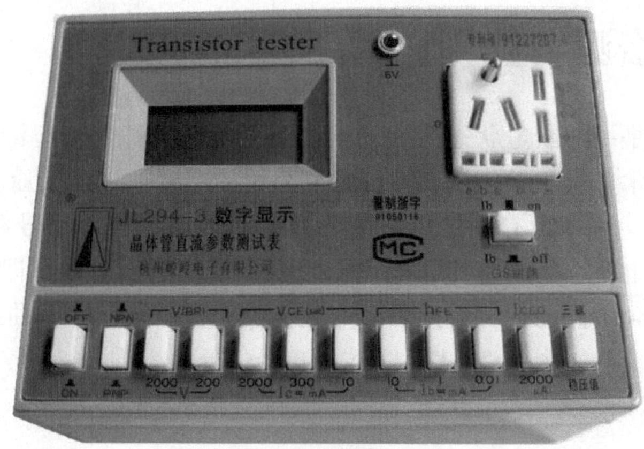

图 2.25　晶体管测试仪

2.8　程序烧录器

程序烧录器配合软件可以实现某些芯片程序的读出、存储、烧写，如 EPROM、EEPROM、Serial E/EEPROM、FLASH、PLD、MPU 等。维修时若碰到 EPROM、EEPROM、Serial E/EEPROM、FLASH 这些芯片的程序丢失或损坏的情形，而手头又有相同程序的芯片，是可以使用程序烧录器进行复制，而 PLD 芯片程序若有加密，则复制的程序不可用。

某些烧录器带有数字芯片测试功能，可对 TTL 和 CMOS 逻辑电路及某些 RAM 进行功能测试，方法是：将芯片放入 IC 测试座并夹紧，在 IC 测试软件界面选择相应的测试芯片型号，软件就会自动分配电源和测试代码施加在 IC 上并给出测试结果。

DIP（双列直插）封装的芯片可以放入烧录器自带的测试夹，贴片封装的芯片可以放入 IC 测试座再将测试座放入烧录器的测试夹夹紧。如图 2.26 所示。

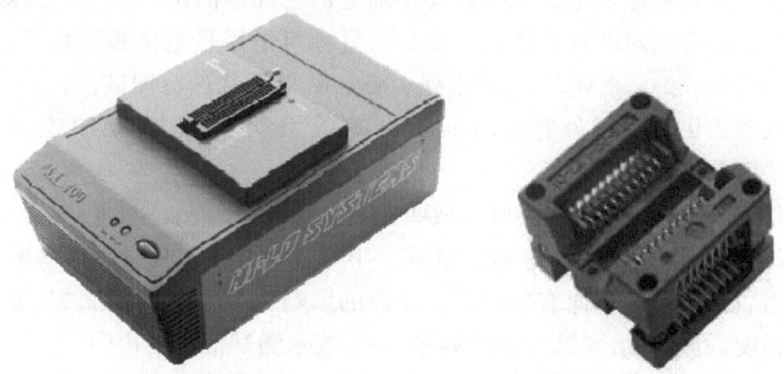

图 2.26　程序烧录器和 IC 测试座

工控电路板维修中碰到最多的是 Serial E/EEPROM 如 24C04、93C46 之类芯片程序的丢失，此类芯片一般存储一些用户参数，数据混乱引发故障的概率相对其他存储芯片要大得多，如果能找到相同电路板上的程序，不妨通过烧录器复制程序来测试故障是否出自这类芯片。

2.9 在线维修测试仪

在线维修测试仪是一种断电状态下的元件检测工具。这种仪器起源于叫做 Tracker Signature Analysis 的技术，属于美国 HUNTRON 公司的专利技术，其原理是：仪器内部产生一个正弦交流信号源，信号源有一定的幅度、频率和内阻，这个信号源加到被测试的元件上，将元件上的实时电压作为横坐标，电流作为纵坐标作平面曲线，即 *VI* 曲线。不同的元件或元件组合就会得到不同的曲线，元件若有性能变差，就能从这些曲线中得到信息，从而为故障查找提供有用信息。图 2.27 表示了这种仪器的原理。图 2.28 是 HUNTRON 公司的 HUNTRON TRACKER 2800S 测试仪。

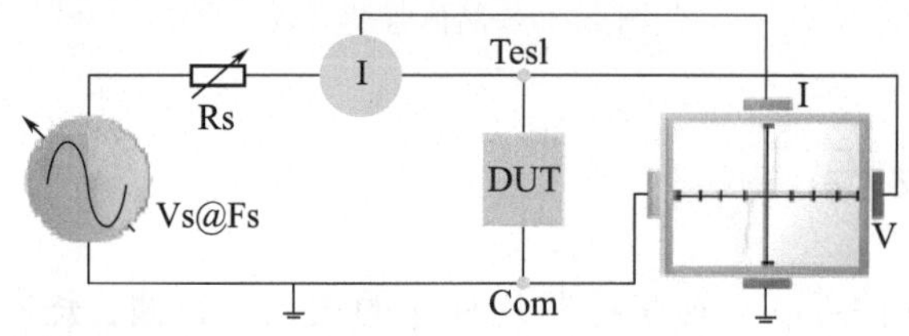

图 2.27 *VI* 曲线测试原理

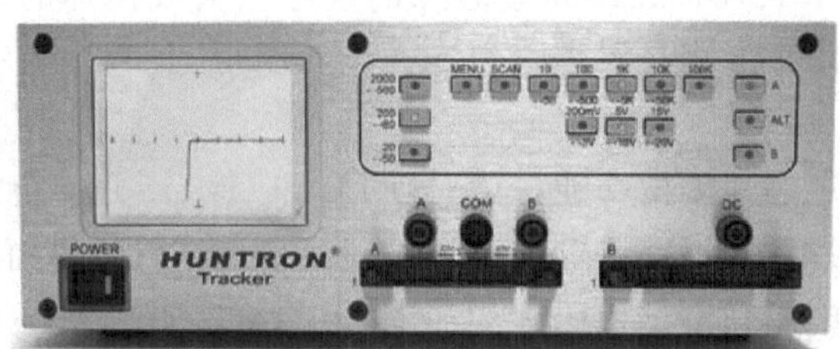

图 2.28 HUNTRON TRACKER 2800S 测试仪

这类测试仪主要特点是，电路板可以在不加电的情况下测试，某些产品除了具有 *VI* 曲线测试功能以外，还可以对芯片功能进行测试，号称可不用从电路板上取下芯片对其测试。可对常见的 74 系列、40xx 系列、45xx 系列、SRAM 等芯片进行测试。

目前此类仪器的供应商国外有美国 HUNTRON 公司，英国的 ABI 公司，国内的有汇能、正达等牌子的产品。

以下就元件 *VI* 曲线测试的一些信息做些介绍。

图 2.29 所示，分别是电阻、电容、电感、半导器件的 *VI* 曲线，这些曲线会随着测试信号设置的内阻、幅度和频率而有些差异。具体的影响见图 2.30～图 2.33 所示。V_s 表示测试信号的电压幅度，F_s 表示测试信号的频率，R_s 表示测试信号的内阻。

铝电解电容性能不良是引发电路板故障的最常见的原因。正常的电容 *VI* 曲线是一个垂直轴对称和水平轴对称的椭圆，如果椭圆的对称轴发生歪斜，表明电容的性能不良，如图 2.34 所示，性能不良的电容具有倾斜椭圆的 *VI* 曲线。

不同元件组合后 *VI* 曲线体现出综合特点，例如倾斜的椭圆曲线，可能是电容和电阻串联后的组合曲线。实际上电容的性能变差，ESR（等效串联电阻）增大后，它的曲线就会倾斜，相当于一个理想的电容和一个电阻串联后的效果。

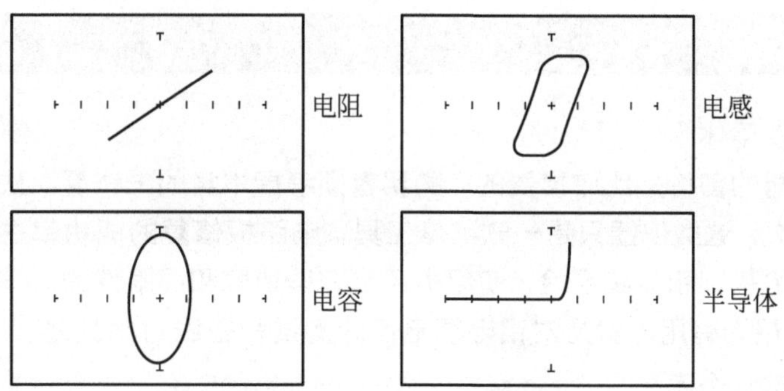

图 2.29　不同元件的 VI 曲线

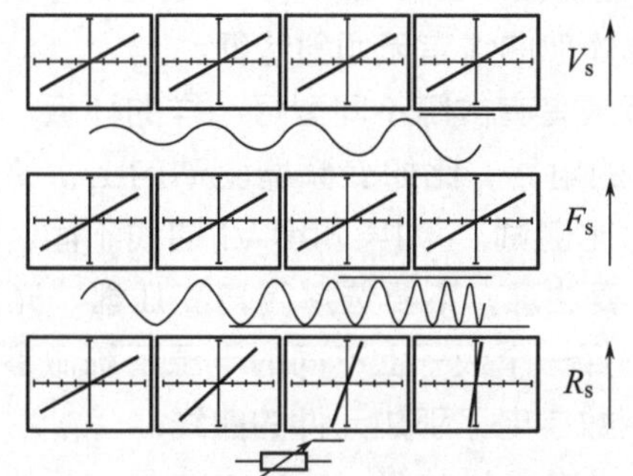

图 2.30　测试信号源对电阻 VI 曲线的影响

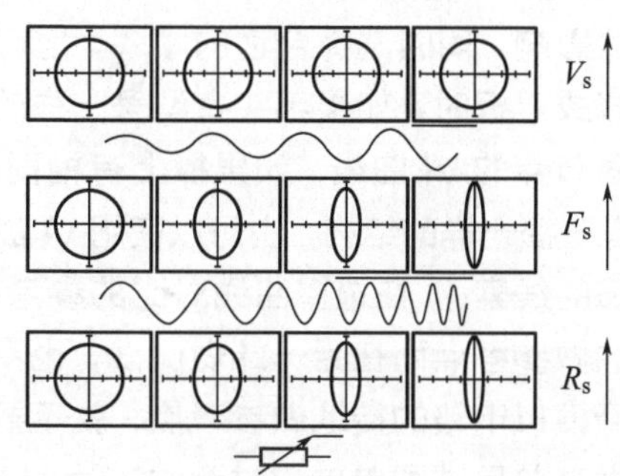

图 2.31　信号源对电容 VI 曲线的影响

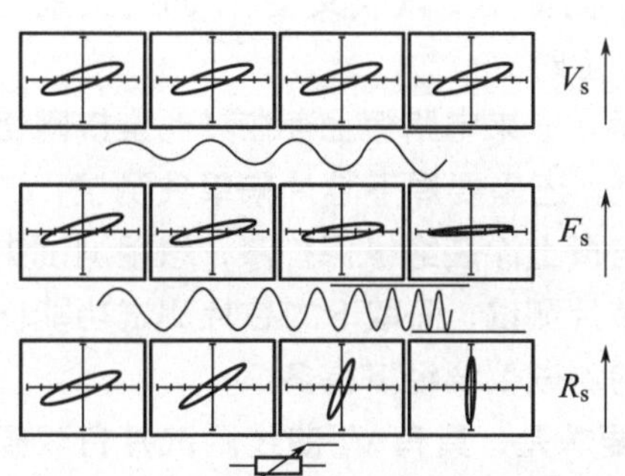

图 2.32　信号源对电感 VI 曲线的影响

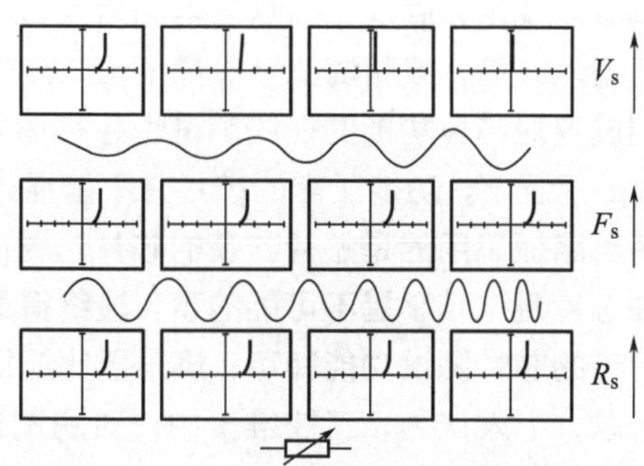

图 2.33　信号源对二极管 VI 曲线的影响

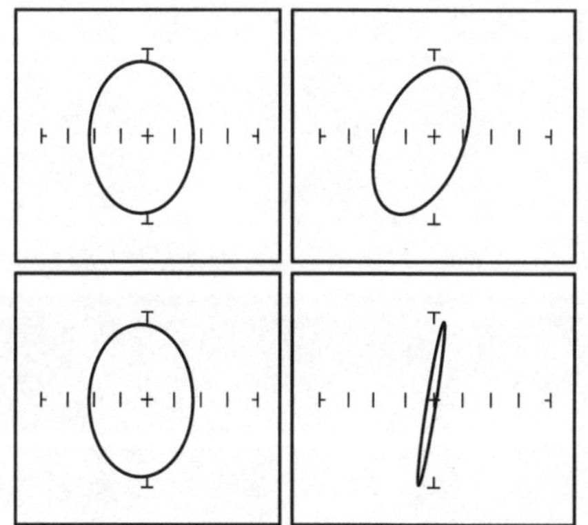

图 2.34　正常电容和不良电容的椭圆 VI 曲线

维修经验

此类仪器的使用体会：

首先这类仪器的售价是比较昂贵的，购买者须考虑本身的维修量，从经济角度出发决定是否购买；其次，这类仪器只是一款维修工具，电路板修复的成功率主要还是取决于维修人员的电子理论基础和实践经验，使用中还是有些诀窍和局限性的。

VI 曲线测试最为有用的就是对铝电解电容的测试和曲线对比测试。芯片功能测试在实际维修中的作用并不大。

因铝电解电容不良引发电路板故障的不占少数，在线测量电容的 VI 曲线能发现问题。测量时，应将测试仪的输出信号电压选择最低挡，小于 300mV，以避开半导体 PN 结导通的影响，同时选择合适的频率，尽可能地体现曲线有无倾斜特征。

检修故障板时，如果手头有型号一样的好板或者有故障不同型号一样的坏板，就可以对比相同节点的 VI 曲线，如果板上有相同结构的电路，比如变频器驱动的上桥臂电路，三路都是一模一样的结构，也可以使用 VI 曲线对比测试。如果测得 VI 曲线不同，就有了发现故障的线索。在选择曲线对比的参考点时要注意，不要选择隔离变压器、光耦等元件的一端做参考点而在另一端做测试，也不要选择一个板子上不同的电源系统做参考点，比如选择模拟电路的接地做参考点，就不要去测数字电路那边元件的曲线。

初学者总是试图单单通过测试芯片的 VI 曲线去寻找故障，结果往往是徒劳的，即使有所斩获，也是大费周章。笔者大量的维修统计表明，绝大多数的损坏芯片单单使用万用表就可以找出，通过在线测量电阻就可以确定，而使用测试仪又是 VI 曲线又是功能测试反而误入歧途，被测试仪牵着鼻子走，徒耗许多工时。

测试仪对芯片功能的在线测试也存在诸多局限，一来电路板上存在其他连接网络的干扰，很多情况下，功能正常的芯片并不能通过测试，还是要焊下芯片来单独测试；二来如今许多电路板采用的是贴片封装的芯片，更在电路板上涂装绝缘保护漆，想用测试夹来可靠夹住芯片测试几乎是不可能的事，最终得取下芯片测试，而取下的芯片测试功能使用烧录器附带的芯片测试功能即可，烧录器比起昂贵的测试仪要经济得多。

所以，个人认为，工控维修中，对测试仪的要求是：具有 VI 曲线测试并有双棒对比测试功能足矣！

Chapter 3

第 3 章 典型电路分析

专家解读

现代社会，家用电器的市场竞争非常激烈，厂家对售后服务非常重视，如果提供电路图供维修参考，便于自身售后服务网络的建设，有利于抢占市场。其他的办公电器设备、手机甚至汽车电器等日常消费电子设备因为大量生产，售后服务这一块拥有不少维修维护人员，即使厂家不提供电路图，他们在维修实践中也会测绘电路图，有些还会结集出版。而作为生产设备这一块的工控电路板的电路图就不好找了，原因一是厂家要考虑知识产权，防止拷贝山寨，从维护自身利益出发，往往不会提供图纸；二是普通维修维护人员少有机会接触到此类设备，尤其是损坏的设备，整理图纸的工作也就相对困难。

对于有图纸的电路板，维修者只要能看懂电路图，过往维修经验丰富，大多还是可以按图索骥，找到故障症结，但若缺图，倘要修好，那就需要一些类似电路图的储备和不错的分析功底了。

作为一个合格的工业电路板维修者，要彻底弄懂一些典型电路的原理，烂熟于心。图纸是死的，脑袋里的思想是活的，可以类比，可以推理，可以举一反三，一通百通。比如开关电源，总离不开振荡电路、开关管、开关变压器，检查时要检查电路有没有起振，电容有没有损坏，三极管、二极管有没有损坏，保护电路有没有起作用。不管碰到什么开关电源，其结构原理都是相同的，维修操作起来都差不多，不必强求有图；比如单片机系统，包括电源、晶振、复位、三总线（地址线、数据线、控制线）、输入输出接口芯片等，检修起来也都离不开这些范围；又如各种运算放大器组成的模拟电路，纵它变化万千，在“虚短”和“虚断”的基础上去推理，亦可有头有绪，条分缕析，弄个明明白白。练就了分析和推理的好功夫后，即使遇到从未见过的设备，也只要从原理上搞明白就可以了。

有经验的维修者，碰到所谓的陌生电路时不会茫然迷惘，惊慌失措。他会联想自己曾经熟悉的电路，加以比照，找出相同或相似部分，他会回忆以前的维修经验，这一类电路板曾经是哪部分元件损坏，如果他有过电路设计的经验，他更会揣摩设计者的设计意图，甚至可以找出设计人员的设计缺陷。设计者设计的产品被认为是自己智慧的结晶，他眼中的东西往往是完美的；而维修者的目的就是找出故障症结，他眼中的东西是有缺陷的；从电路板交付使用到损坏这一段时间内，电路板的运行情况，设计者跟踪的是前段，维修者见到的是后段；设计者知道的可能是这板少于5年内的状态，维修者见到的可能是5年后的状态。“路遥知马力，日久见人心”，大多情况下，维修人员对电路板的长期可靠性比设计人员更清楚。

本章将工业电路板维修中常见电路分为数字逻辑电路、运算放大器电路、接口电路、电源电路、单片机电路、传感检测电路、变频驱动电路等几个部分加以介绍，结合实际电路图详细分析。

3.1 数字逻辑电路

数字电路中最基本的电路是与、或、非门电路，并由此衍生出组合逻辑电路、时序逻辑电路，乃至不断发展出存储器、CPU、CPLD、FPGA、DSP等各种数字器件。早期的工控电路板因当时的技术所限，简单独立的数字逻辑器件如74系列TTL器件及40xx系列45xx等较多，随着大规模集成电路的不断发展，大量这些器件组合后能达到的功能用一个或数个芯片就可实现，而这些简单独立的数字逻辑器件在一块电路板上的数量越来越少，但总归还是有一些。为了“发挥余热”，某些老旧设备尚需维修，此类设备电路板上的数字逻辑器件还不少。

工控电路板中，以74系列的数字逻辑电路最常见，作为维修技术人员，对这些电路的原理结构和损坏检测方法应当熟悉。通常生产厂家都会提供pdf文档形式的芯片数据资料，这些资料国内外各大电子网站都有下载。在检修或代换时，我们可以依据这些资料作为参考。

图3.1、图3.2中所列是各种常用74系列、40系列、45系列的内部逻辑图。

这些常用的逻辑电路，基本都是双列直插封装或双列表面贴装的封装形式，基本上都是第一排的最后一个引脚接地（GND），第二排最后一个引脚接电源正端（VCC），如果需要通电试验电路板，可以据此判断要加电的部位。

这些逻辑电路的通电检测，简单的可以使用万用表，也可以使用逻辑笔，最直观的检测当然是使用示波器。

万用表的检测情况，比如TTL芯片使用的是5VDC电源，要检测一个非门是否正常，假设输入信号处于静态没有跳变，则输入是高电平，输出就是低电平，输入低电平，输出就是高电平。高电平就是5V或比5V少一点点，低电平就是0V或比0V大一点点。如果输入信号是动态变化的，那么输出信号也会动态变化，此时万用表测量直流电压，显示的就是一个脉冲平均值，如果输入是个占空比40%的脉冲信号，万用表显示就是5×40%=2V左右，输出就是5×60%=3V左右，如果此时输出固定高电平或低电平，则要怀疑芯片坏了。当然对于集电极开路输出结构的芯片，以上测量方法就不准确了，因为

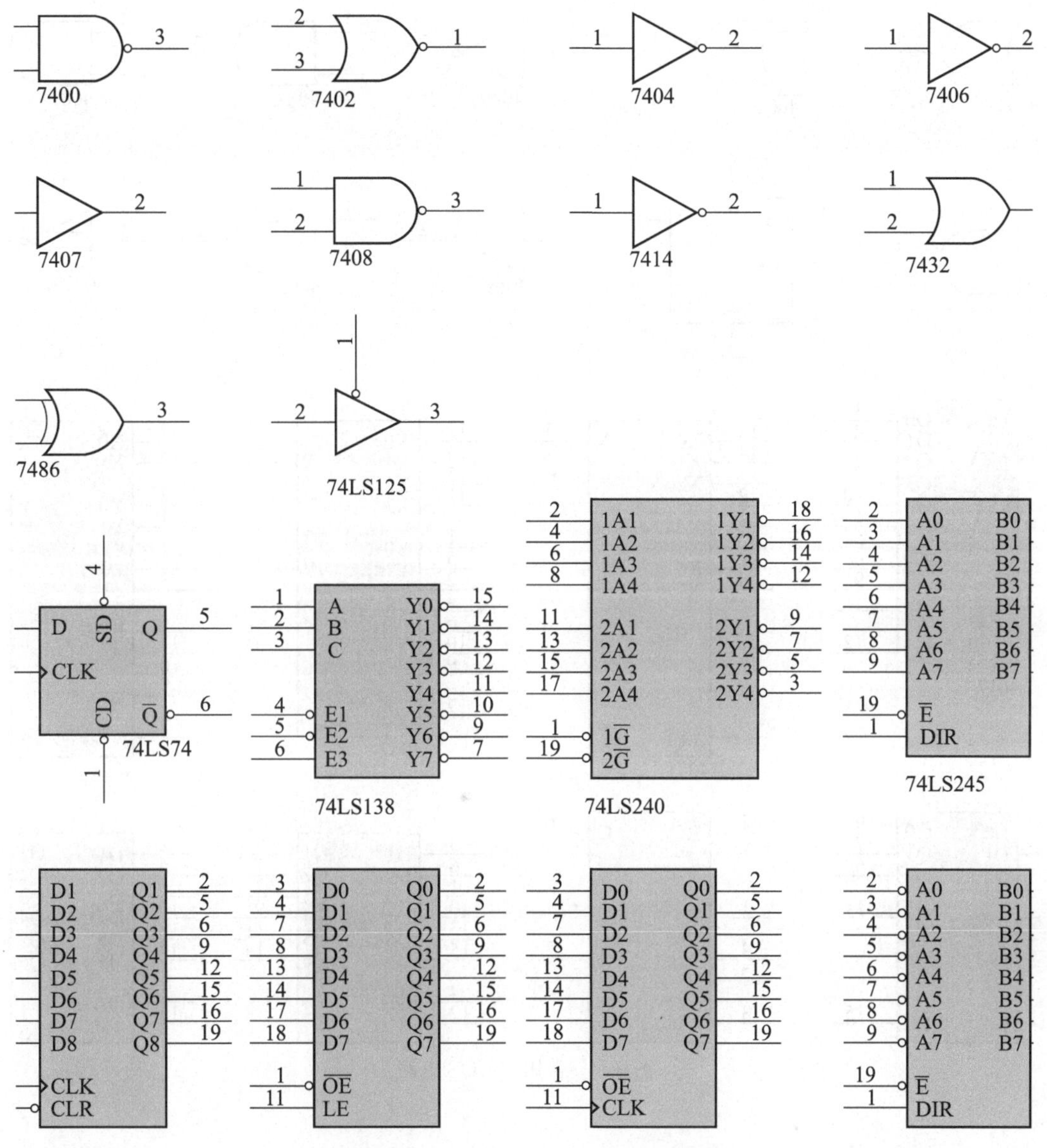

图 3.1　常用 74 系列 TTL 逻辑电路

此类芯片将内部晶体管集电极开路状态视为高电平，如果输出不接上拉电阻，那就测不到接近电源的电压。

逻辑笔检测逻辑芯片，相对比较直观，使用带脉冲进位的逻辑笔不但可以判断逻辑电位，还可以从逻辑跳变频率大致观察输出逻辑是否正常。

当然，最直观的方法还是使用示波器来查看逻辑电路的状态。

逻辑电路中，一个输出脚可以只连接一个输入脚，也可以不连接或连接多个输入脚，但不可以两个输出脚连接（集电极开路、源极开路除外），即一个电路节点只有一个输出，所以，当检查多次逻辑转换电路的信号走向时，确定某个节点是某个芯片的输出后，那么信号的源头就应该从这一个芯片去查找，而不应该纠结其他芯片。

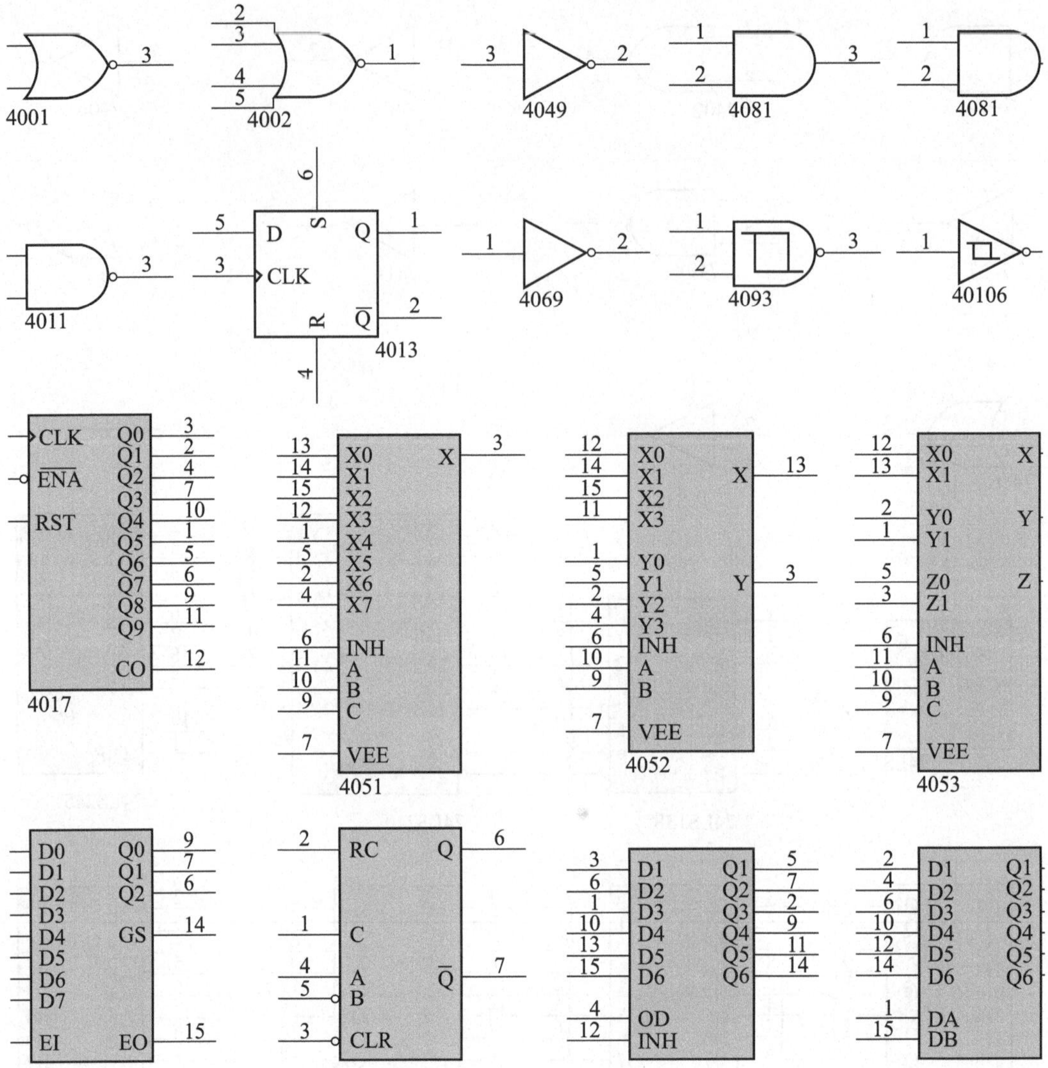

图 3.2　常用 CMOS 电路

3.2　运算放大器电路

在工业电路板中，对模拟信号的处理几乎都会用到运算放大器，运算放大器组成电路的形式可谓繁多，于设计而言，要注意的事项不少，但于维修而言，只要基于运算放大器的“虚断”和“虚短”特性，便可对各种组成电路详加分析，维修也头绪清晰，不走弯路。

何谓“虚断”？因为运算放大器同相输入端和反相输入端阻抗非常高，输入或输出电流小到可以忽略不计的地步，这就像输入端和外接器件开路了一样，阻抗高的极致（趋向于无穷大）就是开路，然而它又不是真的开路，只是为了分析电路的方便把它等效于开路，所以称为“虚断”。

何谓“虚短”？因为运算放大器的开环电压增益非常高，通俗一点讲，即在没有负反馈的情况下，同相输入端和反相输入端如果有一点点电压差（比如 1mV），即可被放大至电压的极值，输出就会趋向于电源电压的最大或最小值，这就是比较器的特点。所以，运算放大器要处于正常可控的放大状态，加入负反馈是必需的。加入负反馈后，也就使得同相反相输入端的电压几乎没有差别，电压相等，这看起来就像短路了一样，然而又不是真的短路，所以称为“虚短”。

现在的教科书在讲解运算放大器的时候往往是先给出电路的名称，比如反相放大器、同相放大器、反相加法电路之类，再画出相关电路，然后再去根据原理推导出输出和输入电压的关系公式，最后学生们往往会趋向去机械地记住那些公式，一旦电路稍有变动，学生们便失去头绪，分析无从下手。

维修经验

笔者觉得不管什么运算放大器的电路，只要抡起“虚断”“虚短”两板斧，自顾分析便是，而不要纠结什么同相反相放大器、加法减法乘法器什么的，这样可以避免思维定势，实践证明这确实有利于初学者掌握运算放大器的原理，有利于举一反三地分析所有相关的运算放大器电路。

以下我们就按照这个思路对一些运算放大器应用电路来进行分析。

(1) 比较器电路

如图 3.3 所示的电路，反馈电阻 R_2 没有接到反相输入端，而是接到同相输入端，所以是正反馈，没有负反馈，就不是做放大器使用，而是做比较器使用。R_3、R_4 串联分压后的电压加至比较器的反相输入端，输入电压经 R_1 加至同相输入端，两路电压进行比较，同相电压高于反相电压，则输出高，接近电源电压；反之输出低，接近 0V 或负电压（取决于是单电源还是双电源）。反馈电阻 R_2 使得同相输入端电压有一个较小的跟随输出电压的正向的变化，这可以避免同相输入和反相输入电压值在接近时引起电路的振荡。注意，“虚短”的情况只有在有负反馈的时候才成立，没有负反馈的“虚短”分析都是错误的。

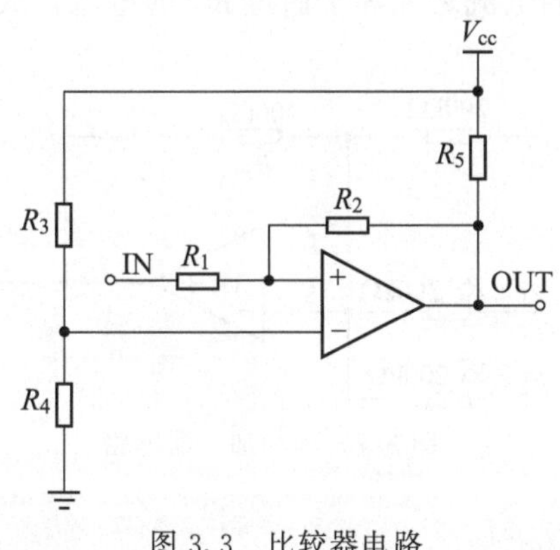

图 3.3　比较器电路

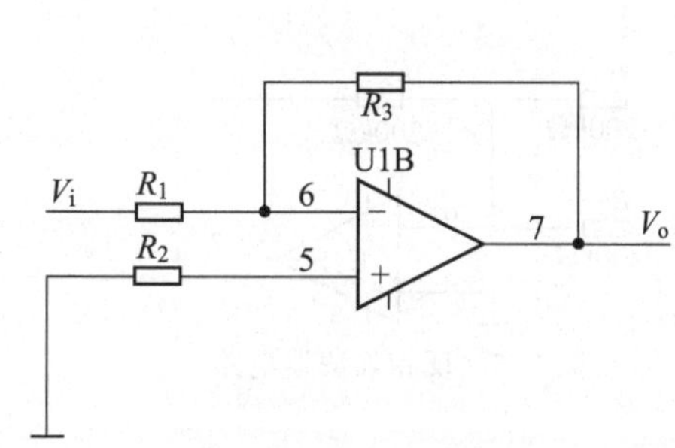

图 3.4　反相放大器电路

(2) 反相放大器电路

如图 3.4 所示，电路接有负反馈电阻 R_3，所以电路做放大器使用。因为虚断，则 R_2 无电流流过，也就是说 R_2 两端的电压降即 R_2 的电阻值和流过的电流的乘积为 0，故运算

放大器 5 脚电压和地电压相等为 0；因为 6 脚和 5 脚虚短，所以 6 脚电压和 5 脚相同为 0；因为虚断，6 脚没有电流，那么流过 R_1 的电流即流过 R_3 的电流，故而得出：$(V_i-0)/R_1=(0-V_o)/R_3$，公式化简后得到 $V_o=-V_i\times(R_3/R_1)$，可知此电路输出电压是与输入反相的，放大倍数是反馈电阻 R_3 与输入电阻 R_1 的比值。

(3) 同相放大器电路

如图 3.5 所示，因为虚断，5 脚和输入电压 V_i 相等，因为虚短，6 脚和 5 脚电压相等，也因为虚断，通过 R_1 和 R_3 的电流相同，据此得到：

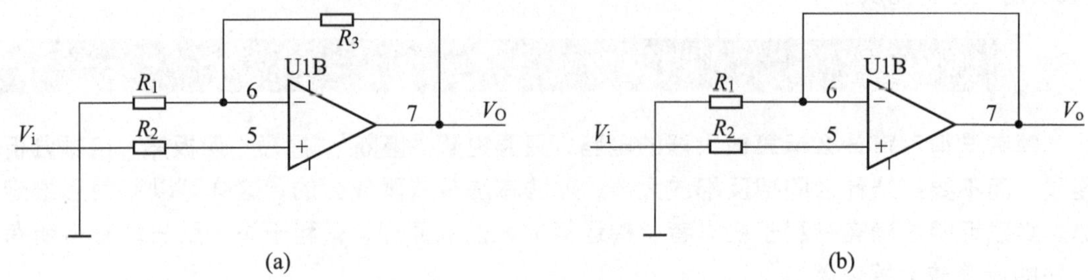

图 3.5　同相放大器电路

$$V_i/R_1=\frac{V_o}{R_1+R_3}$$

所以：
$$V_o=\frac{V_i(R_1+R_3)}{R_1}=\left(1+\frac{R_3}{R_1}\right)V_i$$

可知输出电压与输入同相，且当输出与反相输入端短接时，亦即 $R_3=0$ 时，$V_o=V_i$，输出电压与输入电压相等，此时没有电压放大作用，但输出电压的带负载能力增强，此时的电路通常称之为电压跟随器。如图 3.5(b) 所示。

(4) 反相加法器电路

如图 3.6 所示，因为虚断，放大器 6 脚没有电流出入，因为虚短，放大器 6 脚与 5 脚电压相等为 0V，根据基尔霍夫定律，通过 R_1 与 R_2 的电流之和等于通过 R_3 的电流，故：

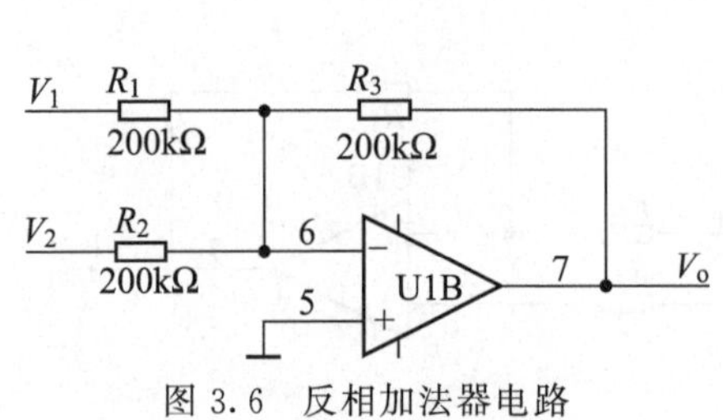

图 3.6　反相加法器电路

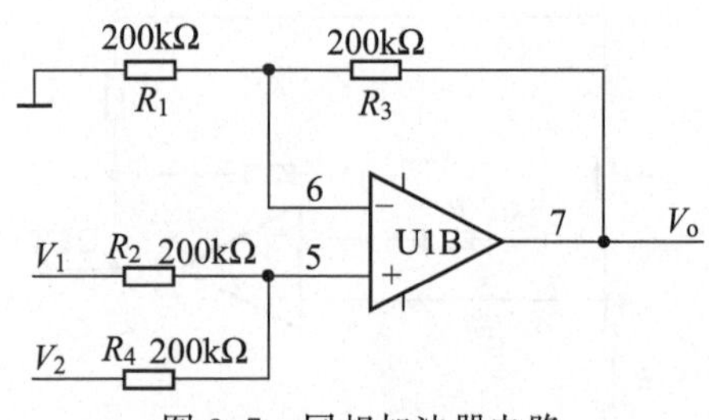

图 3.7　同相加法器电路

$$\frac{V_1}{R_1}+\frac{V_2}{R_2}=\frac{0-V_o}{R_3}$$

当 $R_1=R_2=R_3$ 时，满足 $V_o=-(V_1+V_2)$ 此电路称为反相加法器。

(5) 同相加法器电路

如图 3.7 所示，各电阻取值都相同，因为虚断，则运算放大器 6 脚没有电流出入，通过

R_1 和 R_3 的电流相等，故而 6 脚电压即为 R_1 与 R_3 之串联分压，为 $V_o/2$，同理由于虚断，流过 R_2 的电流与流过 R_4 的电流也是一样的，故 $(V_1-V_o/2)=V_o/2-V_2$，即 $V_o=V_1+V_2$，此电路称为同相加法器。

(6) 减法器电路

如图 3.8 所示，$R_1=R_2=R_3=R_4$，因为虚断，流过 R_2 与流过 R_4 的电流相等，故运放 5 脚电压为 $V_2/2$，因为虚短，6 脚电压与 5 脚电压相等，又因为虚断，流过 R_1 和 R_3 的电流也相等，故而：

$$V_1-\frac{V_2}{2}=\frac{V_2}{2}-V_o$$

得：

$$V_o=V_2-V_1$$

此电路即所谓的减法器电路。

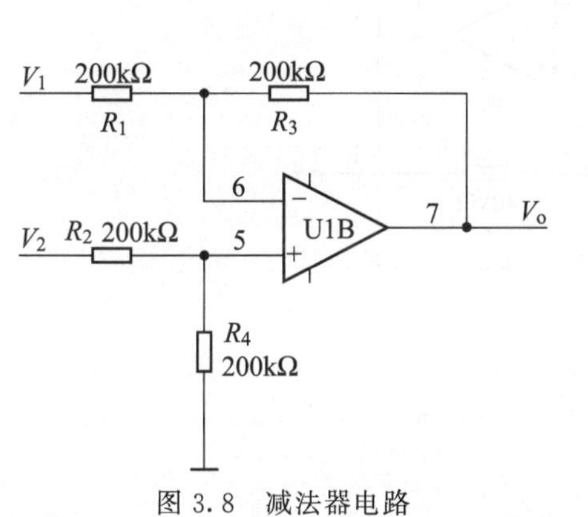

图 3.8　减法器电路

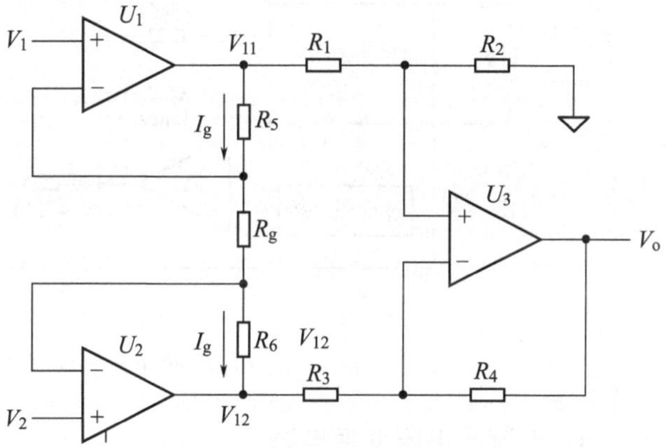

图 3.9　差动放大电路

(7) 差动放大电路

如图 3.9 所示，首先每个运算放大器都有负反馈电阻，所以虚短成立，因为虚短，U_1 的同相反相输入端电压相等，U_2 的同相反相输入端电压相等，所以，R_g 两端的电压差就是 V_1 与 V_2 的差值，因为虚断，U_1 的反相输入端没有电流进出，U_2 的反相输入端也没有电流进出，所以流过 R_5、R_g、R_6 的电流相同，都是 I_g，它们可以视为串联，串联电路每一个电阻上的分压与阻值成正比，所以：

$$\frac{V_{11}-V_{12}}{R_5+R_g+R_6}=\frac{V_1-V_2}{R_g}$$

得：$V_{11}-V_{12}=(V_1-V_2)\times\dfrac{R_5+R_g+R_6}{R_g}$

如果 $R_1=R_2=R_3=R_4$，又因为虚短，U_3 的同相反相输入端电压相等，因为虚断，通过 R_1 的电流和通过 R_2 的电流相等，通过 R_3 的电流和通过 R_4 的电流相等，所以：

$$\frac{V_{11}}{2}=\frac{V_{12}+V_o}{2}$$

即

$$V_o=V_{11}-V_{12}$$

后级电路是一个减法器。

综合有
$$V_o=(V_1-V_2)\times\frac{R_5+R_g+R_6}{R_g}$$

此电路是一个差动放大器，它可将两个输入电压的差值放大指定的增益，以上电路在仪器仪表信号的放大电路中多见，此电路的输入阻抗非常高，对前级不取电流，不影响前级电压，适合微弱信号的放大。为了达到精密放大，某些芯片将此类结构的高输入阻抗运算放大器和周边电阻做成一体，只留下电阻 R_g 外接，用作设定放大增益，此类芯片称为仪用放大器。如图 3.10 所示为仪用放大器 INA121 的内部电路结构。

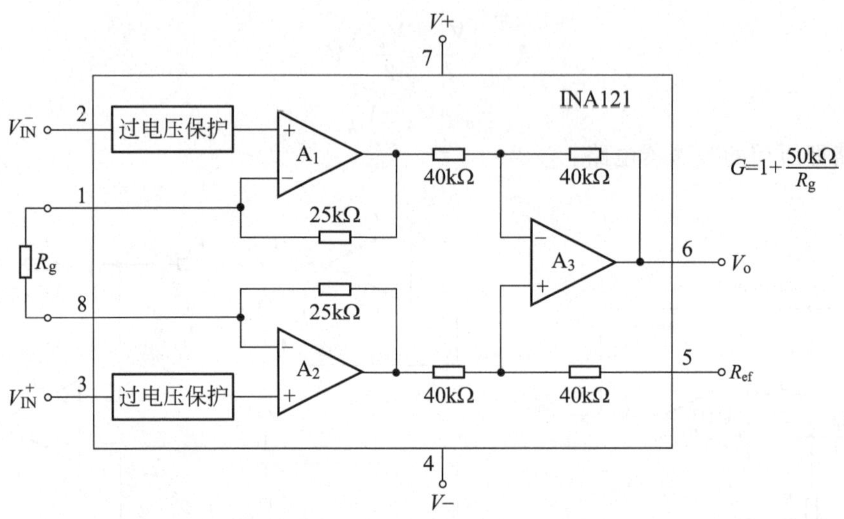

图 3.10 仪用放大器 INA121 内部结构

(8) 电流－电压变换电路

如图 3.11 所示电路，是一个工业控制中常用的检测 0～20mA 或 4～20mA 输入电流信号的电路，电流从 100Ω 取样电阻 R_1 流过，在电阻两端产生跟随电阻值成正比的电压差，因为虚断，流过 R_2、R_5 的电流是相同，流过 R_3、R_4 的电流相同，因为虚短，9 脚与 10 脚电压相等，故：

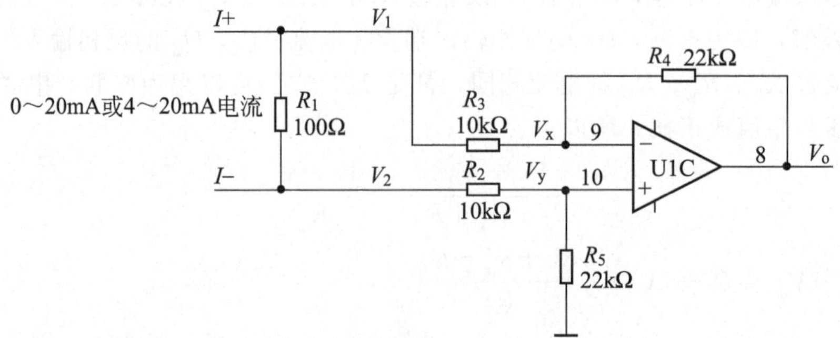

图 3.11 电流电压变换电路

$$V_y=\frac{V_2\times R_5}{R_5+R_2}$$

同理，
$$\frac{V_1-V_x}{R_3}=\frac{V_x-V_o}{R_4}$$

所以：
$$V_x=\frac{V_1\times R_4+V_o\times R_3}{R_3+R_4},$$

由虚短知：$V_x=V_y$，

图中 $R_2=R_3=10\text{k}\Omega$，$R_4=R_5=22\text{k}\Omega$，

整理得：
$$V_o=-2.2(V_1-V_2)$$

由此推导关系知道，当输入是 4～20mA 电流时，电阻 R_1 上产生 0.4～2V 电压，V_o 输出一个反相的－0.8～－4.4V 电压，此放大电压控制在后级 ADC（模数转换器）可识别的范围。

(9) 电压－电流变换电路

电流可以转换成电压，电压也可以转换成电流。图 3.12 就是这样一个电路。此图的负反馈没有通过电阻直接反馈，而是串联了三极管 VT1 的发射结，只要是负反馈，同相反相输入端虚短的规律仍然是符合的。

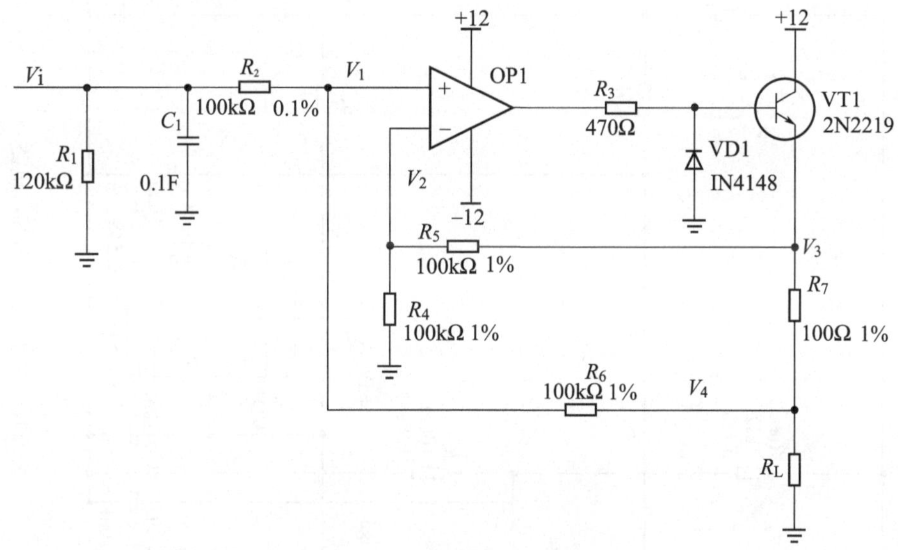

图 3.12　电压-电流变换电路

由虚断知，运放输入端没有电流流过，

则：
$$\frac{V_i-V_1}{R_2}=\frac{V_1-V_4}{R_6} \tag{a}$$

同理：
$$\frac{V_3-V_2}{R_5}=\frac{V_2-0}{R_4} \tag{b}$$

由虚短知
$$V_1=V_2 \tag{c}$$

如果 $R_2=R_6$，$R_4=R_5$，则由（a）、（b）、（c）式得 $V_3-V_4=V_i$

上式说明 R_7 两端的电压和输入电压 V_i 相等，则通过 R_7 的电流 $I=V_i/R_7$，如果负载 $R_L\ll 100\text{k}\Omega$，则通过 R_1 和通过 R_7 的电流基本相同，也就是说，当负载 R_L 取值在某个范围内时，其电流是不随负载变化的，而是受 V_i 所控制。

(10) 三线制热电阻接口电路

如图 3.13 所示，是一个三线制 Pt100 前置放大电路。Pt100 传感器引出三根材质、线径、长度完全相同的导线，接法如图所示。有 2V 的参考电压加在由 R_{14}、R_{20}、R_{15}、Z_1、

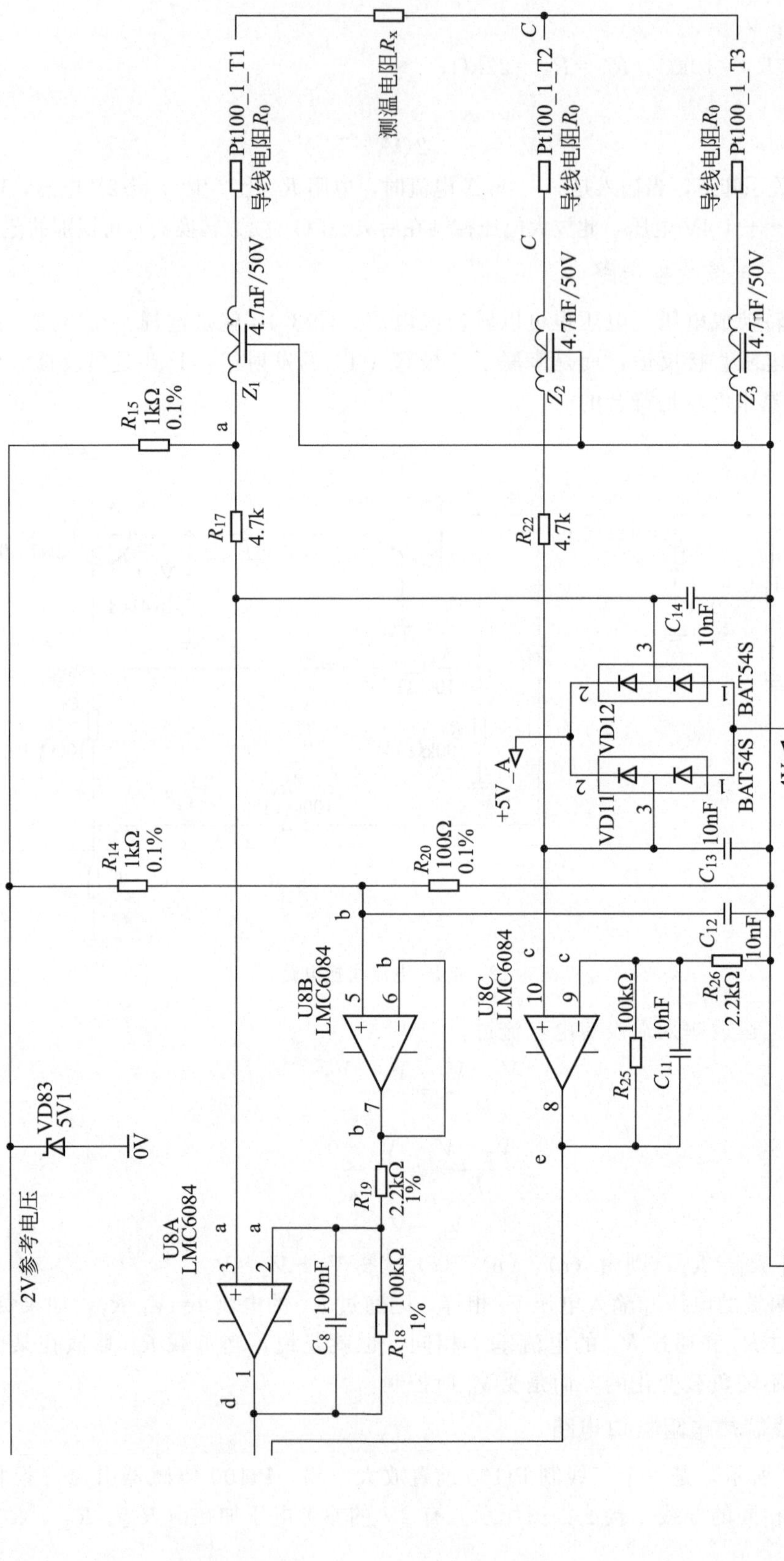

图 3.13　三线制热电阻接口电路

Pt100 及其线电阻组成的桥电路上。Z_1、Z_2、Z_3、VD11、VD12、VD83 及各电容在电路中起滤波和保护作用，静态分析时可不予理会，Z_1、Z_2、Z_3 可视为短路，VD11、VD12、VD83 及各电容可视为开路。根据虚短和虚断原理，图中所有标注一样的点的电压是相等的，如标注 a 点的电压是相等的，由电阻分压知 b 点电压：

$$V_b = 2\times\frac{R_{20}}{R_{14}+R_{20}} = \frac{200}{1100} = \frac{2}{11}$$

由虚断知，U8A 第 2 脚没有电流流过，则流过 R_{18} 和 R_{19} 上的电流相等。则：

$$\frac{V_d - V_a}{R_{18}} = \frac{V_a - V_b}{R_{19}}$$

$$V_1 = V_7$$

在桥电路中 R_{15} 和 Z_1、Pt100 及线电阻串联，Pt100 与线电阻串联分得的电压通过电阻 R_{17} 加至 U8A 的第 3 脚，

$$V_a = 2\times\frac{R_x + 2R_0}{R_{15}+R_x+2R_0}$$

以上等式综合得：

$$V_d = \frac{102.2\times V_a - 100V_b}{2.2}$$

即：

$$V_d = \frac{204.4(R_x+2R_0)}{1000+R_x+2R_0}$$

上式输出电压 V_d 是 R_x 的函数。

我们再看线电阻的影响。Pt100 最下端线电阻上产生的电压降经过中间的线电阻、Z_2、R_{22}，加至 U8C 的第 10 脚，由虚断及电阻分压公式知：

$$V_c = \frac{2\times R_0}{R_{15}+R_x+2R_0}$$

$$\frac{V_e - V_c}{R_{25}} = \frac{V_c - 0}{R_{26}}$$

综合得：

$$V_e = (102.2/2.2)V_c = \frac{204.4R_0}{2.2(1000+R_x+2R_0)}$$

由 V_e、V_d 组成的方程组知，如果测出 V_e、V_d 的值，就可算出 R_x 及 R_0，知道 R_x，查 Pt100 分度表就知道温度的大小了。

以上分析表明，只要抓住“虚断”和“虚短”这一分析运算放大器的核心利器，我们都可以弄明白各种应用的原理，实际维修类似模拟电路的时候，就可以做到胸中有数。

3.3　接口电路

我们将接口电路分为数字接口电路、模拟接口电路和通信接口电路。工业控制对可靠性要求很高，工业电路板接口电路设计要尽可能地考虑各种电磁干扰，考虑各种预案下如过热、过电压、过电流的保护措施。

数字量的输入几乎都采用了光耦（光电耦合器），根据输入信号的频率大小要求不同，会采用不同频率性能的光耦。数字量的输出，根据输出负载的大小、响应时间或电气隔离要

求，会采用晶体管输出或继电器输出形式。

模拟接口方面，电路设计者针对不同的物理量检测或控制的具体指标性能要求，会采用与之匹配的电路。如温度检测电路，包括热敏电阻检测电路、热电偶检测电路、铂电阻检测电路、红外线温度检测电路等，而铂电阻检测电路根据精度要求不同又可设计为两线制检测、三线制检测、四线制检测的电路形式。笔者将会针对这些典型电路分析讲解，我们在实际维修中碰到的电路也大抵囊括在这些范围内。对这些电路有了比较深入的了解后我们在维修时只要举一反三，稍加比对便知其来龙去脉，维修便有了目标和重点。

通信接口方面，重点是要了解各类通信接口、总线的物理定义和要求，如 RS232 RS422/485 CANBUS 等。要熟知一些常用芯片的工作原理，当我们在维修工作中碰到类似的芯片时，脑海中必定回想起它的典型电路形式，检修方案也就是水到渠成的事。

(1) PLC 输入接口电路

图 3.14 是笔者测绘的一款 OMRON PLC 的数字量输入部分的电路图。此电路的 PLC 输入公共端使用的是 24V 电压，则当某个输入端与 0V 短接时，对应的光耦内部 LED 得电，光耦内部的三极管导通，输出变为低电平送后级电路处理。我们看到，在每一个给定信号的回路中，串联了三个电阻，并且反向并联了一个二极管，这可以保护光耦内部的 LED 正向电流不至于过大，反相电压不至于过高造成对光耦的损坏，另外每个回路中还串联了一个用于指示有无输入信号的发光二极管。笔者所见 PLC 或者变频器的数字量的输入都大抵如此，改变的无非光耦的型号及输入信号是高电平有效还是低电平有效。

(2) PLC 输出接口电路

图 3.15 是笔者绘制的一款 OMRON PLC 的数字量输出部分的电路图。由内部数字逻辑电路过来的 TTL 电平信号经串联电阻加到达林顿驱动芯片 TDG62001P 的输入端，对应的输出端输出一个对地短接信号，继电器得电，触点闭合。一般继电器输出方式都有在继电器线圈上并联一个续流二极管，以避免继电器线圈断开时产生的反峰高压对电路其他器件的损害，此图中达林顿驱动器已经内置续流二极管，所以继电器线圈没有再并联二极管。数字量的输出在对控制响应速度不高的情况下使用继电器，如果对控制响应要求高，则会使用光耦或晶体管，如果要控制强电，则可能使用带晶闸管的光耦。

传感器检测到的非电物理量，如温度、压力、速度、光强、角度等信号，最终都会变换成电压、电流的形式，为了方便接入，在工业应用中会形成一系列的接口规定标准，如测量温度的热电阻 Pt100 标准，测量电流的 0～20mA 或 4～20mA 标准，在维修实践中我们会碰到许多涉及此类应用的电路。

(3) 热电偶接口电路

图 3.16 所示是从网上截得的两线制热电阻 Pt1000 的一个接口电路。热电阻 Pt1000 和 R_9、R_{10}、R_{11} 及数字电位器 DR1 组成一个电桥电路，数字电位器的脚位 RH、RL、RW 分别相当于普通电位器的上端引出线、下端引出线及中间抽头，只不过普通电位器要人工调整，数字电位器使用单片机控制信号来调整。电桥电路中 Pt1000 的变化会使得 V_1、V_2 两点电压差发生变化。根据电阻分压公式，可得：

$$V_1=3\times\frac{R_9}{R_9+R_{12}}V_2=3\times\frac{R_{10}}{R_{11}+W_1+R_{10}}$$

$$\Delta V=V_1-V_2$$

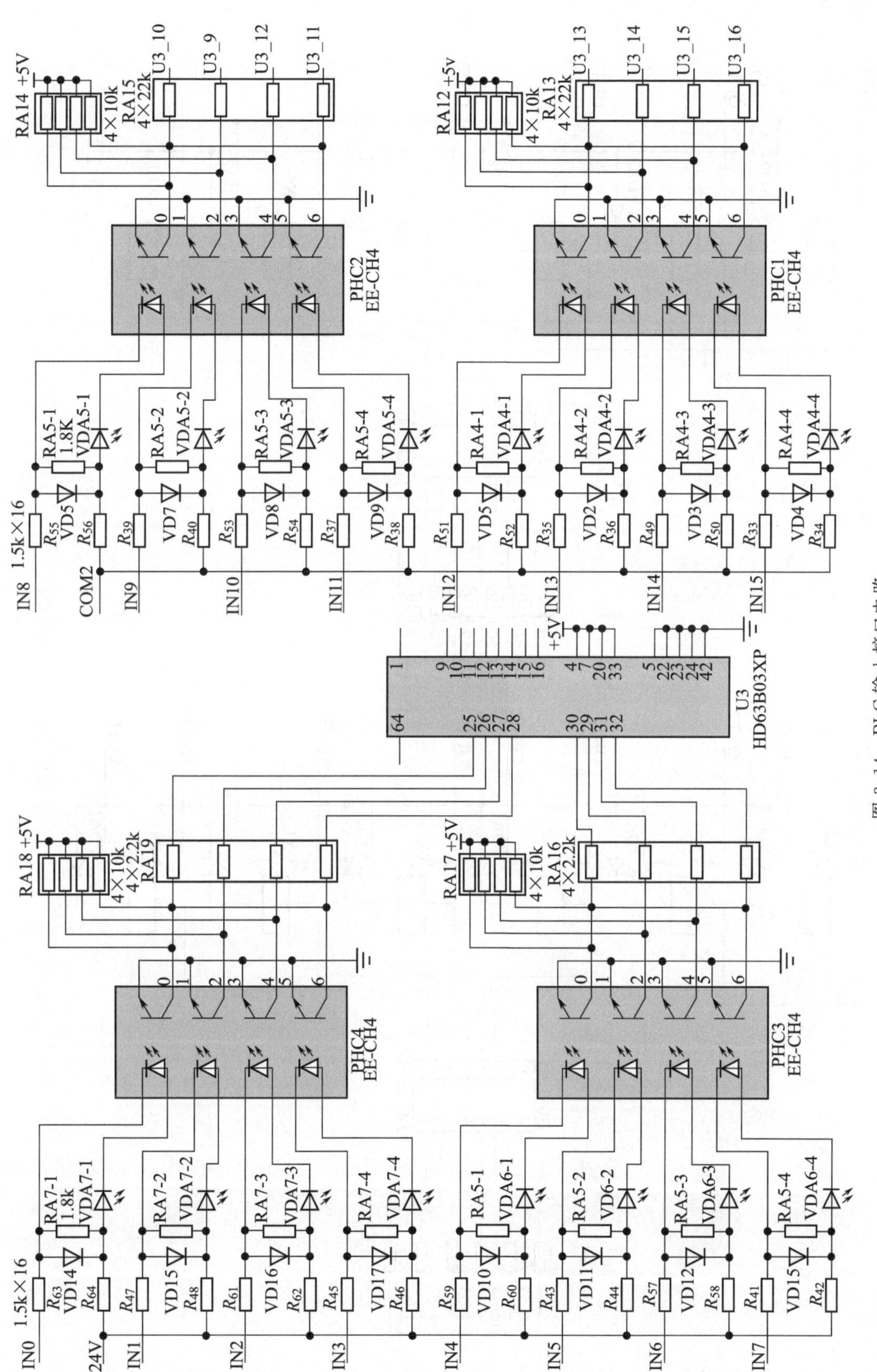

图 3.14　PLC 输入接口电路

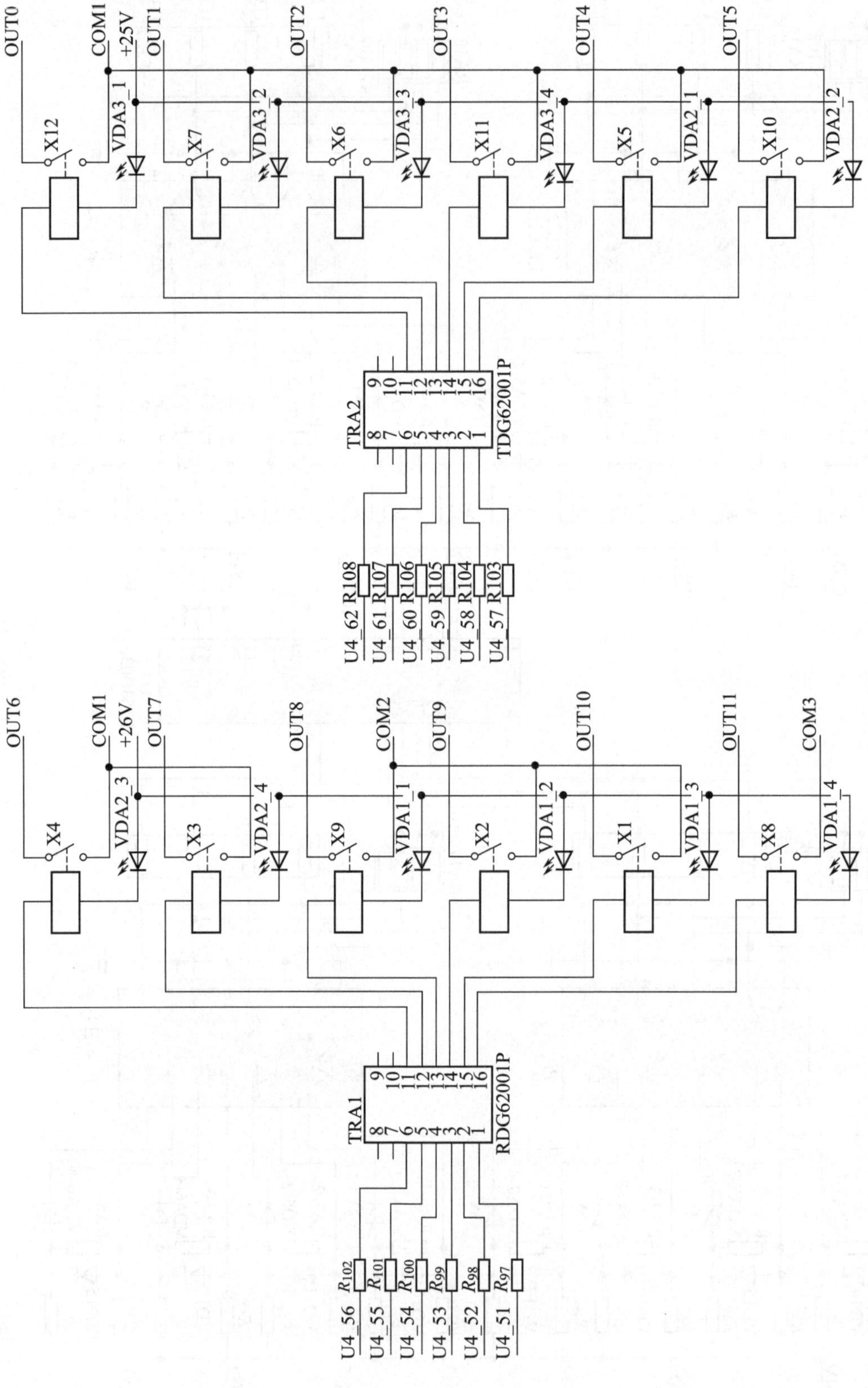

图 3.15　PLC 输出接口电路

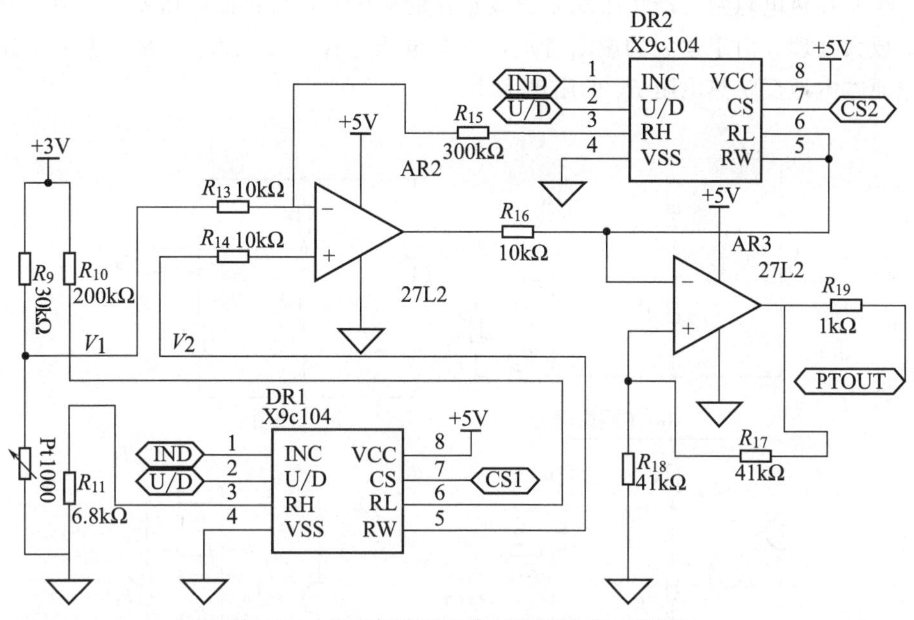

图 3.16　热电偶接口电路（此图取自互联网）

因为虚断，运放的同相输入端和 V_2 电压相等，因为虚短，反相输入端和同相输入端电压相等，故而电路等效于 V_1-V_2 电压差加在电阻 R_{13} 两端，又因为虚断，流过由 R_{15}、DR2、R_{16} 串联组成的反馈电阻的电流与流过 R_{13} 的电流是一样的。

所以第一个运放的输出电压 V_o 符合：

$$\frac{V_1-V_2}{R_{13}}=\frac{V_o-V_2}{R_{15}+W_2+R_{16}}$$

DR1 如果确定，则 V_2 是定值，DR2 如果确定，则 V_0 是 V_1 的函数，那么也是 Pt1000 的函数，将电压 V_o 经 R_{16} 取至另一个运放再放大，放大后的信号 PTOUT 再送后级电路处理。从图上看，第二个运放没有负反馈，不能作为放大电路，所以是错误的，设计者应该是把图纸画错了。

(4) 热电阻二线制、三线制、四线制测温电路原理

我们来分别看看二线制、三线制和四线制热电阻测温电路原理。

我们知道，热电阻是有引线的，引线的电阻会引入测量误差，二线制不考虑这个误差，所以精度会是个问题，图 3.17(b) 是理想的二线制电桥测温电路，R_t 的变化引起电桥输出电压 V_o 的变化，实际的等效电路如图 3.17(a) 所示，接入电桥的实际电阻是引线电阻 R_{11} 和 R_{12} 和热电阻 R_t 的串联值，所以这种电路要想取得精确测量值，要在后级电路或程序中加入校正，比较麻烦且不稳定（引出导线的阻值还可能受温度影响）。

图 3.17(c) 是三线制接法，热电阻引出三根相同材质、线径及长度的导线，即保证 $R_{11}=R_{12}=R_{13}$，电路可以测得 R_{13} 的阻值，因而可以在后级程序处理时将测得的 R_t 与 R_{11}、R_{12} 的串联电阻值减去 2 倍 R_{13} 的电阻值即可。前面介绍的运算放大器电路中便有三线制的测温电路，大家可以回头看一下。三线制的接法理论上可以消除引线的影响，但实际上三根线还是存在差异，不好完全消除。

图 3.17(d) 是四线制测温电路接法，热电阻接入四根线，其中两根是提供热电阻一个

恒流源，于是在热电阻两端产生跟随阻值成正比的电压差，再将此电压差引入到运算放大器的输入端放大处理，由于运放的虚断特点，这个电压差将不会在 R_{12}、R_{13} 上产生压降，因而可以原原本本地反映热电阻 R_t 的阻值大小。

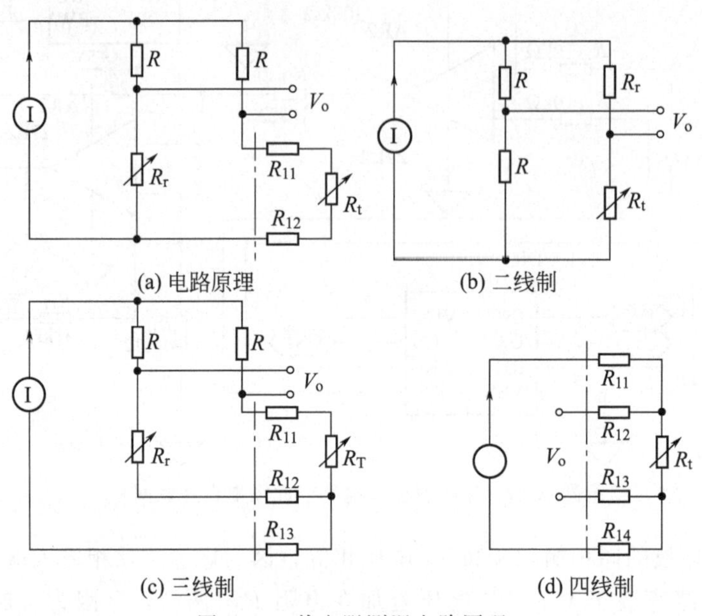

图 3.17　热电阻测温电路原理

(5) 四线制测温应用电路

图 3.18 是一个用于四线制测温的专用芯片，分析这个芯片的工作原理可以很好地理解四线制的测温电路。ADT70 内部包含一个仪用放大器、一个运算放大器、一个 2.5V 基准

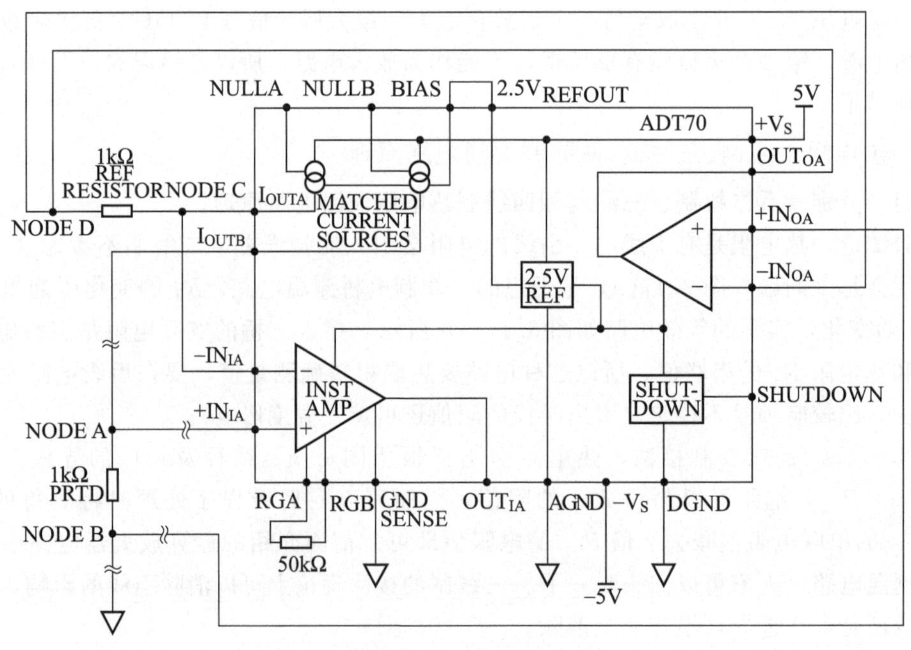

图 3.18　四线制测温应用电路

电压源，两个对称输出式电流源。其中一个电流源输出串联一个 1000Ω 参考电阻，在节点 C 和 D 之间产生电压降，另一电流源输出串联热电阻 PRTD，在节点 A 和 B 之间产生电压降，同时 B 点电压接到运算放大器的同相输入端，D 点电压接到同相放大器的反相输入端，因为“虚短”，B 和 D 的电压相等，那么加在仪用放大器两个输入端之间的电压差即是恒流源通过参考电阻产生的电压与恒流源通过热电阻产生的电压的差值，这一电压差值与热电阻和参考电阻的电阻差成正比，因为虚断，连接热电阻到运放输入端之间的连线没有电流，只取电压，所以引线不会构成对热电阻测量的影响，测量的精度能够很好保证。ADT70 内置的仪用放大器将电压信号放大后，从 OUT_{IA} 端子输出，再送其他电路。处理外接在 RGA 和 RGB 端子上的 50kΩ 电阻决定仪用放大器的增益。

由以上介绍的热电阻不同测温电路看出，二线制测温只需两根引线，但精度不高；三线制测温精度可以，但需三根引线，而且须保证三根引线线径、材质、长度一致才可达到精度要求；四线制测温精度最高，且对引线的要求不高，但接线需四根。一般情况下，如果测温点较多，使用的导线成本增加明显，故障隐患也会随之增加。

(6) 二线制变送器电路

理论上电流源的内阻为无穷大，同一个回路内的元件通过相同大小的电流，利用这一特点，工业上最广泛采用 4～20mA 电流环路来传输模拟信号。电流取 20mA 上限是因为 20mA 电流的通断引起的火花能量较小，不足以引燃瓦斯；电流取 4mA 下限是为了检测断线，电流最小输出 4mA 电流，环路断线故障时降为 0，常常取电流低于 2mA 作为断线报警值。

图 3.19 是二线制变送器的组成示意图，图 3.20 是用低成本元件组成的实用变送器电路。图中 GND 并非电源负极，而是“悬浮”的。电流从电源正极流出，分为三路，一路供给运放，提供运放的工作电压，一路供给三极管 VT1，另一路供给电阻 R_5 和稳压芯片 U1 串联组成的稳压电路。稳压芯片的稳压值为 2.5V，连接到运放 OP2 的同相输入端，因为“虚短”，在 OP2 的反相输入端也得到 2.5V 电压，从而在其输出端得到 $VCC=2.5\times(1+R_3/R_4)$，这个电压具备一定的带负载能力，可作为传感器及调理电路的电源。由传感器及调理电路输出的信号串联了电阻 R_1 加在运放 OP1 的同相输入端，因为“虚短”，OP1 的同相反相输入端电压相等，为 GND 地电位。因为“虚断”，通过 R_1 和 R_2 的电流相等，R_1 和 R_2 的阻值相同为 100kΩ，那么电流在两电阻上产生的压降也就相同，A 点为地电位，于是在 B 点就得到 −0.4V～−2V 的电压，那么通过 R_s 的电流就是 4～20mA。整个环路的电流是通过 R_2 的电流和通过 R_s 的电流之和。通过 R_2 的电流可以计算得到是 4～20μA，

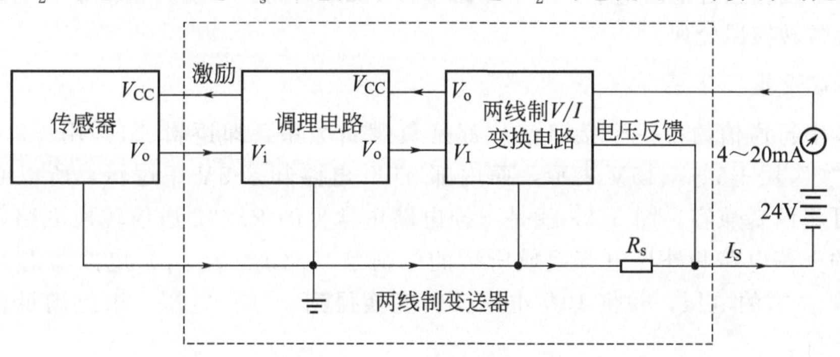

图 3.19　二线制变送器原理

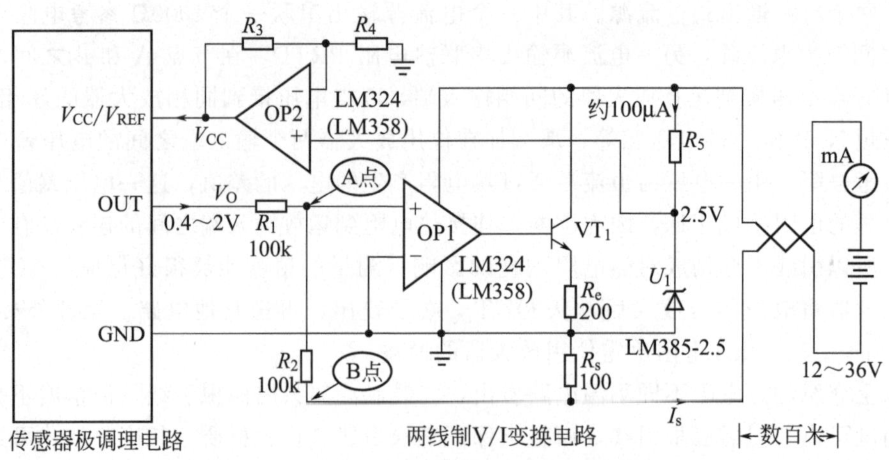

图 3.20　分立元件组成的二线制变送器电路

这个电流是通过 R_s 电流的千分之一，可以忽略不计，因而可以视作整个回路电流控制在4～20mA 之间。

此图理解的难点是运算放大器 OP1 的负反馈。一般理解的负反馈是在运放的反相输入端和输出端之间直接跨接电阻，其实真正的负反馈可以这样理解：如果同相反相输入端有增加电压差的趋势，而反馈使得电压差趋于减小，那么这个反馈就是负反馈。图中，A 点电压升高→OP1 输出电压升高→VT1 基极电流增加→电源正、VT1、R_e、R_s、电源负组成的回路电流增加→B 点电压降低→流过 R_1、R_2 的电流增加→A 点电压降低，明显这是一个负反馈过程。

图 3.21 是采用集成芯片 XTR115/XTR116 的二线制变送器电路，其工作原理与先前介绍的分立元件组成的完全相同，只是功耗更小，精度和非线性指标更优而已。

(7) 热电偶信号采集电路

图 3.22 是一个多路热电偶信号采集电路，一共有 8 路信号，每路热电偶信号的负端为公共端，接在一起，正端分别接在 8 路模拟开关 4051 的输入端，引脚 A、B、C 是地址选择信号，由 CPU 控制什么时候选择某一路输入，则输出信号即是此路输出信号。信号加到运放 IC2A 的同相输入端，R_{14} 是电荷泄放电阻，防止杂散电容在运放第三脚积聚电压引起信号延迟和误差，R_{18} 是负反馈电阻，C_{22} 对高频干扰相当于短路，在电路中也有负反馈作用，可以滤除高频干扰。可以计算，此放大器对信号放大了 25 倍，放大后加至电位器 RP3，电位器将信号调整至合适的电平，经电压跟随器 IC2B 提高驱动能力输出串联电阻 R_{12} 以后再送后级模数转换器处理。

(8) RS232 接口电路

RS232 串行通信的每一个接口信号都是负逻辑关系，即逻辑“1”用－5～－15V 表示，逻辑“0”用＋5～＋15V 表示，而内部 TTL 电路却是 5V 正逻辑，所以必须使用转换电路才可将两者兼容。图 3.23 就是工控电路中常见的 RS232 通信转换电路，此类芯片通过内部的振荡电路和外界电容组成所谓的电荷泵（charge pump）电路将芯片的电源倍增得到 10V 左右的电压，并将 10V 电压反转变换得到－10V 电压，由此满足接口电路所需的电压条件。

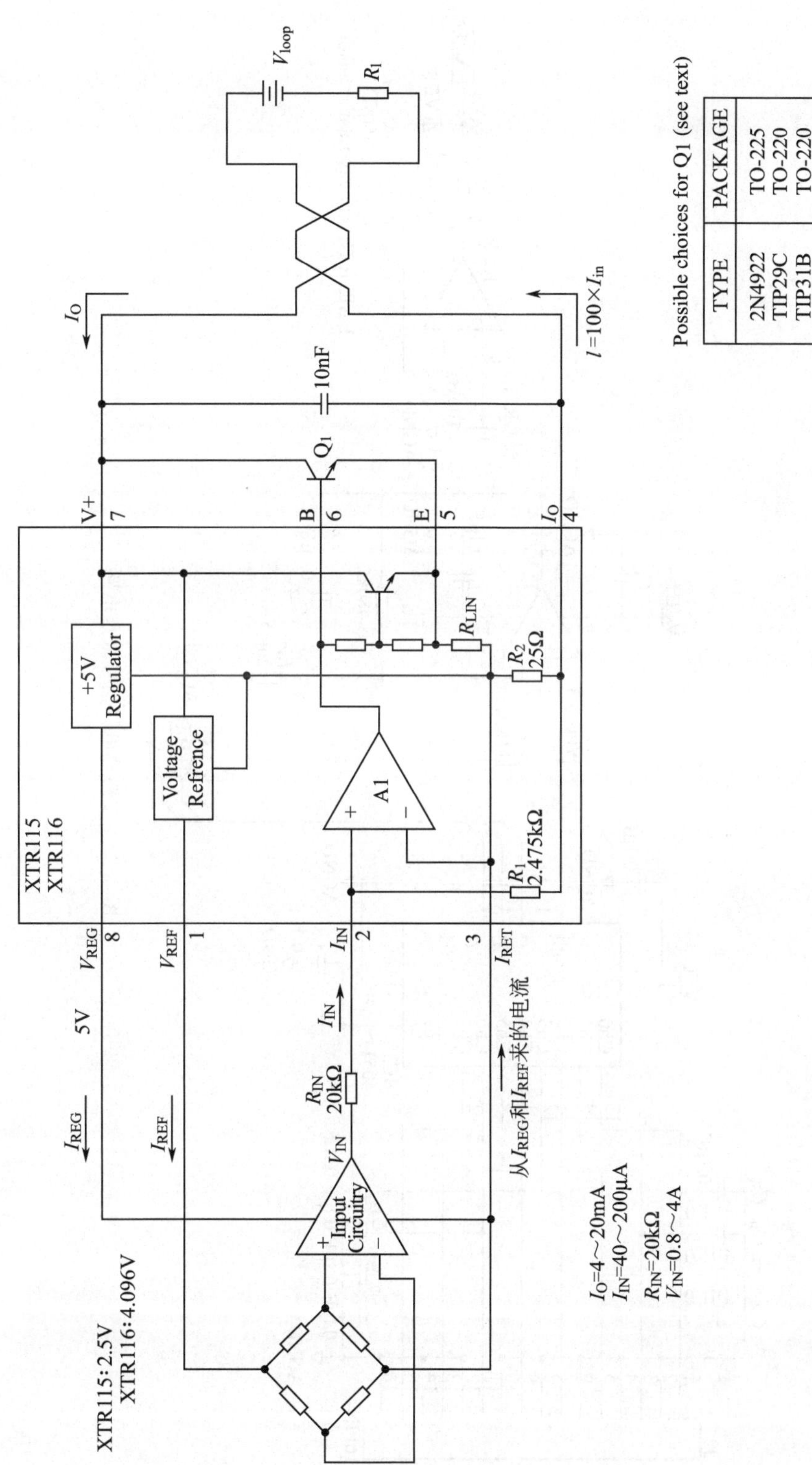

TYPE	PACKAGE
2N4922	TO-225
TIP29C	TO-220
TIP31B	TO-220

图 3.21　专用芯片组成的二进制变送器电路

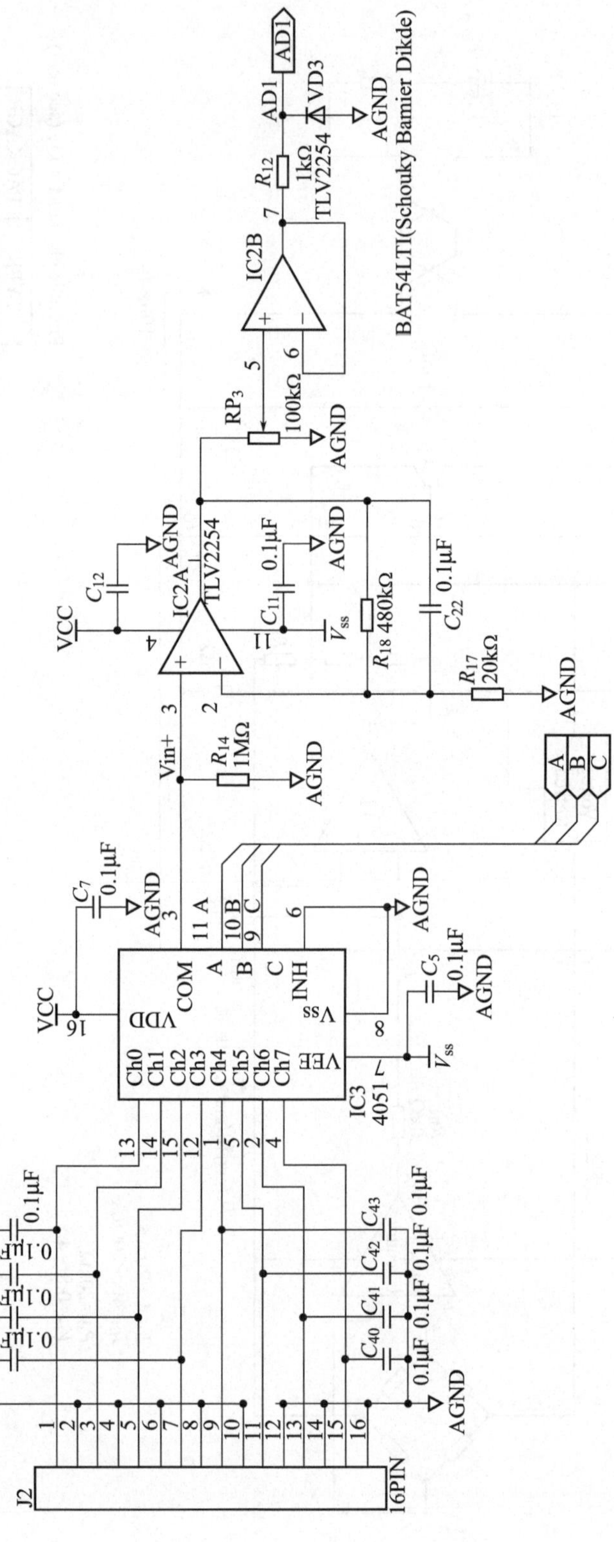

图 3.22 多路热电偶信号采集电路

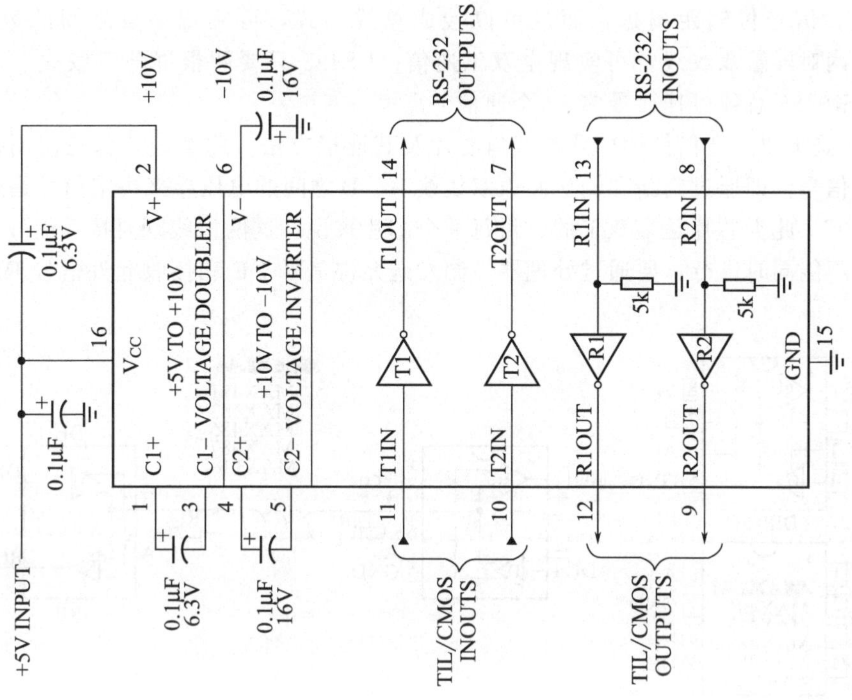

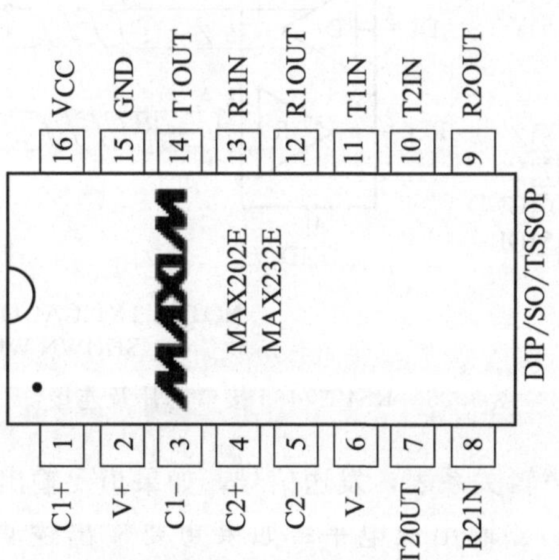

图 3.23　RS232 接口芯片内部电路

(9) RS422/485 电路

随着智能仪表对数据通信的要求，出现了 RS422/485 工业标准的通信信口，其不但抗干扰能力强，信号传输距离远，而且可以接成总线形式，可实现多点之间的数据通信。RS422 使用两对屏蔽双绞线，可实现全双工通信；RS485 只要两根屏蔽双绞线，可实现半双工通信，RS485 总线可挂接最多 32 个通信节点。

图 3.24 是半双工通信使用的几款接口芯片及其连接方法。此类芯片都是使用差动方式来收发数字信号，即通过判断和输送两根双绞线 A、B 之间的电压差来决定信号是逻辑“1”还是逻辑“0”，此类芯片是半双工的，对每一个芯片来说，这两根线既要接收信号，又要发送信号，但不能同时进行，要通过处理器控制发送允许信号 DE 和接收允许信号 RE 来分时发送和接收。

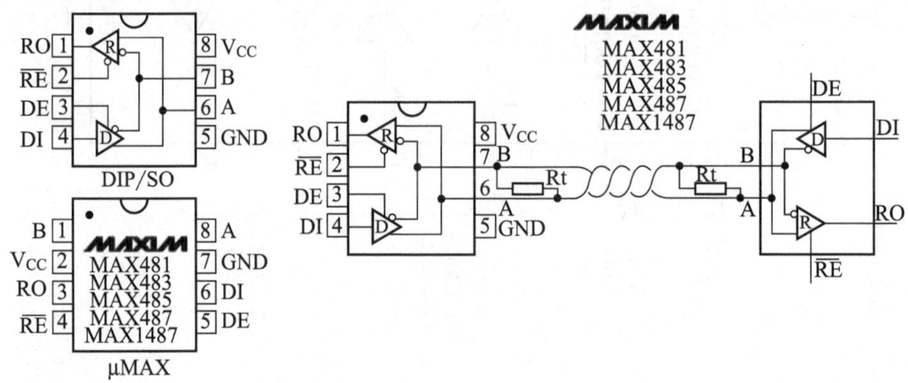

图 3.24　RS422/485 接口芯片及连接

图 3.25 是全双工的接口芯片，需要两对双绞线，分别用于接收和发送，接收和发送可以同时进行，互不干扰。

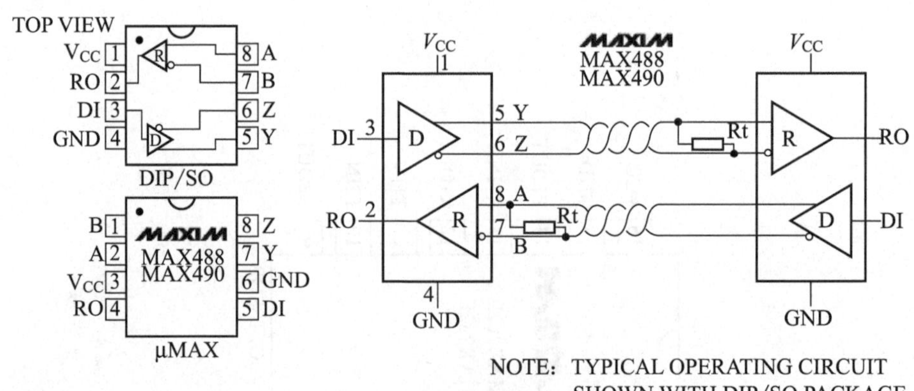

图 3.25　RS422/485 接口芯片及连接

图 3.26 是此类芯片的逻辑关系表，发送信号，如果想要输出逻辑“1”，内部将 DI 信号置“1”，则 Y 输出高电平，Z 输出低电平；如果想要输出逻辑“0”，内部将 DI 信号置“0”，则 Y 输出低电平，Z 输出高电平。接收信号，双绞线差分信号电压 A−B≥+0.2V，则 RO 输出的逻辑“1”信号；A−B≤−0.2V，则 RO 输出逻辑“0”。图中在双绞线上的

靠近芯片接收端一侧并联了一个电阻，此电阻是用于传输线路的阻抗匹配，以消除信号的反射。

输入			输出	
$\overline{RE}$	DE	DI	Z	Y
X	1	1	0	1
X	1	0	1	0
0	0	X	High-Z	High-Z
1	0	X	High-Z*	High-Z*

High-Z=高阻抗
* MAX481/MAZ483/MAX487有

(a) 发送

输入			输出
$\overline{RE}$	DE	A-B	RO
0	0	≥+0.2V	1
0	0	≤-0.2V	0
0	0	输入开	1
1	0	X	High-Z*

High-Z=高阻抗
* Shutdown mode dor MAX481/MAX483/MAX487

(b) 接收

图 3.26 RS422/485 接口芯片逻辑表

图 3.27 是一个实用的 RS422/485 通信电路。

半双工的收发器芯片 MAX483E 是通信电路的核心芯片，差分信号线 A、B 分别串联一个电阻和一个可自恢复保险丝连接到总线，串联电阻和可自恢复保险的目的是限制短路电流，当总线短路时不至于使得 MAX483E 的 6、7 引脚短路，当 MAX483 的 6、7 脚节点短路时又不至于使得总线短路。齐纳二极管 VD31、VD32 起过压保护作用，当总线窜入过高电压，超过 5.1V，二极管对地短路，防止高电压加至 MAX483E。R61 是防止信号反射的阻抗匹配电阻，是否启用视工业现场的具体情况，可通过跳线 J2 来设定。

接收总线信号时，$\overline{\text{RX-EN}}$ 接地低电平设置为一直有效，RX 一直有信号输出，信号通过排阻 RB12，保护二极管 VD33 接光耦 U22 的输入端，信号经光耦隔离从第 7 脚输出 RXD_2 信号，此信号送后级处理器处理。

发送信号时，由处理器来的发送使能信号 TX-EN-2 通过光耦 U20 隔离后将 U21 的使能端 TX-EN 置高，同时，输出信号 TXD_2 也通过光耦隔离后送 U21 的发送信号端 TX，差动输出端 A、B 便输出相应的差动信号去总线。

(10) Canbus 接口电路

图 3.28 是 Canbus 总线通信接口电路。

发送数据的情形：Canbus 协议控制器通过串行数据输出线 TX0 和光耦输入端连接，如 TX0 是逻辑“1”高电平，则光耦 6N137 内 LED 不导通发光，因为上拉电阻的作用，光耦输出高电平至收发器 PCA82C250/251 的 TXD，此时，收发器的总线电平 CANH＝CANL＝2.5V；如 TX0 是逻辑“0”低电平，则光耦 6N137 内 LED 导通发光，光耦输出低电平至收发器 PCA82C250/251 的 TxD，此时，收发器的总线电平 CANH＝3.5V CANL＝1.5V 两根线有 2V 的电压差。

接收数据的情形：如果总线上 CANH＝CANL＝2.5V，RxD 输出高电平，接收隔离光耦内部 LED 不导通发光，输出因为上拉电阻的作用为高电平，即 Canbus 协议控制器的 RX0 脚收到逻辑“1”高电平；如果 CANH 和 CANL 有超过一定的电压差，则通过光耦隔离传输后在 Canbus 协议控制器的 RX0 脚收到逻辑“0”低电平。

PCA82C250/251 的 Rs 端串接电阻后连接＋5V 或 0V 以对应不同传输速度的模式。

网络两端的电阻是用来平衡电路阻抗，防止信号反射。

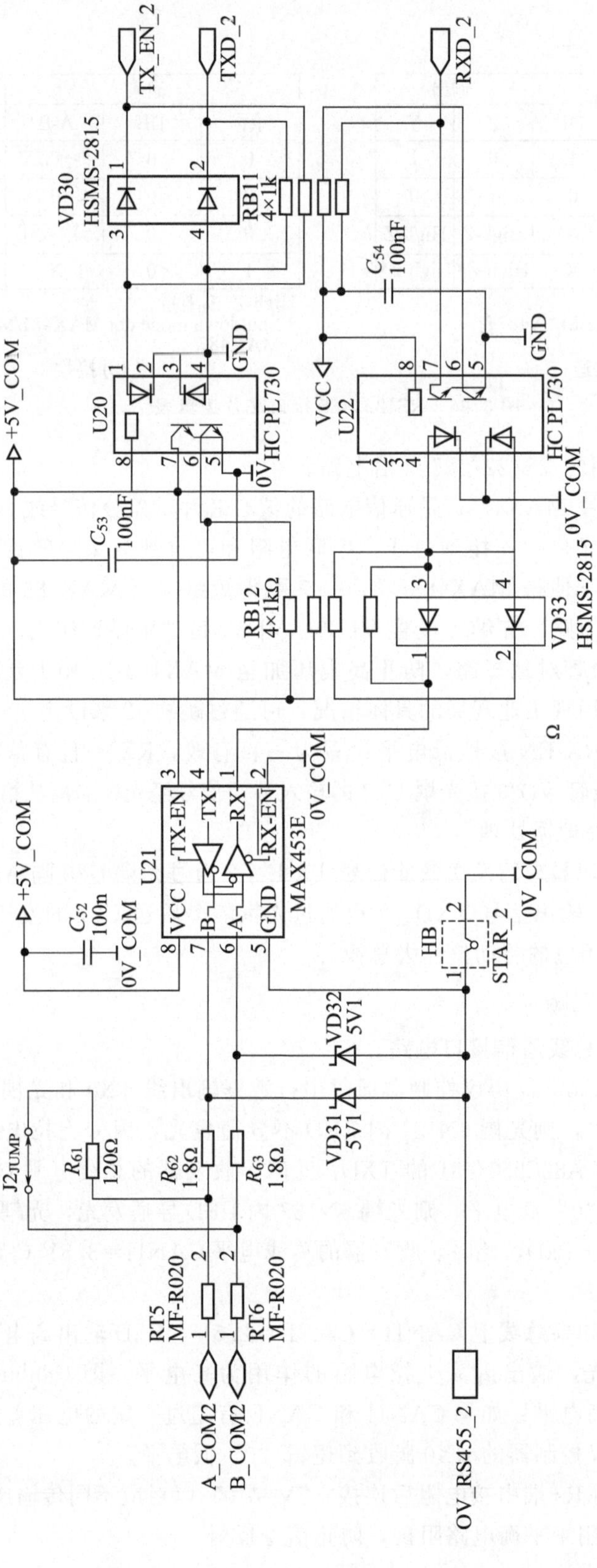

图 3.27 RS422/485 通信电路

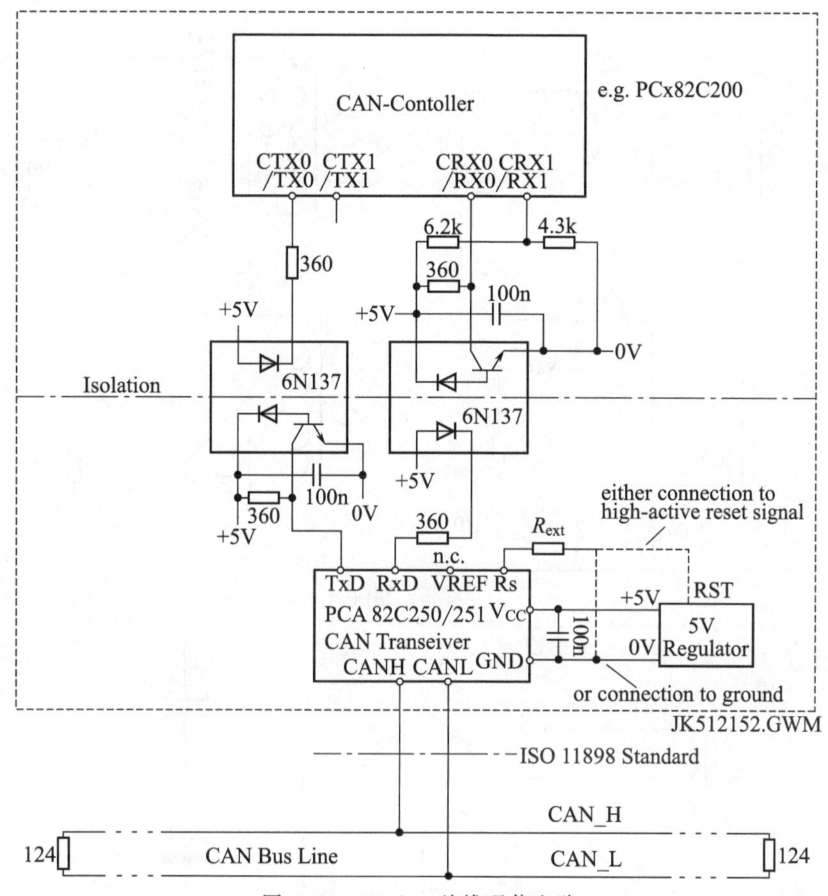

图 3.28　Canbus 总线通信电路

3.4　电源电路

电源是电路系统中损坏概率最大的部分，所以针对电源的维修量也是最大的，掌握了电源的维修也就能够胜任很大一部分维修工作。

电路系统正常工作时需要稳定的直流电源，系统各部分对电压、电流的要求也不一样，这就产生了各种各样的电源变换形式，其中，高效节能的开关电源占据着工控电路板电源的主流。

（1）整流电路

整流电路可将交流电变成一个方向的脉动直流电，常见的整流方式有半波整流、全波整流和桥式整流形式。各种整流电路见图 3.29。

（2）线性串联型稳压电源

线性稳压电源电路是通过调节串联的调整晶体管的功耗来达到输出电压的稳定，因为调整管本身要消耗部分能量，所以此类电源效率不高，但做成三端集成电路的线性稳压电路芯片，因为外部结构简单，使用方便，所以在小功率的稳压电源应用中是很常见的。

常见的传统三端线性稳压芯片有固定电压输出形式的 78xx、79xx 系列芯片，可调电压

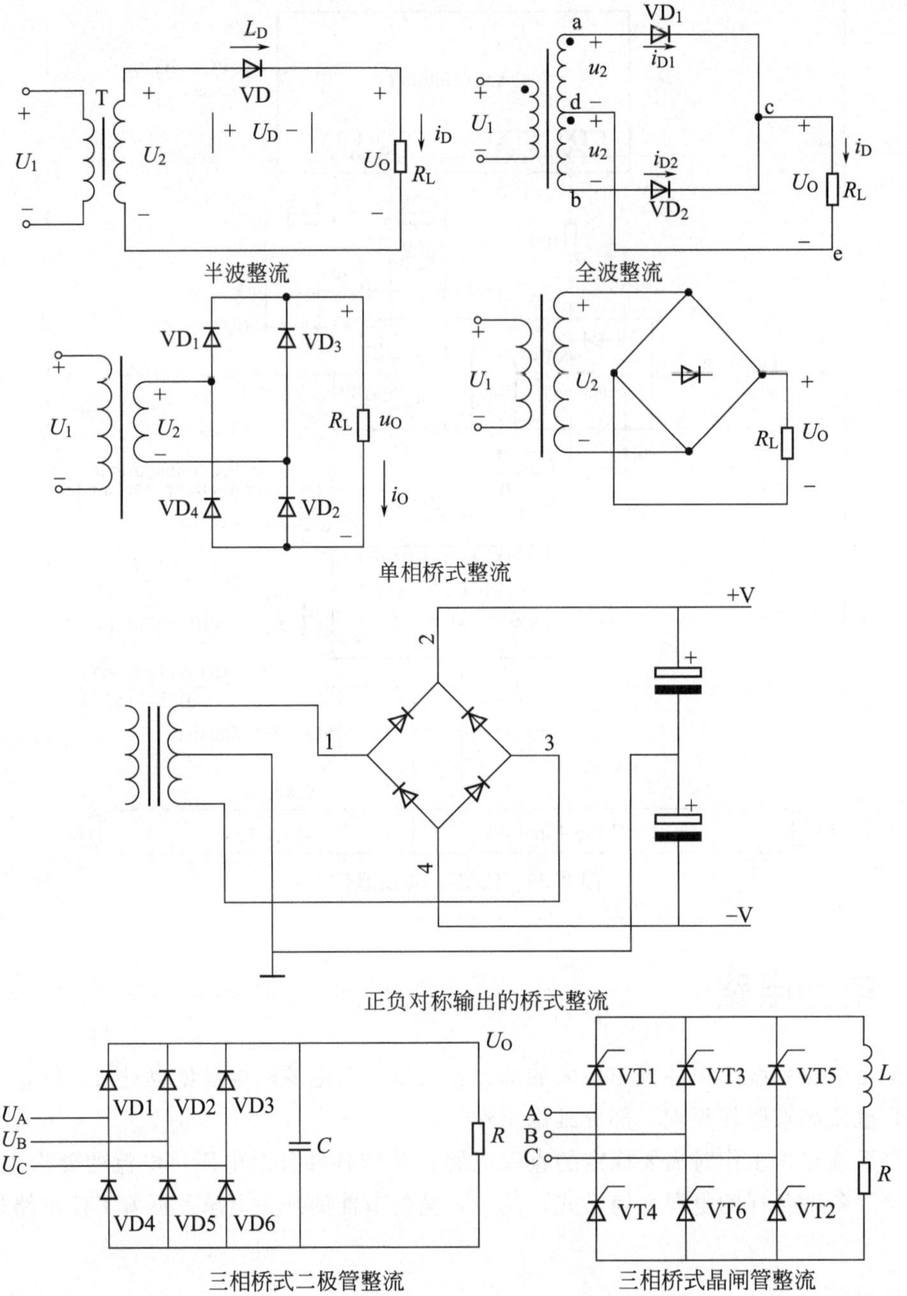

半波整流　　全波整流

单相桥式整流

正负对称输出的桥式整流

三相桥式二极管整流　　三相桥式晶闸管整流

图 3.29　各种整流电路形式

输出的如 LM317、LM337 芯片，另外还有低压差线性稳压器如 AMS1117、LM2930、LM2931、LM2940 等。这些芯片的接法如图 3.30 所示。

(3) 开关电源的几种拓扑结构

开关电源是利用电子开关控制电感电容充放电，并以输出电压反馈来自动控制占空比，从而达到稳定输出电压的目的。以下就开关电源的几种结构和具体电路形式加以介绍。

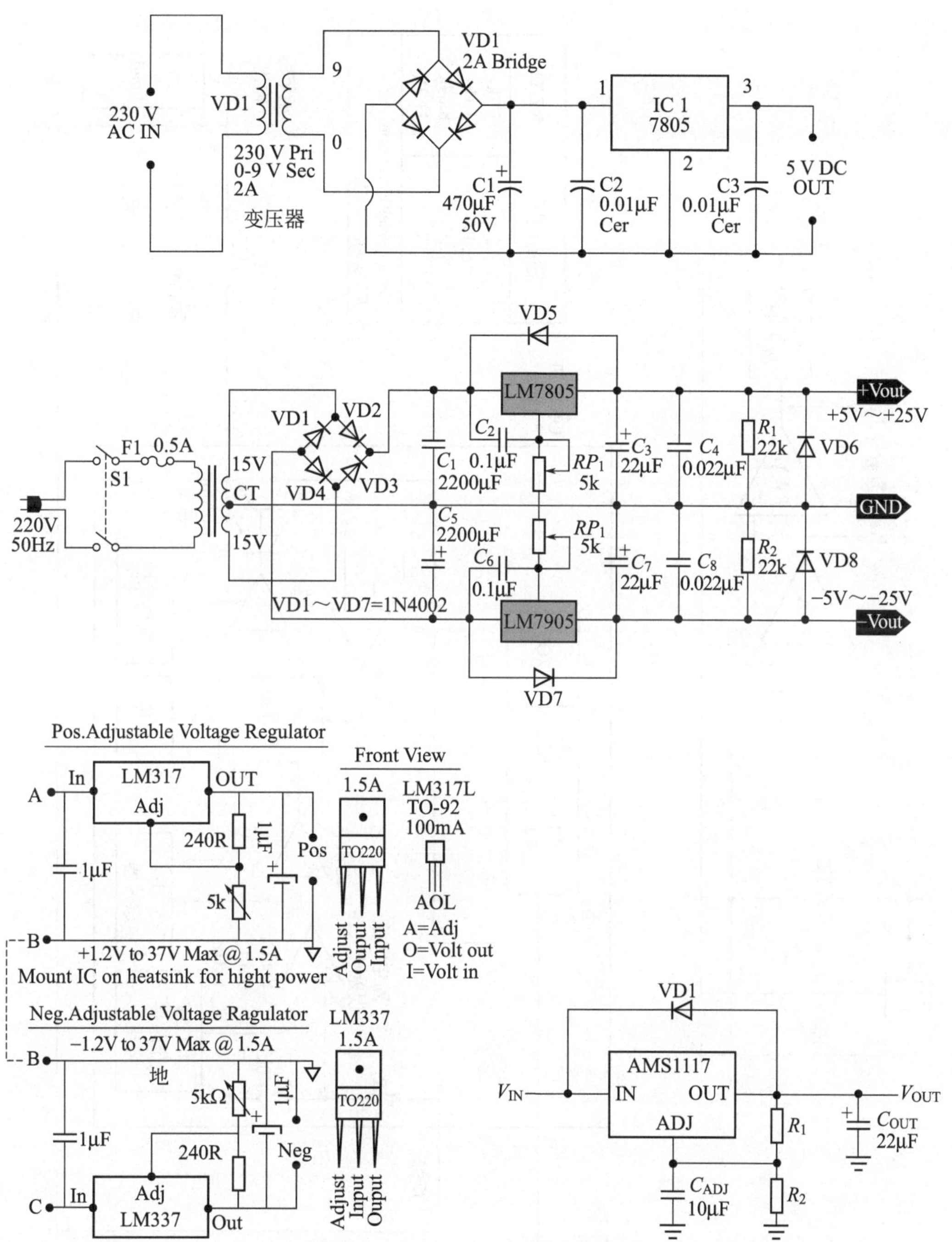

图 3.30　线性串联型稳压电源电路

① BUCK（降压）电路

图 3.31 是 BUCK 电路基本结构及具体应用电路。图 3.31(a) 中，VT1 为受控电子开关，当 VT1 开启时，通过 V_{dc} 电压正极→开关管 VT1→电感 L_o→C_o 和负载→地，形成充电以及耗电回路，L_o 电流线性增加，储存能量，电容 C_o 也积累电荷，电压升高，输出电压 V_o 经 R_1 和 R_2 分压采样和参考电压 V_{ref} 进行比较，比较的结果用于控制 VT1 的关断和导通。

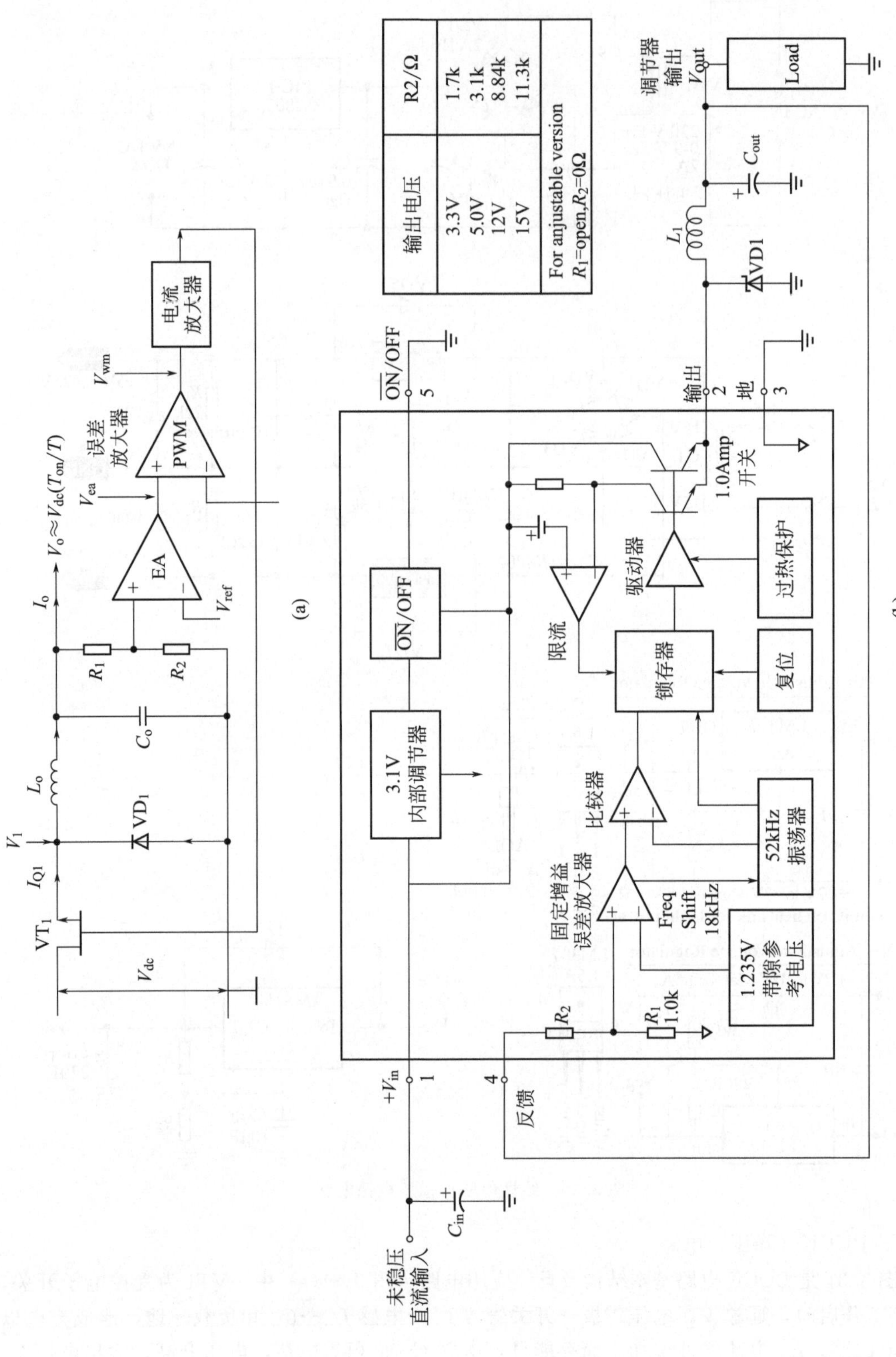

(a)

输出电压	R2/Ω
3.3V	1.7k
5.0V	3.1k
12V	8.84k
15V	11.3k
For anjustable version R_1=open,R_2=0Ω	

(b)

图 3.31　开关式降压式稳压电路

当 VT1 关断时，L_o 电流不会突然消失，而会继续按照原来的方向成线性减小，开始释放能量，电流方向是 L_o→C_o→地→VD1，以及 L_o→负载→地→VD1。

图 3.31(b) 控制芯片内置一个 52kHz 的振荡器，驱动芯片第 2 脚输出一定占空比的电压脉冲，经由外接元件 VD1、L_1、C_{out} 组成的滤波电路滤波后得到稳定的直流电压供给负载。负载电压 V_{out} 反馈到控制芯片，与内部参考电压进行比较后控制输出占空比，使得输出电压总是稳定。

其工作过程大致是这样的：输入 V_{in} 给定电压后，芯片内部的稳压电路得到 3.1V 工作电压，如果芯片使能引脚第 5 脚为低电平，内部振荡器起振，首先控制内部开关管开启，此时形成两个回路，一个回路是：$+V_{in}$→开关管→L_1→C_{out}→地，另一个回路是：$+V_{in}$→开关管→L_1→负载→地，此时电感电流增加，电容两端的电压上升，部分能量被存储在电感 L_1 和电容 C_{out} 中，然后开关管被控制关断，此时 L_1 电流不会突变，电流继续在 L_1→负载→地→VD1→L_1 这个回路中流动，L_1 给负载提供能量，同时，C_{out}→负载→地→C_{out} 回路中，电容给负载提供能量，如此循环若干周期后，输出电压趋于稳定。外接负载大小若有变化，立刻在输出电压上表现出来，反馈的电压随即去芯片内部控制调整输出占空比，最终使得电压稳定。

图 3.32 是大电流输出 BUCK 稳压电路，LM2576 输出高电平时，IR2111 控制上端 MOS 管开启，控制下端 MOS 管关断，24V/48V→上端 MOS 管→电感→负载→地，形成回路，24V/48V→上端 MOS 管→电感→电容→地，形成回路，在电感和电容中储存能量；LM2576 输出低电平时，IR2111 控制下端 MOS 管开启，控制上端 MOS 管关断，电感电流不能突变，保持原来的流动方向，形成电感→负载→地→下端 MOS 管→电感回路，同时还有电容→负载→地→电容回路，两个回路由电感和电容同时向负载供电。输出电压反馈至 LM2576，调节占空比输出，使得输出电压稳定。

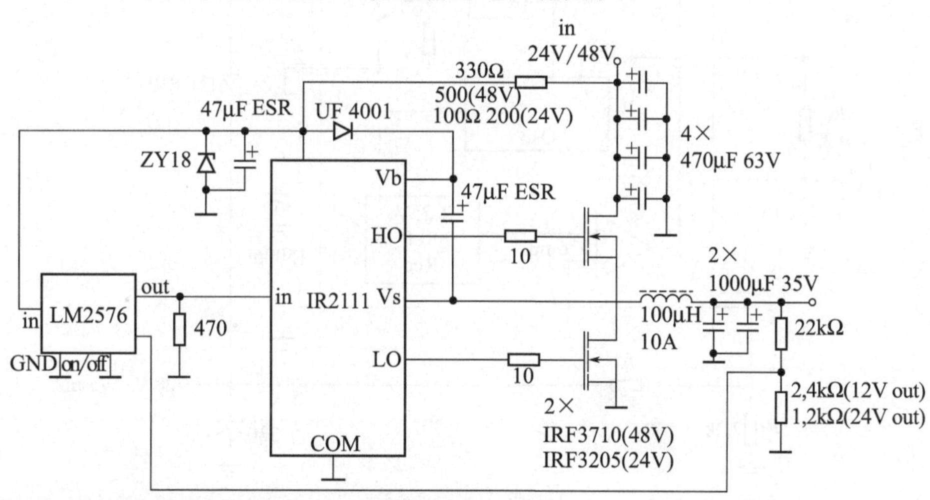

图 3.32　大电流输出开关式降压式稳压电路

② Boost（升压）电路

图 3.33(a) 是 Boost 电路基本结构及具体应用电路。图 3.33(a) 中，VT1 开启后，电源 V_{dc} 给 L1 充电，L1 的电流从上端往下流动，呈线性增加，当 VT1 关断以后，L_1 的电流不能突变，继续从上端往下流动，呈线性减小，电流回路分别是 V_{dc} 正极→L_1→VD1→

C_o→地，以及 V_{dc} 正极→L_1→VT1→负载 R_o→地。R_1 和 R_2 组成的分压电路，将取样电压与给定电压进行比较，来控制 VT1 开关占空比，从而得到稳定的输出电压 V_o。

图 3.33(b) 是 Boost 电路的典型应用电路。控制芯片内置振荡器。内部晶体管 VT1 接通时，由 V_{in}→R_{sc}→L→VT1→地形成的回路给电感 L 充电，电感 L 储能，VT1 断开后，电感 L 的电流不能突变，而是通过 V_{in}→R_{sc}→L→IN5819→C_o→地释放能量，如果允许，理论上，C_o 的电压可以因为电感的充电效应而继续升高，为了控制输出电压 V_{out}，V_{out} 经过电阻 R_2 和 R_1 分压，电压反馈给芯片第 5 脚控制输出占空比，几个周期后，V_{out} 得到稳定的电压输出。

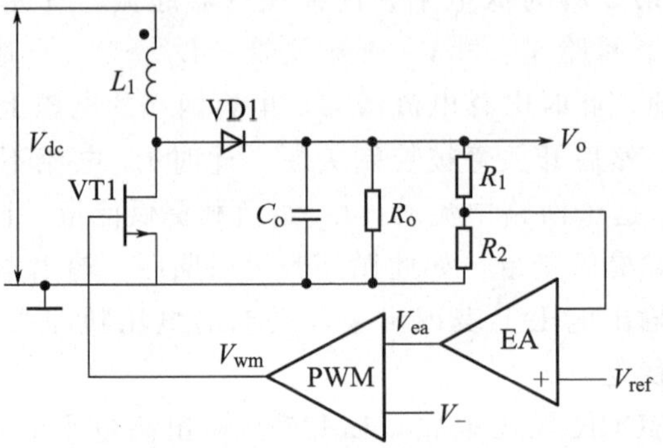

(a)

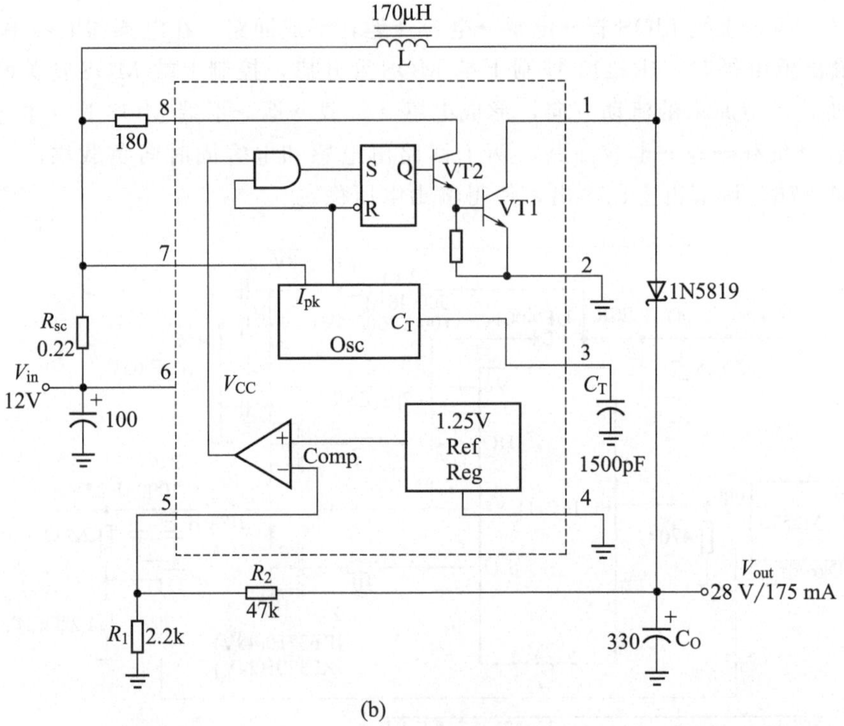

(b)

图 3.33 开关式升压式稳压电路

③ 反极性 boost 电路

图 3.34(a) 是反极性 boost 电路的基本拓扑结构。当 VT1 被控制接通时，电流回路从电源 V_{dc} 正极→VT1→L_o→地给电感 L_o 充电，电感储能，VT1 关闭后，L_o 电流不能突变，继续有电流回路，L_o→C_o→VD1，L_o 释放能量，C_o 上充得下正上负的电压，所以输出电压

V_o 是一个负压。每一次 L_o 的能量释放，都可以给 C_o 补充电荷，如果 C_o 充电电量大于放电电量，理论上 C_o 的电压可以无限抬升。R_1 和 R_2 组成的分压电路取样输出电压 V_o 反馈给控制电路控制 VT1，控制占空比，使得输出电压 V_o 保持稳定。

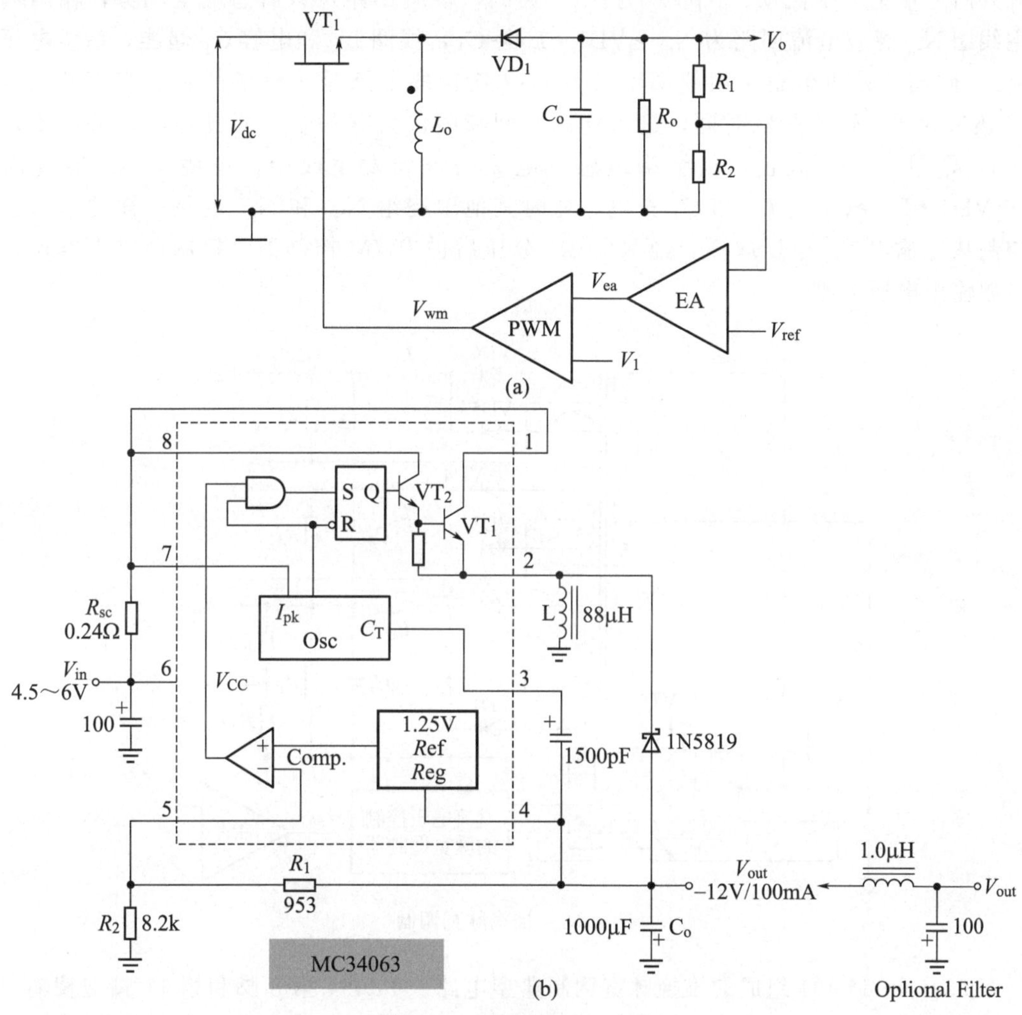

图 3.34 反极性 boost 电路

图 3.34(b) 是反极性 boost 电路的一款实际应用电路。当芯片 MC34063 内部晶体管 VT1 导通时，电流回路从电源正极 V_{in}→电流采样电阻 R_{sc}→内部三极管 VT1→电感 L→地，给电感 L 充电，电感储能，当 VT1 关闭后，电感 L 电流不能突变，继续有从上端往下端流动的电流，电流按照电感 L→地→电容 C_o→二极管 1N5819 方向流动，此过程中，电感释放能量，电容充得下正上负的电压，几个 PWM 周期后，C_o 上电压 V_{out} 抬升，V_{out} 经电阻 R_1、R_2 分压至 MC34063 第 5 脚控制输出占空比，从而得到稳定的输出电压，这个电压 V_{out} 对地是一个负压，而且电压的绝对值高于输入电压 V_{in}。

④ 推挽脉宽调制

如图 3.35 所示，VT1、VT2 是轮流导通的开关管，两个开关管都不导通的时段，称之为死区时间。当 VT1 导通时，VT2 截止，电流从 V_{dc} 正极→变压器线圈 Np1→VT1→地形成回路，线圈 N_{p1} 电流增加使得变压器 T1 的磁通发生改变，磁通的改变在每一组线圈上都感应出相应的电动势，包括 Np1 线圈本身，如果有回路就会形成感应电流。根据楞次定律可知，此时 Np1 的自感电动势方向为下正上负，自感电流为从上自下流动，根据同名端一致的原则，其他各组线圈互感电动势方向也都是下正上负，如果有回路电流，则此时电流方向为从上往下流动。Np2 因为 VT2 关断，没有回路，只有感应电动势，输出端次级主线圈 N_m 感应电流回路为 N_m→VD1→L_1→C_1，线圈 L_1 和电容 C_1 储能，后级电压输出 V_m，同理，另两组副绕组线圈 Ns1 和 Ns2 连接的电路是一样的情形。当 VT1 关断，VT2 还未导通，进入死区时间，进入死区时间瞬间，会有一个尖峰脉冲电动势产生，之后 VT2 导通，VT1 截止，次级绕组感生电流的方向发生改变，主绕组 N_m 通过回路 N_m→VD2→L_1→C_1 向 L_1 和 C_1 充电，此时其他副绕组 N_{S1} 和 N_{S2} 也是一样的情形。反馈控制从主输出 V_m 电压取样，经 R4、R5 分压后进 PWM 控制器，控制前级占空比，从而控制输出电压大小。

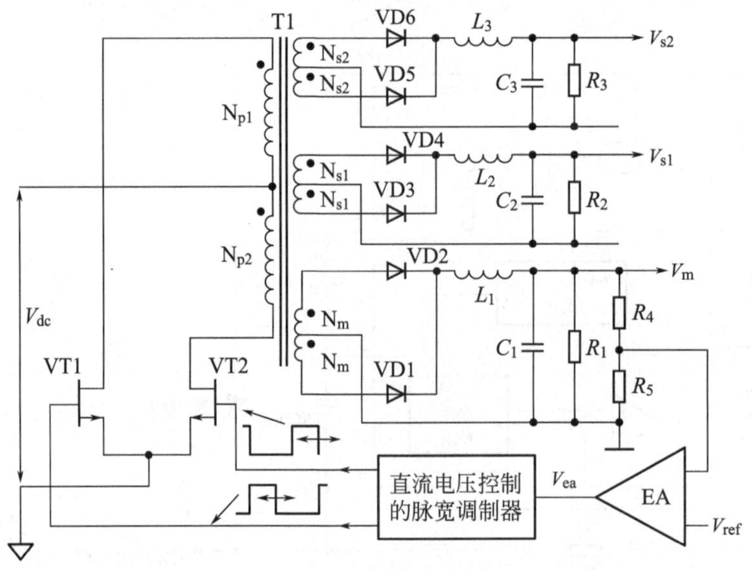

图 3.35　推挽脉宽调制

图 3.36 是 TL494 组成的推挽脉宽调制典型电路。TL494 第 8 脚和第 11 脚交替输出控制两个三极管轮流导通，开关变压器 T1 副边产生感应电流，在电感 L_1 和电容储能，供负载使用。电压反馈通过 22kΩ 和 4.7kΩ 电阻分压接入 TL494 第 1 脚。电流反馈通过 1.0Ω 电阻采样接入 TL494 第 15 脚。

⑤ 正激变换器拓扑

所谓正激变换，就是在开关管导通阶段，能量从变压器主边传输至副边。如图 3.37 所示，当 VT1 导通时，初级线圈 Np 电流线性增加，根据变压器同名端分析，电流方向使得次级线圈整流二极管 VD2、VD3、VD4 导通，电感 L_3，电容 C_1、C_2、C_3 充电，当 VT1 截止，各线圈感应电动势反向，此时只有回路 N_r→V_{dc}→VD1 呈导通状态，变压器剩余能量回馈至电源 V_{dc}，VD2、VD3、VD4 反偏截止，VD5、VD6、VD7 续流，L_1、L_2、L_3 释放能量给后级。电压反馈通过电阻 R_4、R_5 分压，经过脉宽调制器控制占空比稳定电压。正激变换拓扑的典型特点是变压器初次级同名端一致，而且次级回路有串联储能电感。

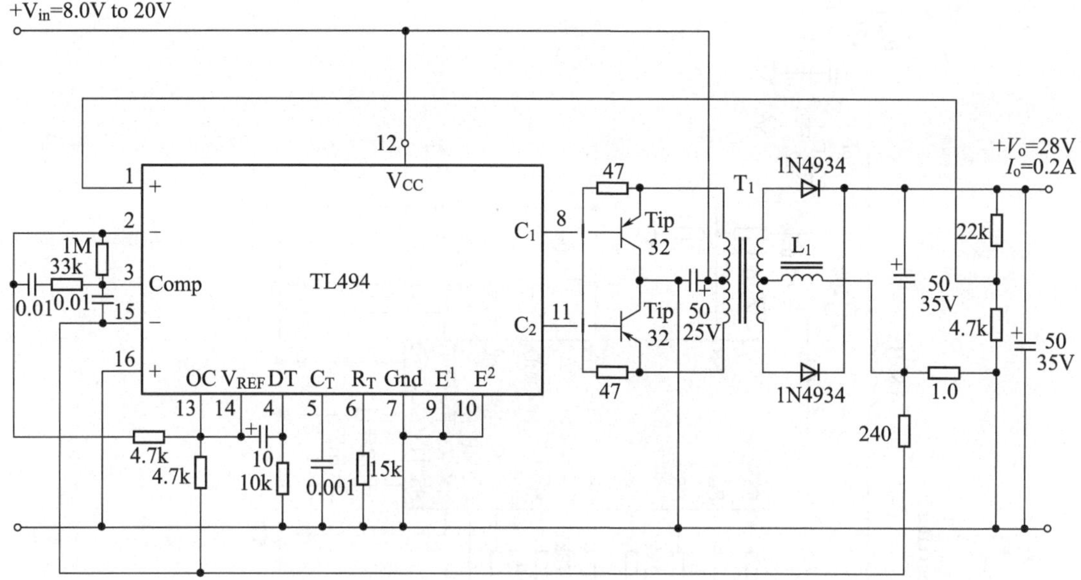

图 3.36　TL494 组成的推挽脉宽调制电路

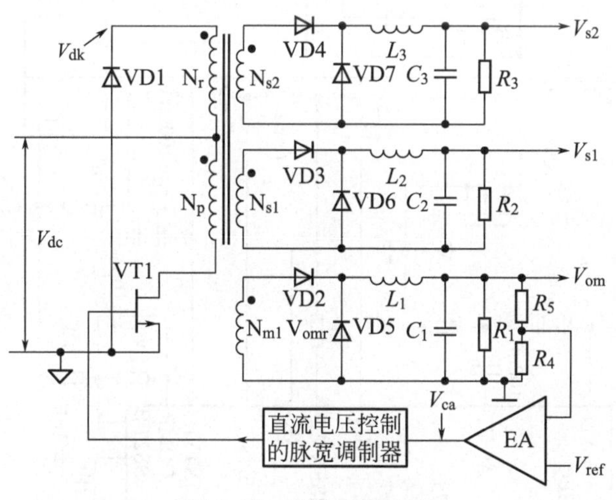

图 3.37　正激变换拓扑

图 3.38 是典型的正激变换电路。芯片 LT3753 的 PWM 输出端 OUT 输出开关信号给开关管，驱动变压器传输能量给后级电路，可以通过变压器同名端及后级的电感判断，此电路结构是明显的正激变换结构。

⑥ 双端正激变换

图 3.39 是双端正激变换。开关管 VT1、VT2 须同时导通和截止。当 VT1、VT2 导通时，线圈得电，电流增加，改变变压器的磁通，次级线圈 N_{s1} 感应电流经 VD1 给电感 L_1、电容 C_1 储能，N_{s2} 感应电流经 VD2 给 L_2、C_2 储能；当 VT1、VT2 截止后，各线圈产生的感生电动势反向，VD1、VD2 反偏截止，此时没有能量传输给后级，变压器剩余能量通过 VD1、VD2 回馈给电源。

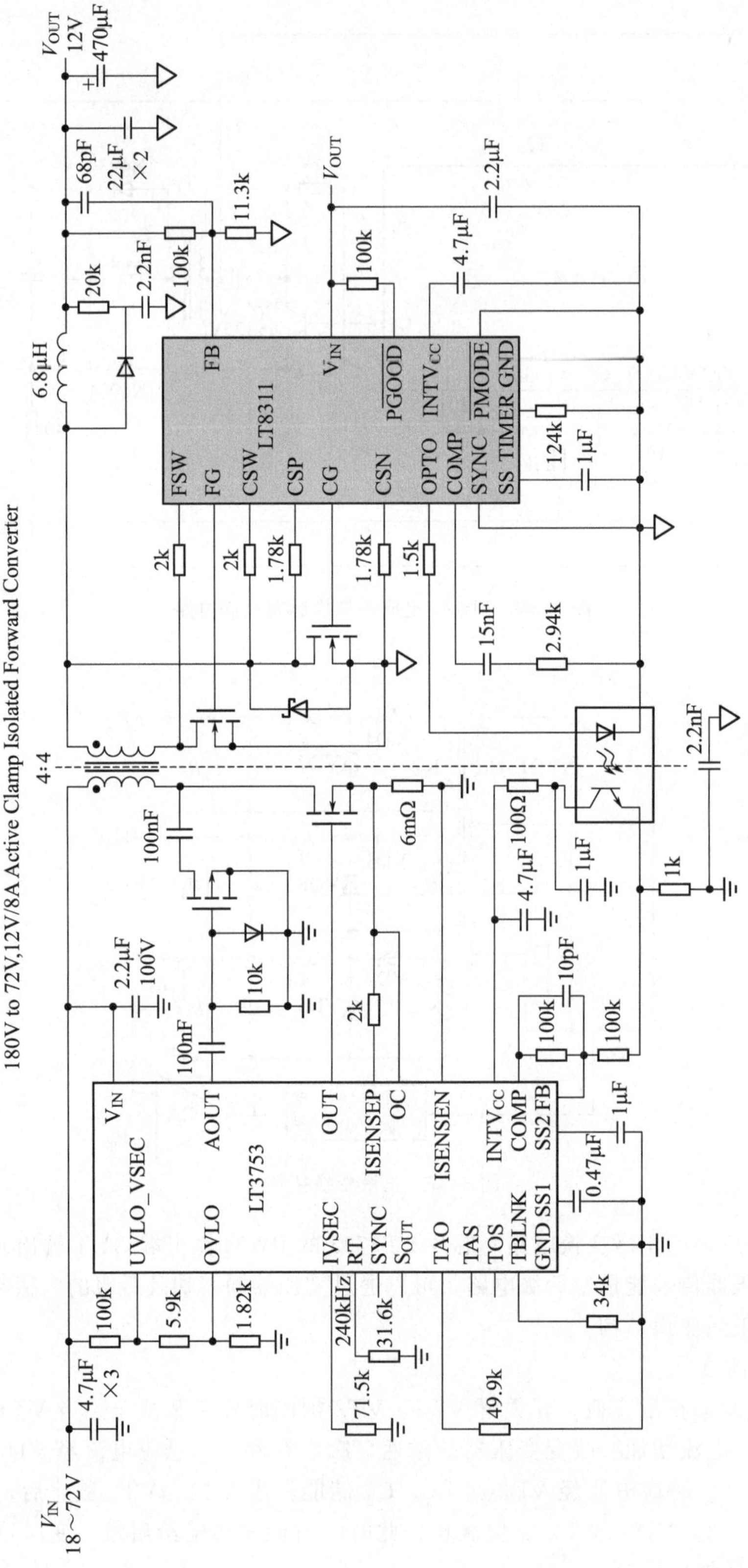

180V to 72V,12V/8A Active Clamp Isolated Forward Converter

图 3. 38　正激变换应用电路

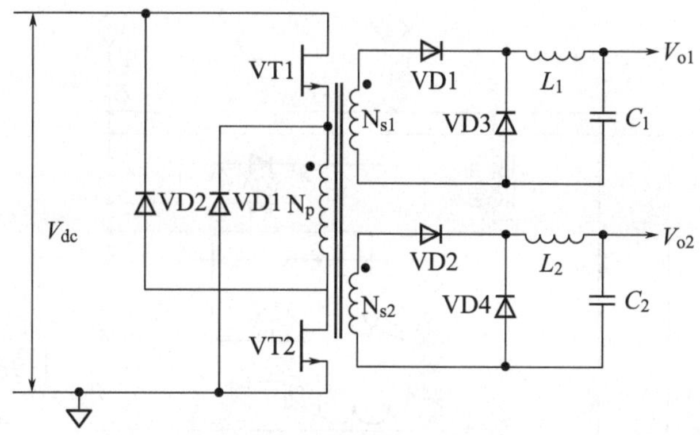

图 3.39　双端正激变换拓扑

图 3.40 是双端正激应用电路。我们应该牢记这种结构形式，才方便维修时分析和下手。

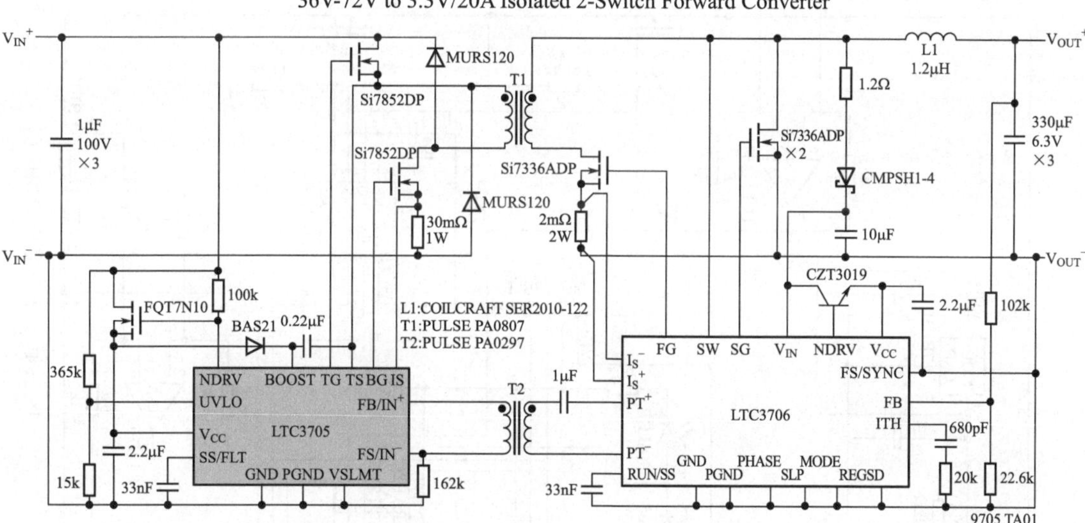

图 3.40　双端正激应用电路

⑦ 半桥变换

图 3.41 属于半桥变换电路。VT1 和 VT2 被控制轮流导通，线圈接在上下开关管连

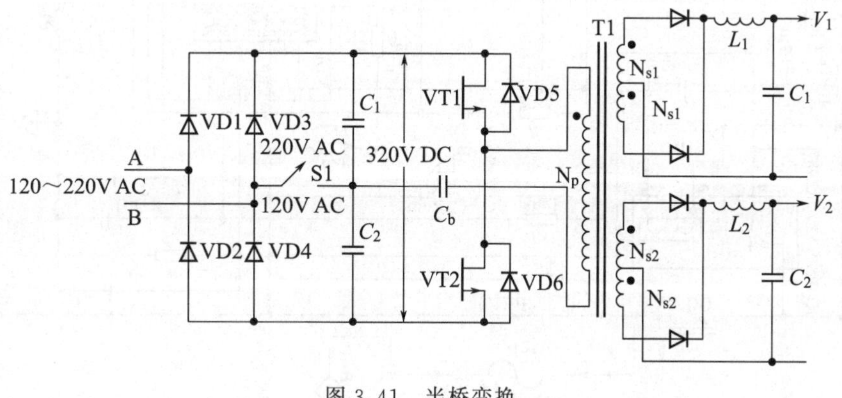

图 3.41　半桥变换

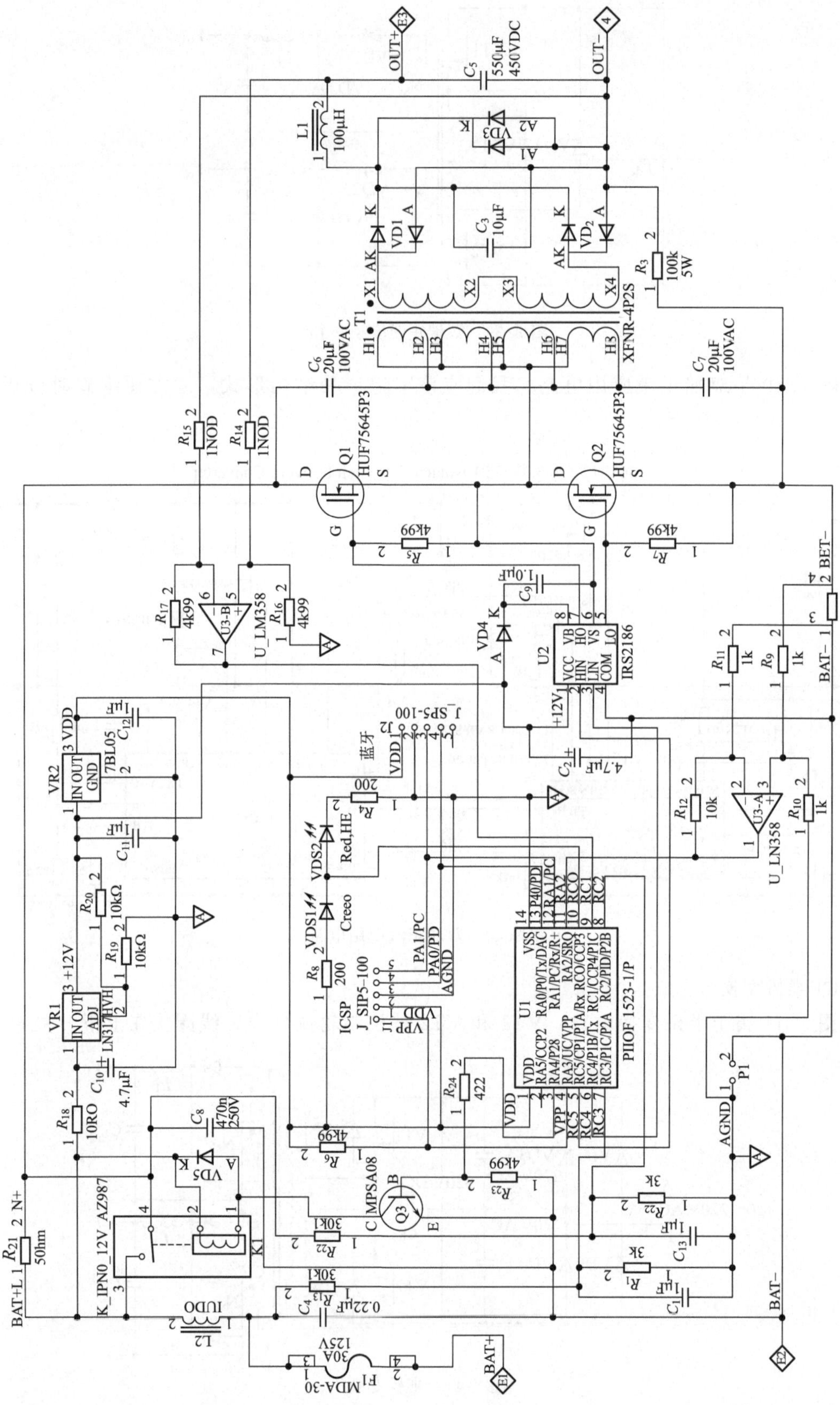

图 3.42　半桥变换应用电路

接处及通过电容 C_b 连接于两个电容接点，当 VT1 导通时，VT2 截止，电流回路是 C_1 正极→VT1→线圈 N_p→C_b→C_1 负极，此时两组副绕组各自上半部分对应二极管导通，能量传输给后级。VT1 关断，VT2 未开启瞬间，产生的感应尖峰电压通过回路 N_p→C_b→C_2→VD6 吸收，而后 VT2 导通，电流方向从 C_2 正极→C_b→N_p→VT2 流动，产生感生电动势的结果，两组副边各自下边二极管导通，后级电感电容储能；而后 VT2 关闭时，反峰吸收回路为 N_p→VD5→C_1→C_b 如此反复。其中切换开关 S1 为输入电压选择，S1 断开时，用于 220VAC 输入，S1 闭合时，用于 120VAC 输入，S1 闭合，相当于倍压电路。

图 3.42 是典型的半桥变换应用电路。半桥电路最典型的特征就是变压器主边线圈一头取自两个开关管连接点，另一头取自两个主电容连接点。

⑧ 全桥变换

图 3.43 为全桥变换电路。图中开关管 VT1 和 VT4 一组同时导通，VT2 和 VT3 一组同时导通，但两组是轮流交错导通的，不能同时导通。当 VT1 和 VT4 导通时，电流从电源正极→VT1→Lr→变压器主边线圈→VT4→电源负极形成回路，变压器能量传输至后级，而后 VT1、VT4 关闭时，透过 Lr→变压器主边线圈→VD2→电源 V_{in}→VD3 回路释放反峰脉冲能量回馈给电源。当 VT2、VT3 导通，电流从电源正极→VT2→变压器主边线圈→L_r→VT3→电源负极形成回路，变压器能量传输给后级，而后 VT2、VT3 关闭时，透过 L_r→VD1→电源 V_{in}→VD4→变压器主边线圈释放反峰脉冲能量回馈给电源。

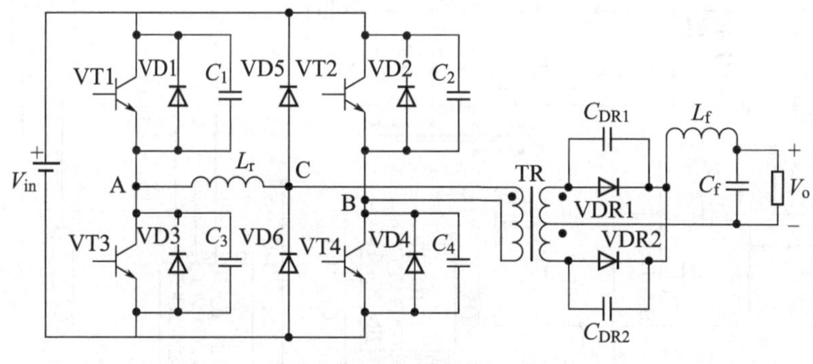

图 3.43 全桥变换电路

图 3.44 是全桥变换的应用电路。T3、T4 是驱动变压器，各自输出的两路副绕组同名端是反向的，可以控制上下两个开关管始终只有一个导通。同时 T3、T4 的初级线圈受控时从前级接收的信号也是互为反向的。变压器 T1 的主边线圈被驱动，是典型的全桥变换电路。

⑨ 反激变换

图 3.45 是反激变换结构。反激变换的主要特点是变压器副边线圈与主边线圈同名端不一致，VT1 导通时，感应电动势在主边线圈和副边线圈产生的感应电动势相反，VD1、VD2 反偏截止，副边未能形成回路，磁场能量储存在变压器中，当 VT1 截止时，感应电动势换向，VD1、VD2 正向导通，能量储存至回路电容。

图 3.46 是反激变换应用电路。PWM 芯片 UCC2870 的 3 脚输出 PWM 信号控制开关管导通和关断，变压器 T1 的主边线圈和副边线圈方向相反。

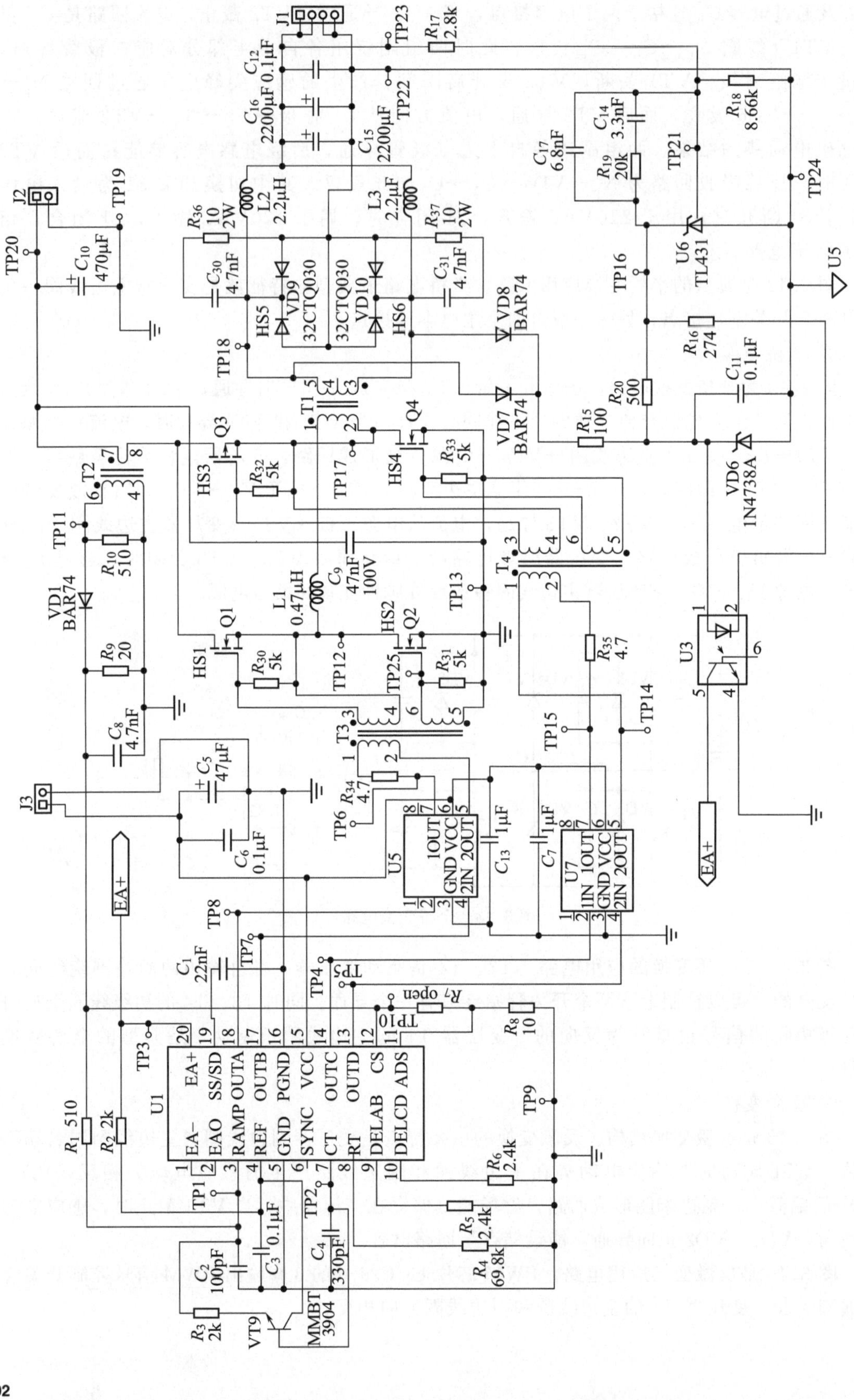

图 3.44　全桥变换应用电路

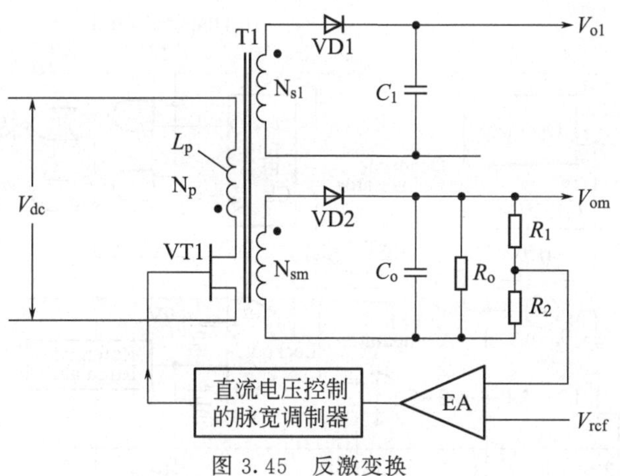

图 3.45　反激变换

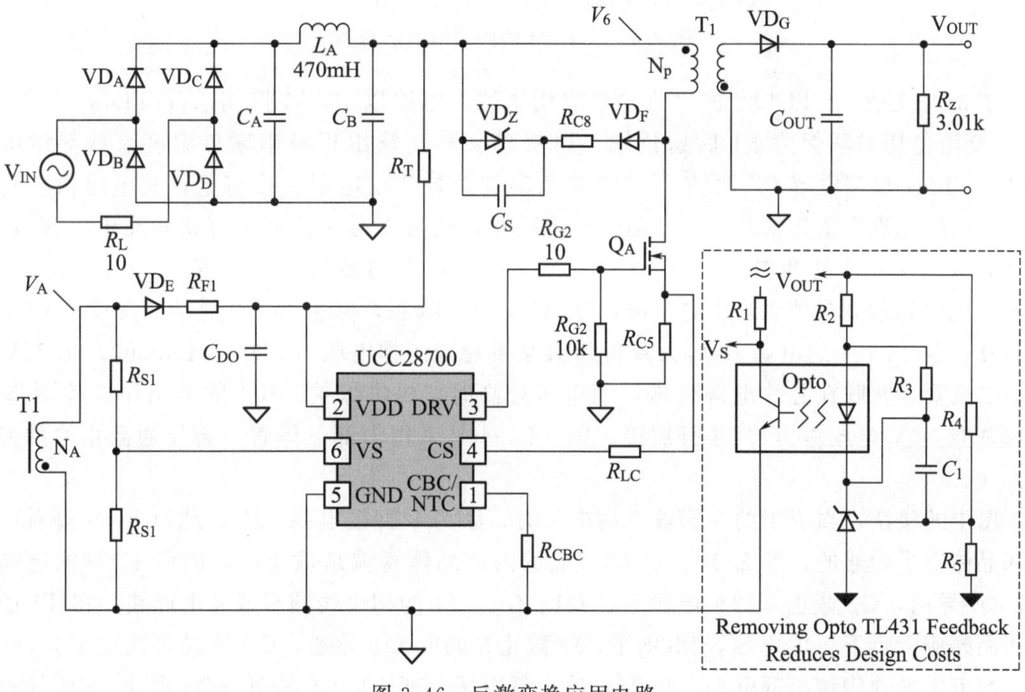

图 3.46　反激变换应用电路

(4) 常见的几款芯片组成的电源

① TL494 组成的开关电源

图 3.47 是 TL494 的内部结构示意图。外接阻容定时元件 R_T、C_T 和内部振荡器组合在芯片第 5 脚产生固定频率的线性锯齿波信号，3、4 脚的检测信号分别送 PWM 比较器及死区时间比较器与锯齿波电压进行比较；1、2 脚和 15、16 脚分别为两个放大器的输入端；8、9 脚和 10、11 脚分别为芯片内部驱动晶体管的集电极和发射极输出端；13 脚为输出模式控制端，当其为高电平时，两只内部晶体管交替导通和截止，即所谓的推挽式输出，当其为低电平时，控制两只内部晶体管同时导通和截止。14 脚是＋5V 基准电压输出端，12 脚为芯片电源端。

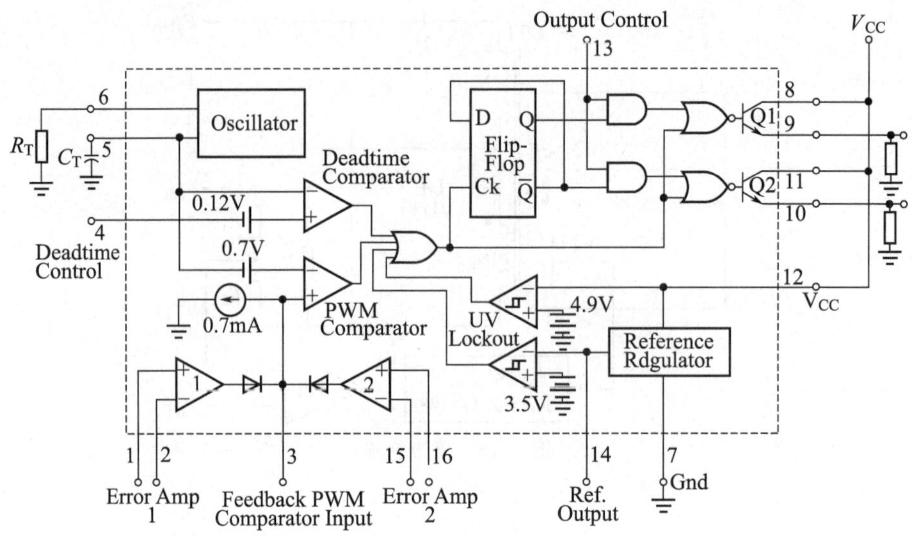

图 3.47 TL494 的内部结构示意图

图 3.48 是采用 TL494 芯片的一个应用电路。电路以 PWM 控制芯片 TL494 为核心。115V 交流电压串联保险 F1 后送桥堆 D13 整流，整流输出正极串联负温度系数热敏电阻（NTC）TH1 后到电容 C_5 滤波。TH1 是负温度系数热敏电阻，冷态下，其电阻值相对较大，当流过电流产生热量升温后，阻值迅速减小，这可以避免滤波电容初始充电电流过大，造成对电网及元件的冲击。VD2（1N4107）是 13V 齐纳稳压管，和 R_4 串联后得到 13V 电压，此电压加到晶体管 Q3 的基极，Q3 处于放大状态，除去 Q3 发射结的压降、VD1 的电压降，在 TL494 的电源 12 脚大致得到 12V 的稳定工作电压。VD14（1N5360）为 25V 的齐纳二极管，并联在芯片电源两端，当电压过高时，提供保护。IC1 的输出模式控制脚 13 脚和基准+5V 电压输出脚 14 脚短接，则 TL494 是采用内部晶体管交替导通截止的推挽输出方式。

图中的接法，当 IC1 的 9 脚输出高电平时，因为 8 脚接电源 12V，此时 8、9 脚对应的内部晶体管是导通的，那么 10、11 脚对应的内部晶体管就是截止的，因而 11 脚输出高电平，Q1 导通，Q2 截止，12V 电源通过 Q1、C_4、T1 的初级线圈形成充电回路，在 T1 的次级线圈感应上负下正的电压，MOS 管 Q7 截止；同时 Q4 导通，Q6 栅极为高电平，Q6 导通；当 IC1 的 9 脚输出低电平，11 脚也输出低电平，即：IC1 9 脚低→Q4 截止，Q5 导通→Q6 截止，同时，IC1 11 脚低→Q1 截止，Q2 导通→T1 次级感应上正下负电压→Q7 导通，150V 电压通过 Q7、C7 给变压器 T2 初级线圈充电，线圈感应上正下负的电压，而当 Q7 截止、Q6 导通时，又感应上负下正的电压，如此，变压器 T2 将能量传递给次级，次级电压再整流滤波后得到几组稳定的直流电压。取样比较电压从+15V，20A 输出端选取，此电压经 R_9、R_{10}、R_{11} 串联分压后，从可调电阻 R_{10} 中间抽头电压，和稳压芯片 IC3（TL430）稳压后的 2.75V 电压进行误差放大，如果+15V，20A 输出电压升高→IC2 第 3 脚电压升高，因为“虚短”，IC2 第 2 脚电压升高，因为“虚断”，流过 R_{14} 和 R_{15} 的电流相等，IC2 的 6 脚电压也放大 100 倍升高，线性光耦 OPT01 内部 LED 电流增大，内部三极管集电极电流增加，在 R_{18} 上的电压降增加，压降足够大时，使得 IC1 内部关断输出，起到保护作用。串联在 Q5 漏极的变压器 T3 初级线圈感应负载电流的大小，如果电流过大，则次级感应较高的

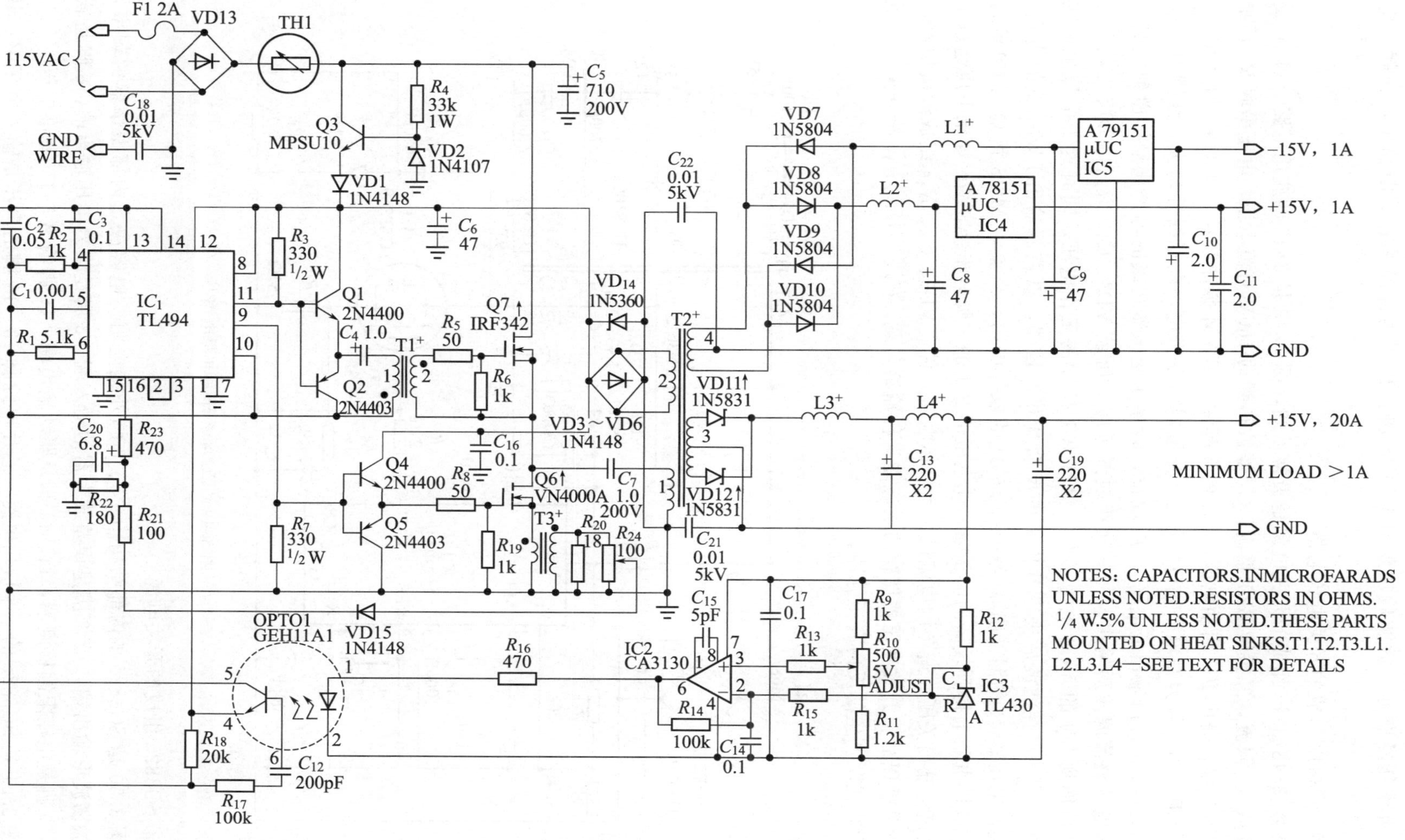

图 3.48　TL494 应用电路图

电压，此电压经取样、滤波后加到 IC1 的 16 脚，控制内部晶体管关断输出，这就是电流保护。

② UC3842 组成的开关电源电路

3842/3843/3845 组成的开关电源是最常见的，图 3.49 是 3842 的应用电路。117V 交流电压串联 R_1 限流，经桥堆 BR1 整流，C_1 滤波得到约 160V 直流电压，电压串联 R_2 后加到 IC1 的第 7 脚，提供 IC1 启动电压，IC1 的 6 脚输出 PWM 脉冲信号，串联 R_7 加至 MOS 管 Q1 的栅极。当信号为高电平，Q1 导通，变压器初级得电，电流线性增大，线圈有了一定电流后，IC1 的 6 脚输出低电平，Q1 截止，储存在变压器初级的电磁能量传递到次级，两组次级电压整流滤波后输出。另一次级线圈感应电压经 VD2、C_4、R_5、VD1、C_3、C_2 整流滤波后加到 IC1 的 VCC 电源 7 脚，保持 IC1 持续的工作电压，同时这个电压也经 R_3、R_7、R_5、C_{14} 取样滤波后去芯片内部的反馈端和比较器，以控制输出 PWM 波的占空比，稳定输出电压。Q1 的漏极串联了一个 0.55Ω 的取样电阻，当流过 MOS 管 Q1 的电流过大时，在取样电阻上得到较高的电压降，此电压接 IC1 的 3 脚电流感应端，如果电压超过 1V，IC1 迅速将输出关断，避免因电流过大而损坏电路元件。VD3、C_9、R_{12} 组成续流回路，当开关管关断以后，开关变压器储存的电磁能量传输给负载。C_8、VD4、R_{11} 给开关管提供保护，吸收线圈产生的反向高压脉冲。

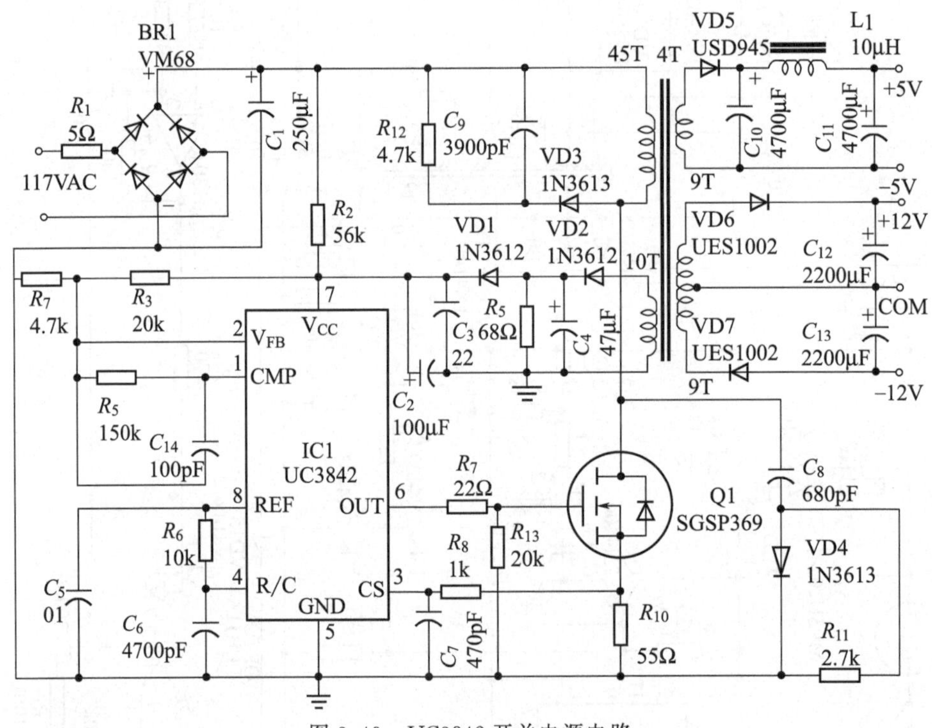

图 3.49 UC3842 开关电源电路

③ SG3825 组成的开关电源

图 3.50 是 SG3825 的内部结构图。5、6 脚外接电阻、电容决定内部振荡器的频率，4 脚为振荡波形输出端，1、2 脚是误差放大器的输入端，3 脚是误差电压输出端，8 脚是软启动脚，9 脚是电流限制检测端，11、14 脚是驱动输出端，16 脚输出 5.1V 基准电压。

图 3.51 是 SG3825 的一个应用电路。芯片电源脚 13、15 脚的电压是输入电压 V_{in} 串联

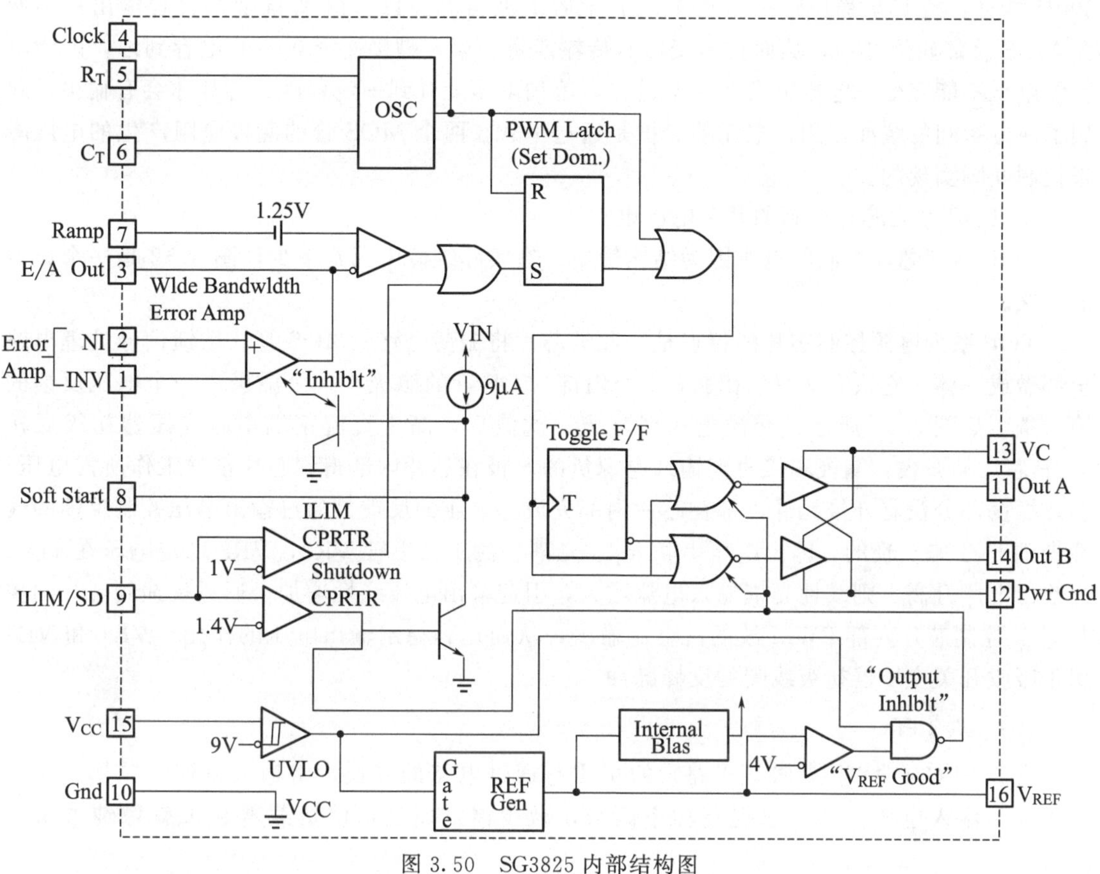

图 3.50　SG3825 内部结构图

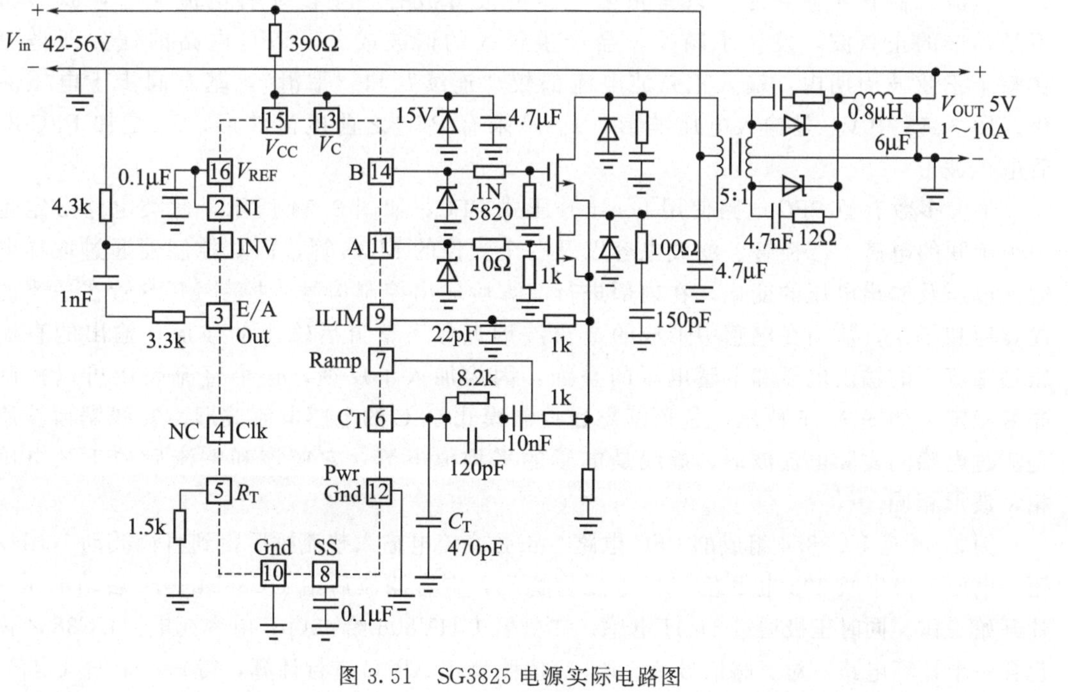

图 3.51　SG3825 电源实际电路图

390Ω电阻后经15V稳压管稳压及4.7μF电容滤波得到。11、14脚推挽式交替输出控制两个MOS管的轮流导通，从而控制变压器传输能量。第8脚接一个0.1μF电容到地，因为电容的电压不能突变，电压上升有一个过程，等到电压上升到一定程度，芯片才会有输出，起到了通电瞬间的缓冲作用。电流的保护是通过串联在两个MOS管的漏极电阻产生的电压降来控制9脚实现的。

④ TOP系列芯片控制的开关电源电源

TOP系列芯片控制的电源因为结构简单，在实际维修中见到不少，图3.52是一个典型的电路。

TOP系列电源控制芯片的特点是，此类芯片将振荡电路、MOS管、反馈信号处理电路全部做成一体，它只有3只引出脚，1个内部MOS管的源极，一个漏极，一个电压反馈的输入端。如图3.52所示，交流电压经整流、滤波后，高压直流正端串联变压器初级后接TOP芯片的漏极，漏极和接直流输入电源负的S极在芯片内部得到芯片正常工作所需电压，芯片振荡部分没有外接元件，都在芯片内部完成。电压的反馈是通过输出电压控制反馈的线性光耦U21来实现的，输出电压串联R_1、光耦、稳压二极管VR2，VR2稳定电压在11V，当输出电压升高，则线性光耦输入电流增大，引起输出电流线性增加，通过反馈到芯片的控制端C控制芯片内部PWM波的占空比输出，从而达到稳定输出电压的作用。VR1和VD1用于吸收开关变压器初级线圈的反峰脉冲。

(5) 有源PFC

有源PFC（功率因数校正电路）的实质是通过电路的变换，将输入电流的波形、相位校正为和输入电压同步，以提高功率因数，减少谐波畸变，使负载看起来就像纯电阻性负载。

我们知道，普通的整流滤波电路，只有当输入正弦交流电压高于滤波电容上的电压时，整流二极管才会导通，只有正弦电压的波峰波谷一小段才有电流流过，波形明显不是标准的正弦波，发生了畸变，会产生很大的谐波成分，PFC电路的任务即是使得在整个正弦波周期内，输入正弦波电流都较“连续”和“平滑”，基本同步于电压的变化。图3.53中V_{in}是输入电压波形，I_{in}是未有PFC之前电流波形，I'_{in}是加PFC电路后电流波形。

绝大多数有源PFC电路使用boost升压式PFC，如图3.54所示，此类电路必定包含一个串联的电感、二极管、滤波电容以及一个受控的MOS管，PFC控制器通过取样电路输入电压及输出电压的变化，在内部进行演算后输出控制信号，控制MOS管在适当的时候导通和截止，从而在电感中形成的电流波形近似于整流后输出的波形，输出的直流电压是整流桥的输出电压和电感电压的叠加，因为加入了反馈，这个直流高压可以控制得非常稳定。如图3.55所示，是连续导通控制模式PFC的电感电流波形。实线锯齿波所示是流过电感的实际电流波形，虚线是电感的平均值电流，它应该和整流后的正弦电压同相，波形相同。

图3.56是UC3854组成的PFC电路。正弦交流电输入整流桥后得到直流波动100Hz电压，电压正极串联30k电阻经22V稳压管稳压，电容滤波后给UC3854一个启动电压，芯片开始工作。同时正极通过1mH电感、二极管UHV806给450μF电容充电。UC3854内部包含一个计算电路，对三路信号A、B、C按照公式AB/C进行计算，得到一个输入电流参

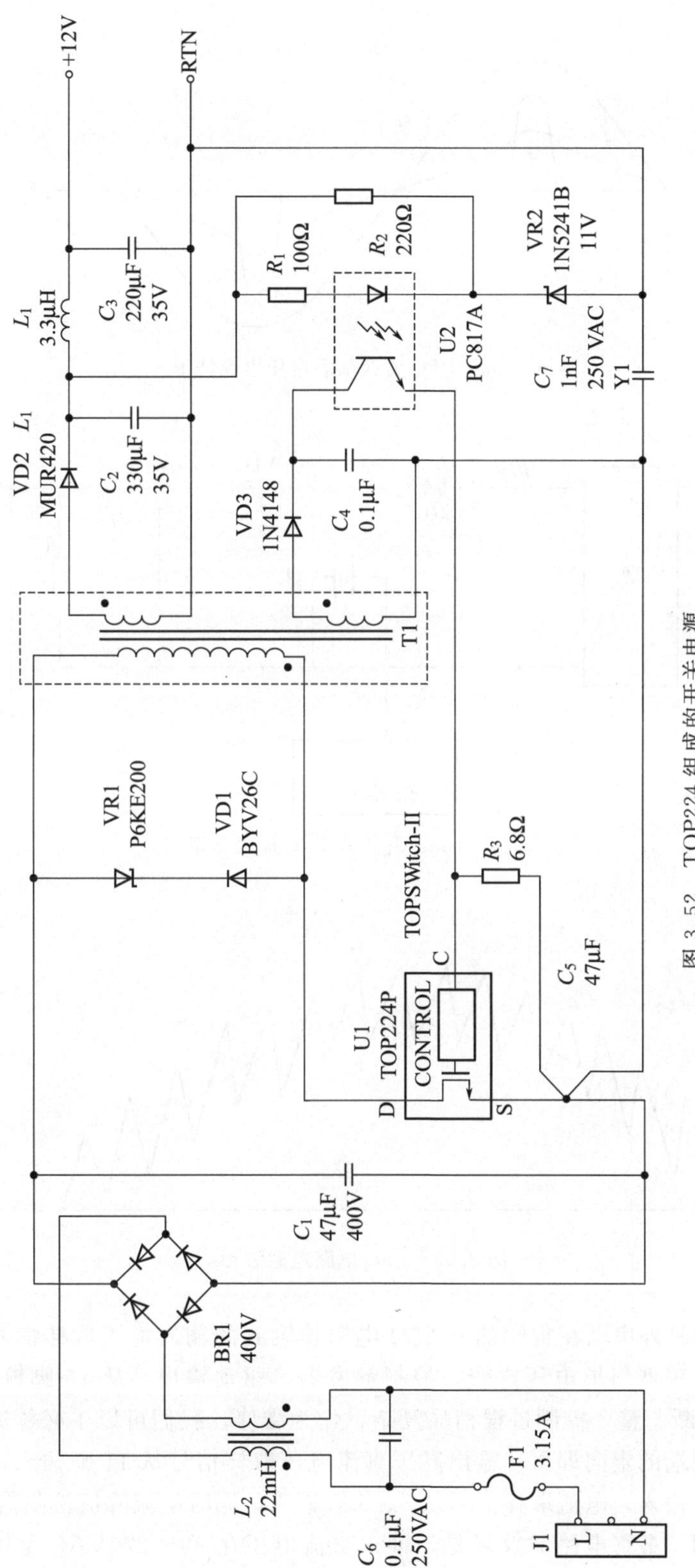

图 3.52　TOP224 组成的开关电源

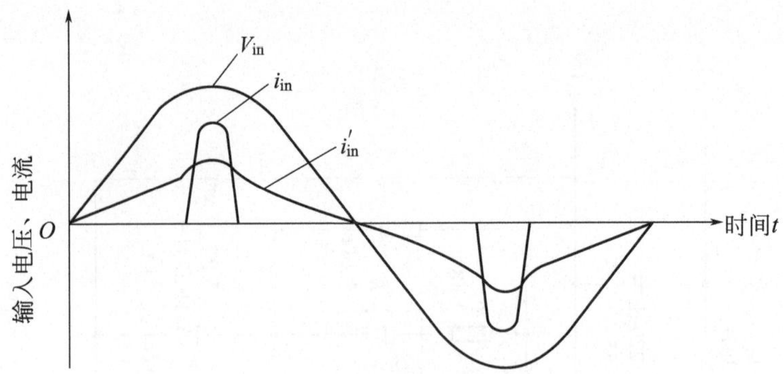

图 3.53 PFC 变换前后电压电流波形

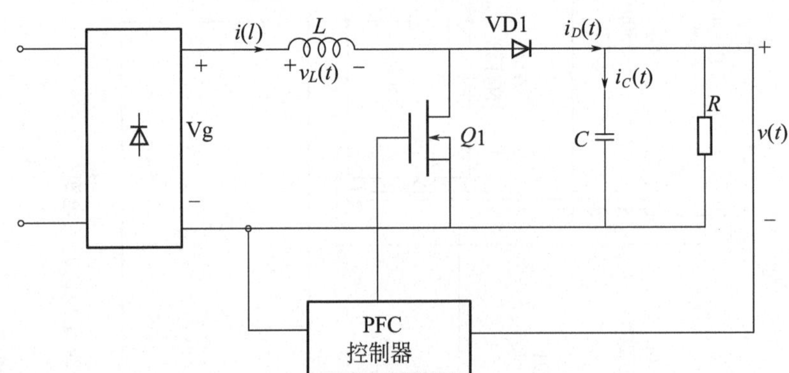

图 3.54 boost 升压式 PFC 原理示意图

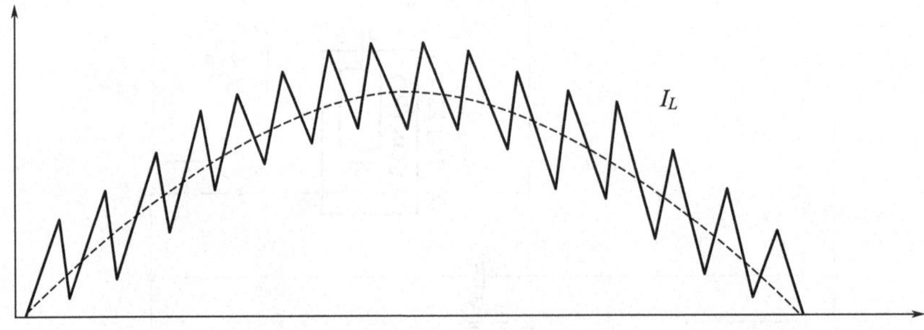

图 3.55 PFC 电路电感波形

考信号 I_m，I_m 和另外串联在负端的 0.25Ω 电阻检测到的输入电流取样信号进行比较，经误差放大后再和振荡器斜坡电压比较，控制触发器、驱动输出，从 16 脚输出 PWM 信号，控制 MOS 管的通断。整个控制过程稍显复杂，作为维修，我们可以不必深究，只要知道这几个信号输入控制端的走向即可：输出高压直流电压取样信号从 11 脚输入，反映输入电压大小的信号从 6 脚输入，电流取样信号从 4、5 脚输入，同时电流峰值检测信号从 2 脚输入，起到过流保护作用。最终电路的效果是，输入交流电压在 90～270VAC 范围内变化，输出都可以稳定在 385VDC。

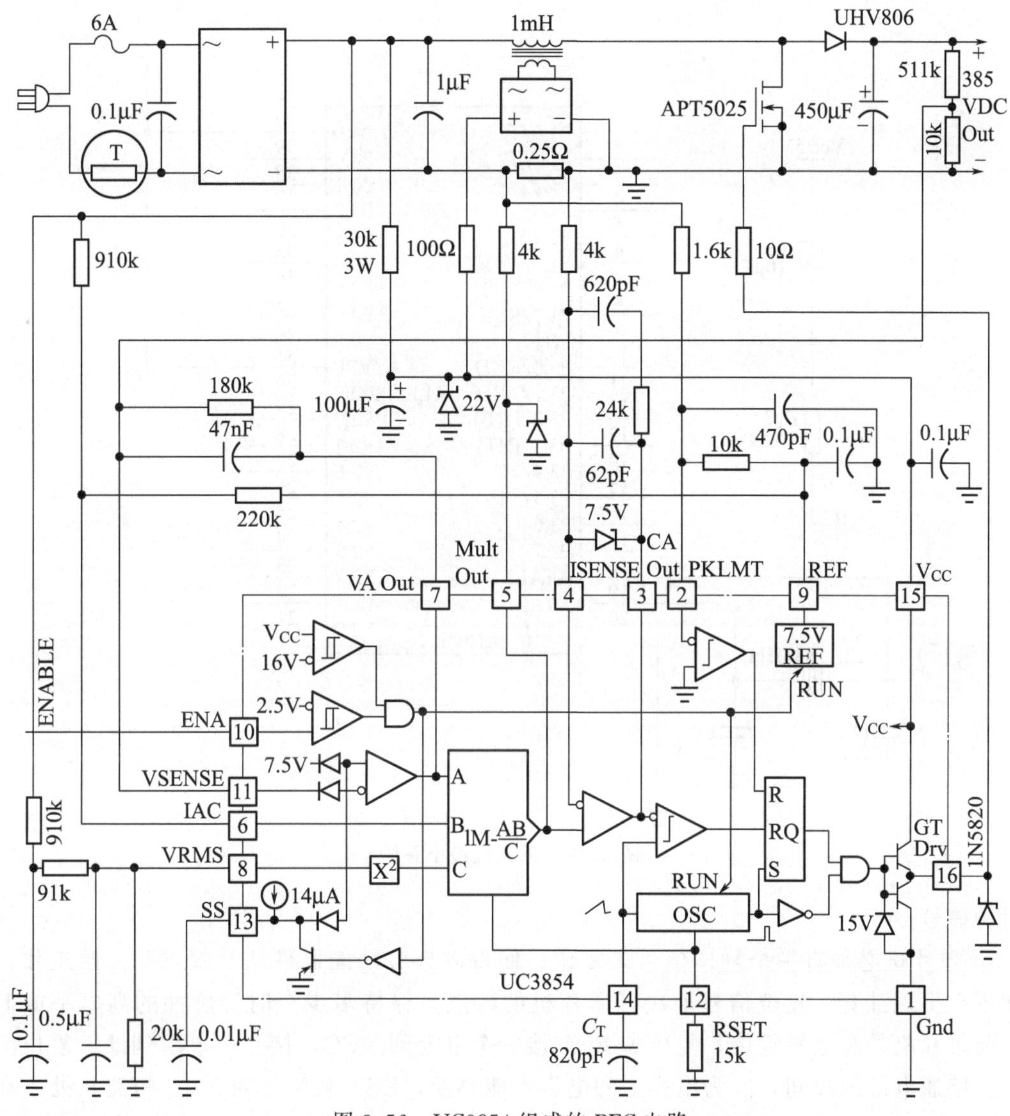

图 3.56　UC3854 组成的 PFC 电路

3.5　单片机电路

单片机组成的系统在维修中趋于常见，变频器、PLC、智能仪器仪表等工控常见设备，其控制核心就是单片机。了解熟悉了单片机系统的工作原理，在维修中就可采用一些有针对性的方法和策略，做到事半功倍。下面从一款常用的 51 系列单片机入手来了解单片机的工作过程。

图 3.57 是由 AT89S52 组成的单片机最小系统。

① 单片机工作需要保证稳定正常的工作电压，通常有使用 5V 电源或 3.3V 电源的单片机。此单片机使用 5V 电源，40 脚接 5V，20 脚接 0V。

② 单片机工作需要时钟信号，程序按照一定的步调执行，时钟信号的频率按照单片机的具体特点和应用的具体要求给定。此单片机外接晶体振荡器和电容，得到 22.1184MHz

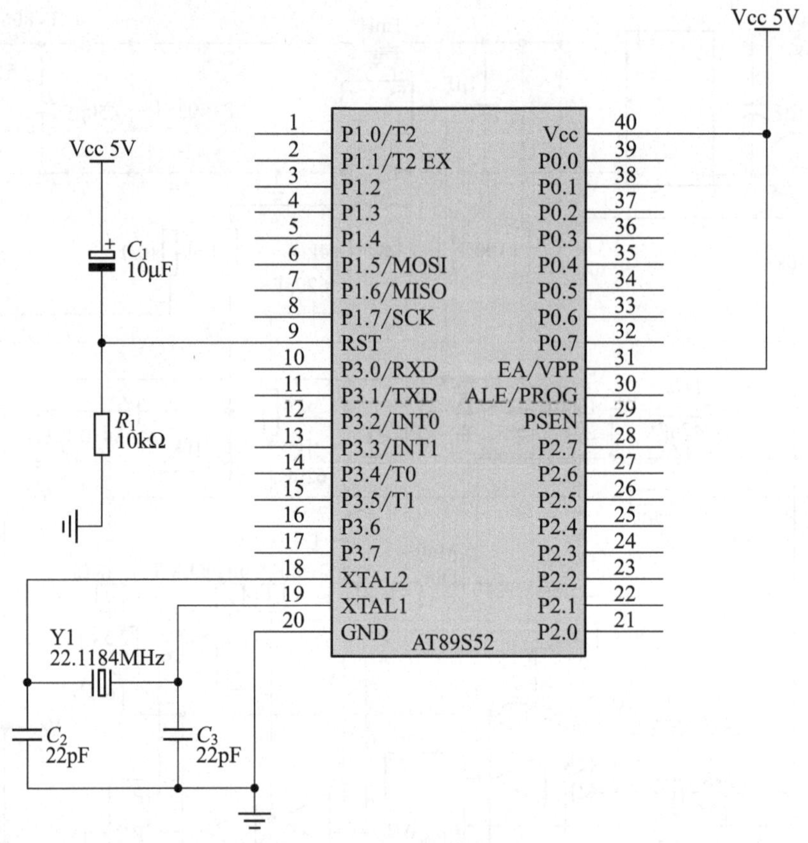

图 3.57　单片机最小系统

的时钟信号。

③ 单片机必须有一个复位信号来复位，使得内部各功能器件从“起点”开始工作，这样就不会出现乱套。复位信号取决于单片机的特点，保持多少个时钟脉冲的高电平或低电平。此单片机是高电平复位，复位脚 RST 接一个电容到 VCC，接一个电阻到地。复位的原理是：接通电源的瞬间，因为电容上的电压不能突变，RST 相当于对 VCC 短路，处于高电平状态，随着 C_1、R_1 回路给电容的充电，C_1 两端电压逐渐升高，使得 RST 变为低电平，C_1 和 R_1 的选值在某个范围就可以满足复位条件。

电源、时钟、复位是满足单片机正常工作的三个必要条件。复位以后单片机怎么做、做什么，那就交给软件来完成。

软件放在哪里？

放在程序存储器内。

程序存储器在单片机的什么部位？

内部不带 ROM 的或内部 ROM 不够用的，要到片外去找；片内有 ROM 且够用的，那就片内找。

程序是怎么进去的？

通过程序烧写器，或连接单片机和电脑的某种通信接口来录入程序。

此外，我们还看到单片机包含的 I/O 端口，某些端口既可以做输出，又可以做输入，有些端口还是复用的，如计时器端口、串行通信端口、中断入口等，端口的具体功能可由单片机程序来控制。有些输出端口是集电极或漏极开路的，输出需接上拉电阻。

总之，单片机虽种类繁多，千变万化，其基本结构也不外乎以上内容，其他无非就是在基本内容上的优化，及配合实际应用来配置端口和外设接法。例如复位，除了简单的阻容复位，还有用到专用复位芯片的，通过复位芯片监测电源电压情况，并正确给定复位信号。时钟信号，也有使用有源晶振，或芯片内部自带振荡电路。通信也有自带各种通信接口的。程序的存储有在片外的，也有在片内的，片内的又有一次性编程的和可重新编程的。根据数据位数又有 4 位、8 位、16 位、32 位单片机等。各种型号单片机都可以找到厂家提供的数据手册 datasheet，可以通过查阅这些数据手册来详细了解该型单片机的结构、应用方法，从而明确维修工作的方向。

3.6 变频器电路

变频器在国内使用日益广泛，变频器是相对高电压和大电流的设备，所以故障率也较高，维修量不少。

(1) 变频器的电路结构

图 3.58 是变频器的电路结构图。这是一个 AC-DC-AC 的变换过程。三相交流电（小功率的变频器使用单相交流）经整流桥整流后到滤波电容，得到直流电压。控制器控制六个大功率器件交替导通，电机线圈得到相对高频的交变脉冲电压，因为电机线圈电流不能突变，在线圈就会产生类似正弦波的三相交流电流，脉冲电压的频率是可控的，而电机的转速又跟频率成正比，所以变频器可以起到控制电机速度的作用。

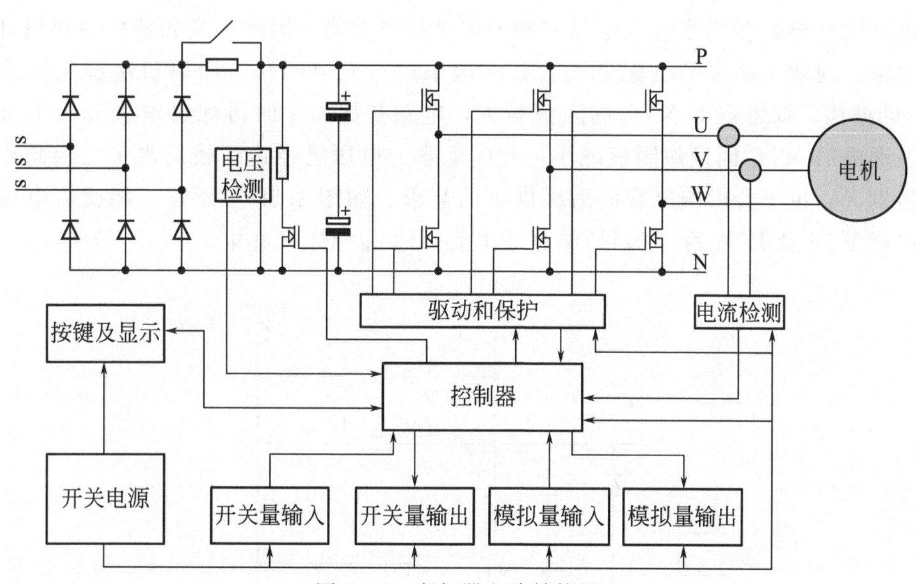

图 3.58　变频器电路结构图

为了更好地控制使用变频器，在变频器加入了控制信号输入输出电路、电压电流检测电路、按键及显示电路、制动电路，当然也少不了电源系统给各功能电路提供电源。

主电源由三相整流桥整流得到（小功率的变频器使用单相交流电源），整流后滤波电容充电的瞬间电流很大，对整流桥和电容的冲击会造成诸多问题。为了避免冲击，小功率变频器会在直流母线中串联热敏电阻，一般功率的变频器会使用继电器触点并接限流充电电阻的方式。此方式的原理是：变频器初始上电后，整流后电源通过限流电阻给后级滤波电容充电，串联的电阻限制了充电电流的大小，一个电压检测电路检测电容上的电压，当电压达到某个程度时，控制并联在限流电阻上的继电器触点闭合，此时整流后电源直接连充电电容，此时的电流就没有变频器刚刚上电时那么大了。电路既可以避免大电流冲击，又不至于让限流电阻长期串联在主电路中造成能量消耗和对后级的影响。在大功率变频器中，继电器则换成了晶闸管，其原理也是一样的，只是晶闸管比继电器机械触点能够耐受更大的电流。

变频器停止输出后，机械负载因为惯性作用会带动电机继续转动，如果要设法使其迅速制动，电机线圈切割磁力线产生很高电压，电压经 IGBT 的 C、E 极上反并的续流二极管全波整流后加到直流母线，会使直流母线上的电压升高，这对电路元件会造成损害。

能耗制动电路的原理就是通过检测直流母线上电压的大小判断电机是否处于制动状态，如果电压高到一定程度，电路控制制动 IGBT 导通，电容能量通过制动 IGBT 回路迅速消耗在制动电阻上，结果，电容上电压迅速下降，机械动能迅速转化为电阻热能，电机也就得以迅速停止转动。

回馈制动的原理，在母线电压判断上与能耗制动相同，只是将能量回馈给了电网。

(2) 变频器的主电源电路

变频器主电源电路除了各元件的选择要匹配相应的功率之外，还要考虑电路缓冲问题。我们知道，高压大容量电容在充电初始阶段的充电电流是非常大的，如果不加限制，无论对变频器电路元件还是变频器输入电源的冲击都是相当大的，因此，变频器的电路设计上都有相应的对策。对微小功率的变频器而言，一般采用在充电回路上串联负温度系数热敏电阻（NTC）的办法，即常温下 NTC 的阻值较大，电路初始通电时可保证电容充电电流不会太大，一旦通电后 NTC 因发热阻值减小，此时电容的电压已经达到较高水平，因此充电电流既不会特别大，也不会影响电容向后级供电的需求。如图 3.59 所示，三相交流电压经桥式整流后串联 RT5 及 RT6 两个 NTC 给高压电容 C133 及 C163 充电。

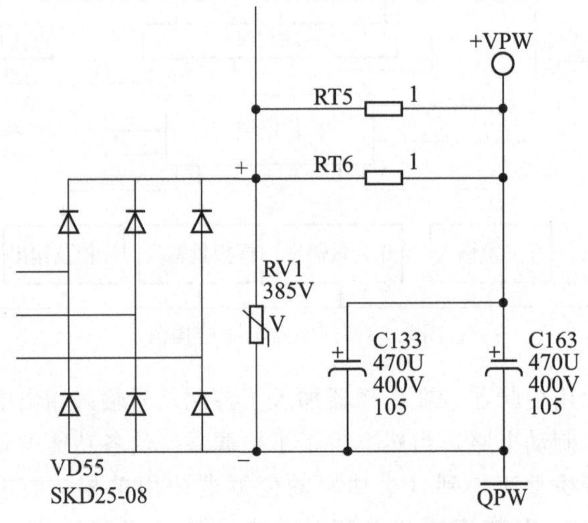

图 3.59　微小功率变频器的主电源电路

中小型功率的变频器的充电保护电路往往使用充电电阻和继电器的组合来实现缓冲保护。如图 3.60 所示，交流电源整流后通过串联的充电电阻 R 给电容充电，内部电路检测充电电压的大小，当电容电压上升至大于某个值时，继电器动作，触点 K 将充电电阻 R 短路，此时电流整流后直接给电容充电，因为电容上已经充电到一定电压，屏蔽充电电阻直接充电的电流冲击已经很小。电路的设计既避免了初始大电流的冲击，又避免了充电电阻对电路的持续影响。

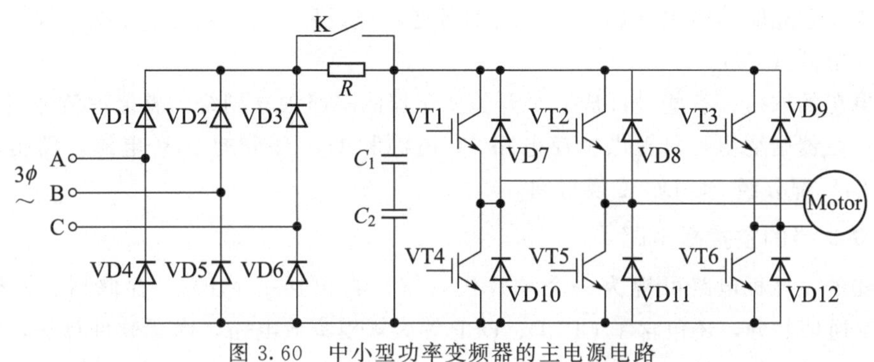

图 3.60　中小型功率变频器的主电源电路

大功率的变频器，其主电源电路的缓冲电路，原理结构与中小功率变频器差不多，只是将继电器换成了晶闸管，晶闸管不存在继电器机械触点的冲击，可通过很大的电流，可靠性也得以提高。

普通的变频器整流滤波电路，其直流母线上的电压，由于后级的负载变化而变得不稳定，电机制动减速作用产生的能量不能回馈电网，也导致直流母线电压的上升，对电路元件造成冲击。所以在高性能的变频器中，设计有可控的直流馈电电路。如图 3.61 所示，三相交流电源串联电抗器后通过并联在 IGBT 的 C、E 之间的二极管给电容充电，如果 IGBT 都不导通，这跟普通的桥式整流没有什么区别，而一旦 IGBT 有了合适的开关动作，电抗器回路被迫处于通断状态，其上产生的自感应电压就会叠加在电容上，因此，在电容上就可以得到比桥式整流更高的电压，可达 600VDC 以上。电容上的电压通过电子电路检测反馈到主控制板，主控制板精确控制 6 个 IGBT 的导通时序，既可以控制电抗器的电压正向叠加于电容，也可以控制电抗器电压在变频器制动减速时反向叠加于电容，此时电容上的电荷能量就回馈给电网，因此电容上的直流电压非常稳定。这个电路有点

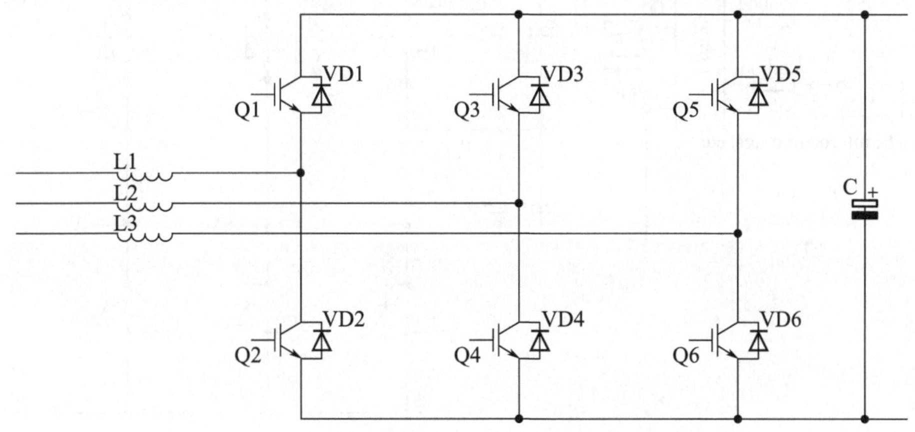

图 3.61　变频器的可控直流馈电电路

类似于升压式开关电源或者有源功率因数校正电路的升压电路原理，通过电感和电子开关的配合来提升电容上的电压。

(3) 变频器的开关电源电路

变频器的开关电源和普通的 AC-DC 开关电源结构差不多，要能满足多路电压的需要，典型的变频器开关电源，包括主控制 MPU 电路电源（5V 或 3.3V）、主控制模拟电路电源（±12V 或±15V）、I/O 电路电源（24V）、驱动电路下桥臂驱动电源（15～20V）、驱动电路上桥臂 3 路独立驱动电源（15～20V），另外还可能设置一个 DC-DC 转换模块，提供通信电路的独立电源（5V）。

各路电源的取得，有些设计成一个开关变压器的多路独立副绕组整流滤波输出，有些设计成开关变压器副绕组，只提供主控电路 5V 电源和 I/O 部分的 24V 电源，而驱动电路的电源再由 24V 部分经 DC-DC 变换得到。

(4) 变频器的主控板电路

变频器的主控板电路可视为一个单片机系统，它包括了 MPU、存储器、人机交互界面、I/O 及通信部分，还包含了 CPLD、DSP 等大规模集成电路，内置软件算法，配合电压电流的适时检测信号，达到精准控制。对主控板电路的理解和检修可以完全按照单片机电路来对待。

(5) 变频器的驱动控制电路

变频器驱动控制电路是以驱动光耦为中心的、弱电控制强电的转换枢纽，在几乎所有的变频器设计中，此类电路几乎形成了固定的模式，即：控制 6 个 IGBT，使用 6 个光耦，需要 4 组独立电源。下桥臂的 3 个 IGBT 因为发射极 E 连接在一起，3 个光耦输出端电源就可以共用一组。

以 IGBT 专用的驱动光耦 PC923 为例，如图 3.62 所示，来自 MPU 的 TTL 电平信号控制 PC923 内部 LED 的发光，LED 不点亮时，PC923 输出 O_2 是与 GND 导通的，IGBT 的门极 G 和发射极 E 接近－12V 的反偏置电压，IGBT 完全截止；PC923 内部 LED 点亮时，O_2 和 VCC 导通，IGBT 的门极 G 和发射极 E 接近＋12V 的正向电压，IGBT 导通。6 个驱动光耦都是一样的结构。

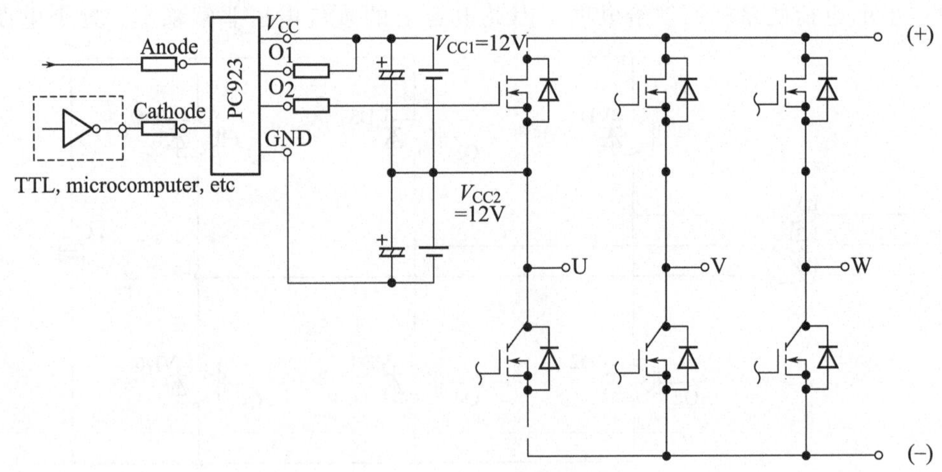

图 3.62　PC923 应用电路

(6) 变频器的电压检测电路

变频器的直流母线电压是重要的检测对象，检测分为比较检测和定量检测两类。比较检测是将检测到的电压和设定电压相比较，判断电压到位、过高或过低，及时输出控制信号，要求反应速度快；定量检测将检测到的电压进行数字量化，提供给主控板做数据处理。

图 3.63 所示是一款变频器电压检测电路。直流母线电压经过两个 220kΩ 降压电阻，在另两个 2kΩ 和 2.2kΩ 并联的电阻上得到一个随母线电压成正比变化的 mV 级电压，这个电压加到隔离放大器 A7840 的输入脚第 2、3 脚之间，经过 8 倍的幅度放大，在 6、7 脚输出。运算放大器 LF353 和周边元件组成差动放大器，输出电压大小是 U14 的 6、7 脚的电压差值，虽然电压幅度没有放大，但电流驱动能力提高，输出电压经电位器取样调节到合适的幅度在送后级电路处理。A7840 的输入端电源和输出端电源是隔离的，输入端电源是由开关变压器的一组副绕组经整流、滤波及 78LC05 稳压后得到。输出端电源则是和主控板共用的。

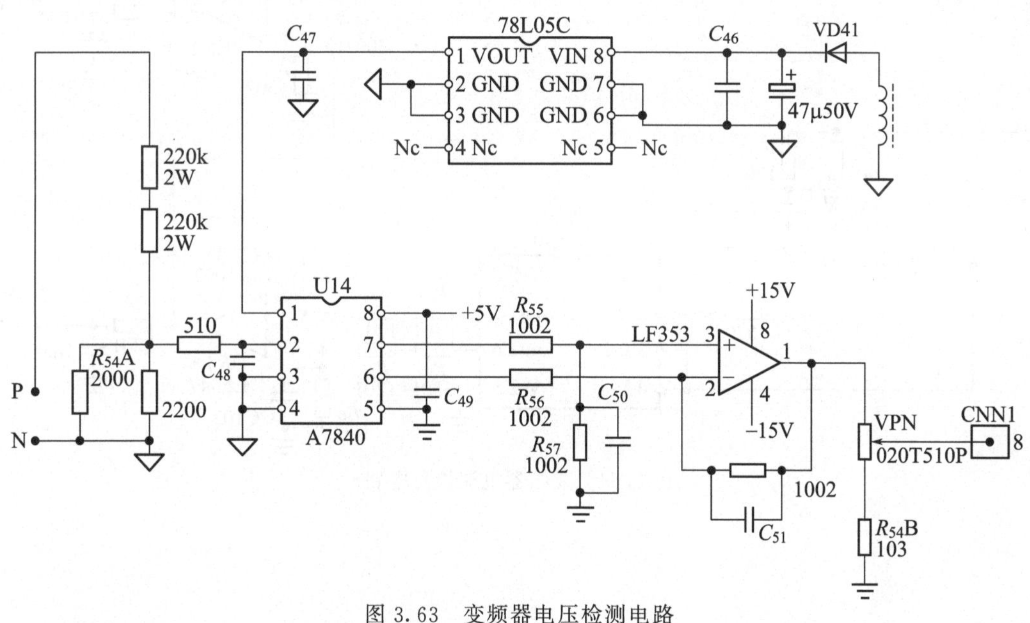

图 3.63　变频器电压检测电路

(7) 变频器的电流检测电路

小功率变频器的电流检测电路是采用在输出回路串联毫欧姆大小的采样电阻，在电阻上产生毫伏级的电压降，这个电压既不会给输出回路带来影响，又能符合隔离放大的输入范围。大功率变频器的电流检测则是采用霍尔传感器，利用输出导线穿过传感器产生的磁场大小来测定电流大小，霍尔传感器输出一个跟电流成正比的电压或电流信号，信号再送后级电路处理。

图 3.64 是串联电阻方式的变频器电流检测电路，在 U 相和 V 相分别串联了采样电阻 $R7$、$R60$，W 相没有串联采样电阻，但是知道 U、V 相电流后可以计算得到。当采样电阻有电流流过时，产生的电压降加到 A7840 的 2、3 脚，经过隔离放大 8 倍后从 6、7 脚输出。这些电流是有方向性的，A7840 的 6、7 脚输出电压差值可能是正的，也可能是负的，但 U、

V、W 三相电流的代数和为 0，根据这一规律，已知 U、V 相电流大小方向，就可以采用运算放大器的加减法电路来设计得到 W 相电流的大小方向。

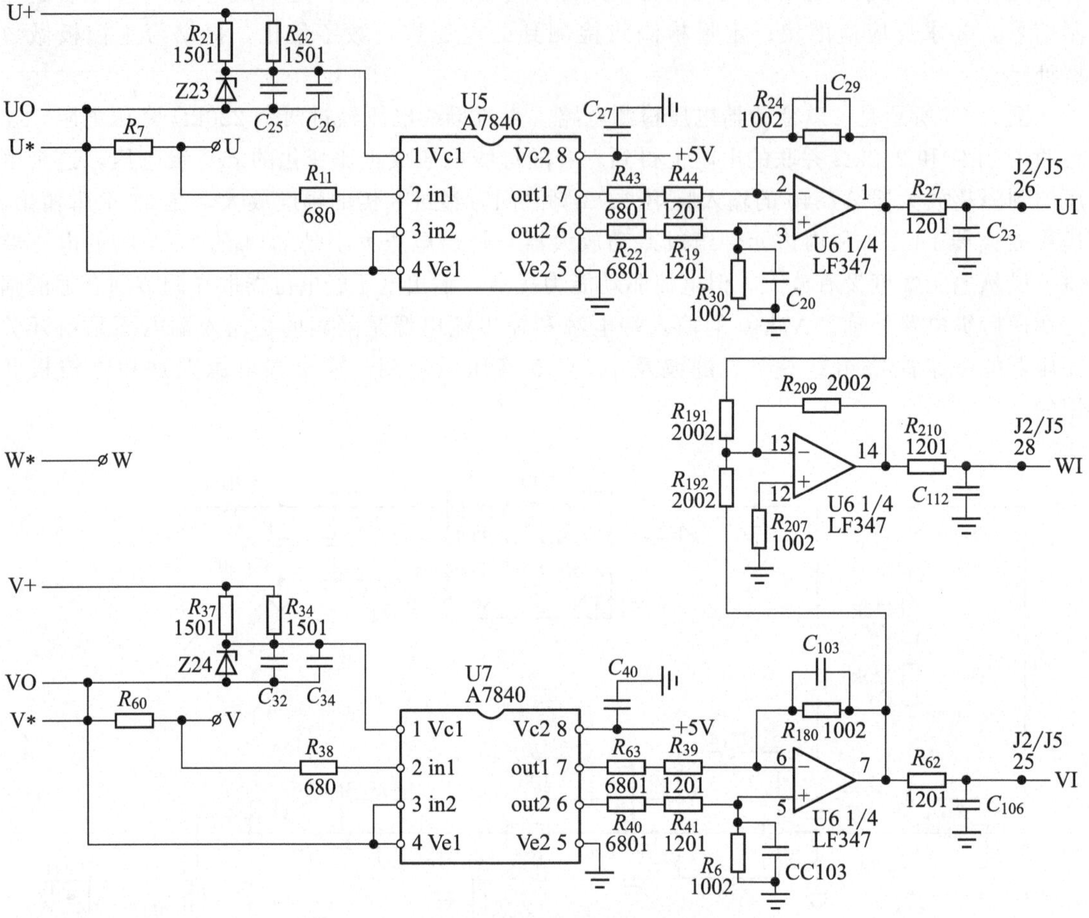

图 3.64　变频器电流检测电路

第 4 章 元器件测试详解

工控电路板维修讲究速度，所以我们须尽可能做到，元件不从电路板上拆下来就能够测试好坏，这样做的好处是在节省维修时间的同时，还可以避免拆卸对元件和电路板本身造成损伤。如图 4.1 所示，电路板分布着各种元器件，有电阻、电容，有二极管、三极管、集成电路，如果能不拆下任何元器件就可以测试判断好坏，就会减少很多麻烦。

图 4.1　元器件的在线测试

4.1　电阻元件的测试

(1) 在线测试和离线测试

对电阻的测试又分为离线测试和在线测试。为了避免麻烦的拆焊，造成二次故障，对各类元件的测试，我们要尽量采用在线测试方法，即不拆下元器件，不让元器件和 PCB 板有任何的分离，就可以通过各种测试来判断好坏。万用表在线测试电阻值是维修中频繁使用的方法，测试对象不单单限于电阻，一切因为损坏而导致阻值差异的元件或电路部分都可以通过测试阻值来判断。如图 4.2 所示，如果选取相同的参考点，那么完全相同的电路部分节

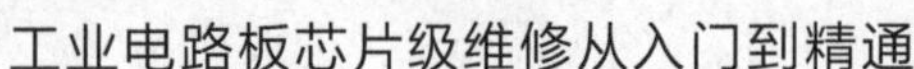

点，对参考点的阻值是一样的，如果有明显不一样，就提供了可能的故障线索。这些测试在线就能操作，简单却非常有效。

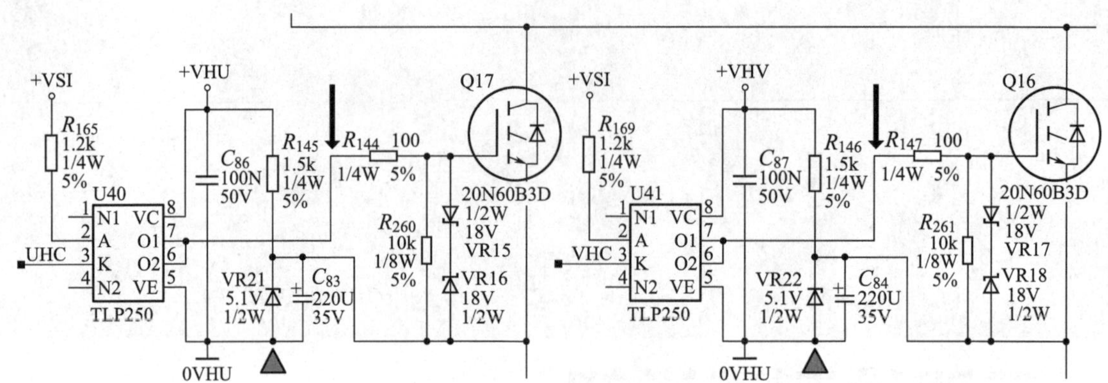

图 4.2　相同电路板或电路部分的对比阻值测试

(2) 在线测试阻值好坏判定

在线测试电阻，如果显示的阻值比标称阻值大，则判断该电阻损坏；如果显示阻值比标称阻值小，则看一下这个电阻标称范围，如果该电阻阻值在几百千欧姆以上，则需要考虑电路板脏污对电阻值的影响，可以用洗板水清洗电阻附近电路板，使用热风枪吹干洗板水后再次测试，观察与之前测试值有没有大的变化，对于 100kΩ 以下电阻，如果测试阻值比标称阻值小，可以基本不必理会。电阻的大多数实质性的损坏表现为阻值变大或开路，阻值变小极为少见，且大多是因为电路板脏污引起的并联效应，对于运算放大器周边的大阻值电阻尤其明显，所以，在维修与运算放大器相关的模拟电路时，应该引起注意。另外，在线测试时，应该注意电容并联的影响，经常有维修人员测试并联在大滤波电容上的泄放电阻时发现阻值很大，怀疑损坏，拆下后再测试又是好的。

(3) 万用表的选择

测试电阻时，选择万用表很重要。数字表能显示精确电阻值，定量测量有优势；指针万用表指针偏转显示阻值比较快速直观，定性对比测试阻值则更胜一筹。

在线测量判断某个电阻是否损坏时，一定要使用数字万用表，因为指针万用表的指针偏转受电路板上并联的非线性元件如二极管、三极管等影响很大。

普通低档数字万用表常采用双积分 AD 转换器来实现测试量的数字化，虽然这种方式能保证测量精度并且抗干扰能力强，但是稳定显示速度不够快。很多维修情况下，测试阻值是大量重复的工作，如果需要测试的电阻数量较多，就会比较耗时。所以工控维修适宜选用 2s 之内就能稳定显示阻值的万用表，如福禄克 179，189，289 等型号，一般宣称能测量真有效值的万用表，速度都可以满足要求。

指针万用表用来对比阻值非常有优势。当手头有两块相同的电路板或者含有完全相同电路部分的一块电路板，常规方法一时又难以找到故障时，对比测试往往会使得维修工作“柳暗花明又一村”。指针万用表的内阻相对数字万用表要小，在对比测试中，当测试大阻抗元件如 MOS 集成电路的对地或者对电源阻值时，数字万用表由于有很高内阻，电路噪声干扰的效果很明显，结果显示阻值会不稳定，胡乱跳动，而使用指针万用表就不存在这些问题，阻值差异会体现得比较明显。

（4）通断测试的用法

通断测试，实质也是测试电阻值，有不少故障是由断线或开路引起，判断出具体断路点才能修复故障。万用表有一个蜂鸣器挡位，测试的阻值小于某个值时，蜂鸣器就响起，可以通过这个功能来判断电路板上细小的铜箔走线的来龙去脉；可以判断电感、变压器的线圈的通断，了解线圈的连接去向；还可以判断小阻值电阻的大致好坏，听声音比直接看阻值要快速。

多芯片电路板的损坏，很多情况下表现为某个芯片电源端短路或者芯片引脚在内部对电源正负端短路，因此，使用电阻扫描法定位短路点比较方便快捷。具体操作方法是：以福禄克 189 型万用表为例，将万用表挡位置于蜂鸣器通断测试，如果不改变量程，此挡位将默认小于 20Ω 时，蜂鸣器响起，可以将黑表笔接 GND，然后红表笔扫芯片其他引脚，当蜂鸣器响起时，观察万用表上显示的电阻值，如果显示接近 0Ω，说明此引脚在电路板上走线是与 GND 连接的，可不用理会，如果显示 1Ω 以上，则可能有短路故障存在。对于引脚与 VCC 短路，可以红表笔接 VCC，黑表笔扫其他引脚。有些短路，表现并不是特别明显，阻值可能超过 20Ω，则可以改变蜂鸣器判断响起的量程，如福禄克 189 可以设置小于 20Ω、200Ω、2kΩ 响起。

（5）电桥 DCR 功能测试微小阻值电阻

小阻值的元件，如电感线圈、变压器线圈、毫欧姆级别采样电阻，使用万用表并不能判断好坏，而使用电桥的 DCR（直流电阻）测试功能则可以明显区分阻值大小。如果有相同电路板的元件，就可以通过对比测试来判断两个焊点之间是完全连接，还是通过小阻值线圈连接，这对于开关电源的变压器跑电路，分析电路走向很有意义。

公共电源的短路，例如 VCC 和 GND 短路，因为跨接在 VCC 和 GND 之间的元件很多，哪一个元件都可能是短路元件，用一般的方法不容易找到故障点，除了使用电烧法以外，使用数字电桥测试直流电阻值也不失为一个便捷的方法。具体就是分别测试元件的 VCC 和 GND 引脚之间的阻值，阻值最小的那个元件就是短路元件。这个方法基于的原理是，PCB 铜箔走线也是有电阻值的，真正短路的那个元件电源引脚的电阻值就是内部真实的短路电阻值，而其他元件电源端测试的电阻值除了那个短路元件的内部短路电阻值，还要加上它们之间铜箔走线的电阻值，这两个电阻值是一个串联的关系。这个铜箔走线电阻值，普通万用表分辨不出来，必须使用数字电桥。

（6）选择合适的测试挡位

测试元件的电阻值时，无论万用表还是数字电桥，都会施加一个电压给元件，加电压我们要尽可能模拟实际电压，所以在选择测试挡位的时候要灵活使用。一般数字万用表，可以提供 3～5V 的开路测试电压，而指针万用表×10k 挡位可以提供 11V 以上的电压。曾经测试一款 MLCC（多层陶瓷电容器）电容时，发现使用数字万用表测试不出损坏电容和正常电容有任何的不同，使用指针万用表×1，×10，×100，×1k 挡位也没有明显不同，而使用×10k 挡位测试时，发现损坏的电容有明显漏电现象。

（7）电阻（阻抗）比较法维修电路板

有些元件即使不是电阻元件，但是通过测试电阻值来判断好坏也是常用的，特别是对比阻值寻找故障的情况。相同电路结构，两个对应节点之间的电阻值应该是一致的，如果不一致，就为我们寻找故障点提供了线索。进行这类对比测试时应该注意以下情况：功能相同的芯片可能采用不同厂家或批次的产品，因为芯片的制造工艺不同，可能内部的电阻值会存在差异。另外在对比测试时，要注意参考点的选取，隔离电路的参考点隔离前后级不能相互参考。比如光耦测试前级电路时，不能以后级电路的地做参考，测试后级电路时也不能以前级电路地做参考；测试变压器初级线圈的相关电路时，不能从次级线圈的电路选择参考点，反之亦然，测试变压器次级线圈的相关电路时，也不能以初级线圈的电路做参考。

做阻值对比测试宜使用指针万用表，因为指针万用表的输入阻抗相对数字万用表低，在对比高阻抗输入元件（如CMOS电路）时，指针表不会出现数字万用表那种阻值飘忽不定的情况，而且指针万用表还有一挡×10k阻值测试功能，此挡可提供10V以上的电压，可以把相对高电压下元件的表现差异体现出来，避免漏掉某些不稳定元件的情况。

对比阻值测试时，使用万用表只能测试直流电阻，测试值稳定后，电路的电容值及电感值参数并未体现出来，而使用电桥对比阻抗，则电阻、电容、电感各种参数都会通过阻抗值体现出来。

使用数字电桥做阻抗对比时，宜选用1kHz，1V以上电压，这样就可以把半导体元件也考虑进去，因为0.7V以上电压PN基本都可以导通了，对比如有异常，也就可以通过阻抗体现出来。当然频率值的选取可以依据情况改变，尽量能够接近器件的实际工作频率。

4.2 电容的测试

很多维修人员使用万用表的电容测试功能或者一块电容表，通过测试电容容量是否准确来判断电容好坏，如果电容量下跌比较严重，这种方法也能够确认电容损坏，但是判断电容好坏，仅仅从电容量一项参数来参考是不够的。大多数电容的失效是因为损耗的增加，从而失去了原来的滤波作用。表征电容这个特点的参数有损耗因子 D 值、品质因数 Q、串联等效电阻ESR等，其本质都是一样的，取一项参数就可以知道电容品质好坏，但是取损耗因子 D 值最具参考意义。这些参数通常使用数字电桥就可以测试出来。

电容的耐压性能下降，可以使用晶体管测试仪测试耐压值。

铝电解电容是最常损坏的元件，全面测试电容好坏的工具是 *VI* 曲线测试仪或数字电桥。正常电容的 *VI* 曲线是标准的椭圆曲线，以横坐标和纵坐标为对称轴，损耗大的电容 *VI* 曲线为倾斜的椭圆，倾斜程度越大，电容内部损耗越明显。如图4.3所示。

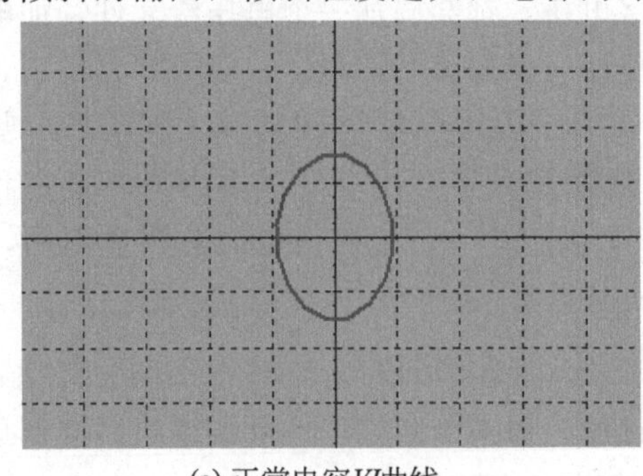
(a) 正常电容VI曲线

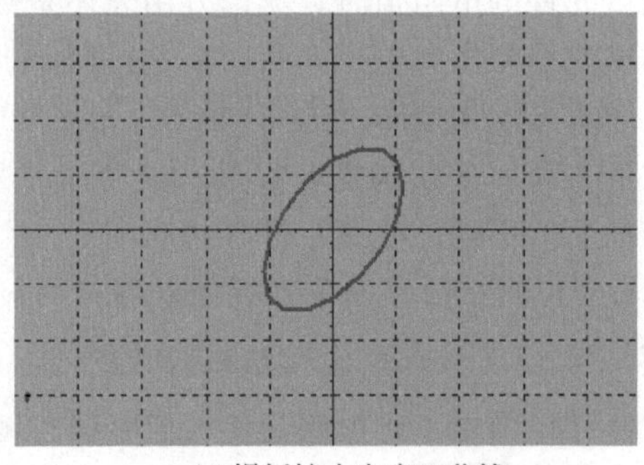
(b) 损耗较大电容VI曲线

图4.3 电容的 *VI* 曲线

数字电桥测试电解电容，频率设定为 100Hz（因为电解电容工作在低频），测试 *D* 值，正常电容一般 *D* 值小于 0.1，*D* 值大于 0.1，此电容性能已经下降，如果 *D* 值超出 0.2，电容不能用，必须更换。

电容如果从板上拆下来测试，比较费事，最好是在线测试，测试前应先在电容引脚下做好标记，确保测试时不落下每一个电解电容。无论 *VI* 曲线测试还是电桥测试，如果把测试正弦波交流电压设定为 0.3V 以下，最好 0.2V 以下（因为某些肖特基二极管导通电压很低，只有 0.2V 左右），这样就可以避免和电容并联的半导体元件导通对电容测试的影响，这种情况就可以在线测试电容，测试时，可以在一块电路板上对全部电容引脚做好标记，然后逐个测试，不落下一个。

对电容进行测试不能只看 *D* 值，电容量也不能下降太多，某些电容 *D* 值升高不明显，100Hz 下小于 0.1，但是容量下降太多，应引起注意，以免造成遗漏。

4.3　电磁元件的测试

(1) 普通线圈测试

线圈可以使用数字电桥在线测试电感量，因为电感线圈工作频率往往不低，可以设定 10kHz 以上频率下测试电感量，和标称电感量对比，不可相差太多。

(2) 变压器线圈测试

测试变压器主线圈的电感 *D* 值，来判断变压器是否匝间短路非常实用。具体方法是：数字电桥设置 0.3V 或以下，10kHz 或以上，测主线圈电感 *D* 值，如果 *D* 值大于 0.1（不同的数字电桥，可能数值有所不同，大家针对自己所用电桥，宜多做比较测试），则判断变压器损坏不能用，如图 4.4 所示。因为如果变压器有匝间短路，就会形成一个闭合的线圈回路，这回路的损耗使得 *D* 值迅速增加。为了有个直观的认识，大家可以在一个好的开关变压器磁芯上绕一圈闭合回路，比较回路通和断两种状态下的主线圈 *D* 值。

(3) 霍尔器件的检测

霍尔传感器有单电源和双电源的，有电流输出型和电压输出型的，电流输出型的，最终也是通过采样电阻做电流采样转换成电压输出。单电源的传感器，没有检测到电流，输出信号一般就是单电源的 1/2，例如 5V 供电的霍尔传感器，0 电流时，信号是 2.5V，然后根据具体电流方向，输出信号大于 2.5V 或小于 2.5V。如果 0 电流时，信号输出偏离中间值很多，比如 2.7V 或 2.3V，则可判断传感器损坏。也可以对传感器进行定量测试，可以将导线在传感器上绕多几圈，用维修电源给导线通一定电流，导线绕多一圈相当于增加一圈的感应电流，这样感应输出电压将会倍增，通过和相同的霍尔传感器比较输出电压大小，可以判断霍尔传感器是否损坏。

双电源的霍尔传感器，感应 0 电流时，输出 0 电压，感应不是 0 电流时，输出的电压正负及大小随着感应电流大小和方向改变。其检测方法和单电源霍尔一样，只不过中间电压是 0V，如果 0 电流时，输出电压不为 0，则判断霍尔传感器损坏。

(4) 继电器的测试

继电器常见的故障有线圈断线、触点不吸合、触点接触电阻大、触点烧死（常开触点不

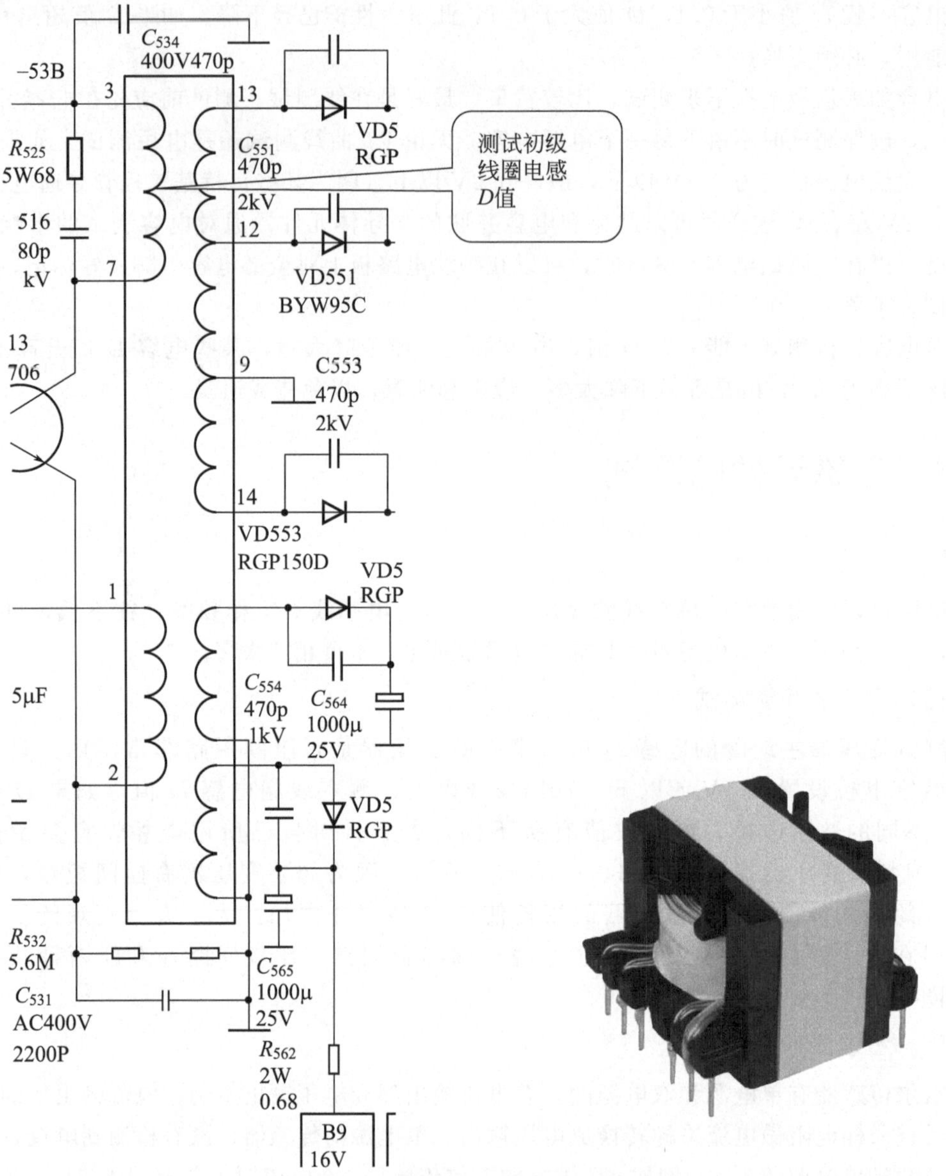

图 4.4　测试变压器的主线圈 D 值

能释放）。测试继电器是否正常的最佳方法就是通电测试，给线圈通上额定电压，再测试触点通断情况。直流继电器线圈都并接了续流二极管，在线测试的时候可以直接在二极管两端加上电压，注意电压方向和二极管方向相反，应使二极管处于截止状态。

4.4　保护及滤波元件的测试

（1）保险管的测试

保险是损坏概率较大的元件，有些是因为本身的老化及缺陷导致，有些是因为后级的短路引起，可以从保险烧断的痕迹判断。如果后级存在严重短路，保险内部会有严重的烧黑痕迹。保险管的好坏使用万用表的通断测试功能可以测试出来，但是对带有保险管座的保险测试通断时，应该测试保险管座两端是否通断，因为在实际检修中，发现不少保险管和管座接触不良的情形，如果直接测试保险管两端，就会忽略接触不良的情况。如图 4.5 所示。

(2) 滤波器的测试

有些滤波器是一个线圈，或者两个线圈，或者线圈和电容的组合，测试时可测试线圈的通断判断是否开路。

(3) 稳压二极管、TVS、压敏电阻的测试

稳压二极管有一个稳定电压点，可以使用晶体管测试仪来测试，也可以串联电阻，通以较高电压，然后用万用表测试二极管两端电压来确定稳压点。如图 4.6 所示。TVS 和压敏电阻也可以使用晶体管测试仪来测量电压击穿点。

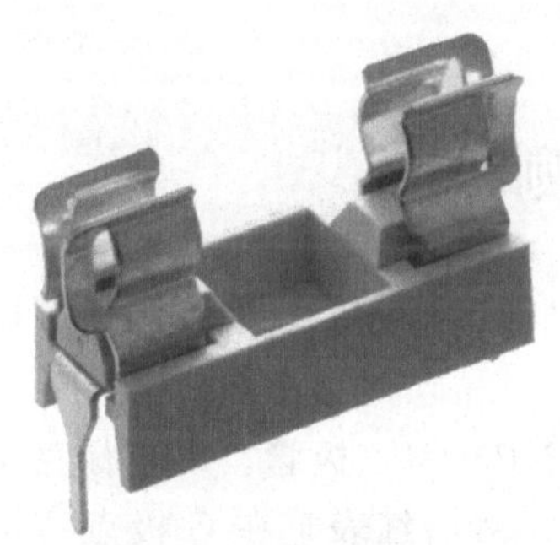

图 4.5　留意保险管座和保险接触不良的情况

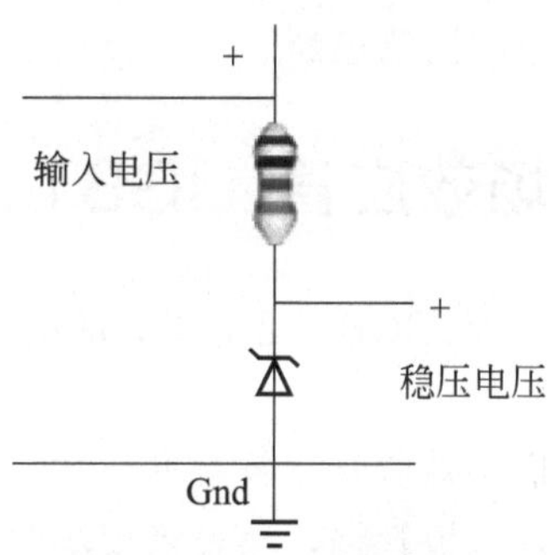

图 4.6　稳压二极管的测试

4.5　二极管、三极管、可控硅的测试

测试二极管时，较多使用数字万用表。以福禄克 189 万用表为例，将数字万用表置于二极管测试挡，当被测试的二极管正向电压低于 0.7V，万用表蜂鸣器会发出一声短促的响声，而当被测的二极管正向电压低于 0.1V，万用表蜂鸣器就会长鸣。普通二极管的正向压降在 0.4～0.8V，肖特基二极管的正向压降在 0.3V 以下，稳压二极管正向压降有可能在 0.8V 以上。因此我们除了可以观察万用表上显示的电压情况大致判断二极管的类型和可能的故障以外，还可以根据蜂鸣器的响声情况来判断二极管是否正常，这样在大量测试二极管或者三极管 PN 结的时候，仅凭听声音就可以判断，可以加快测量的速度。

三极管是电流驱动型元件，三极管有饱和、截止、放大三个状态，工业电路板中的三极管大多数做开关用途，工作在饱和或者截止状态，所以对电路板的三极管做在线测试时，在三极管的基极施加电流后，能够驱动三极管的集电极和发射极导通，三极管可视为功能正常。具体操作方法是：先通过查询三极管型号资料，了解三极管是 NPN 还是 PNP 型以及确定 b、c、e 三个引脚，如果是 NPN 型，则指针表选择电阻测试挡（根据三

极管功率选择挡位，功率越大，所需的驱动电流越大，宜选用×10Ω或×1Ω挡)，指针表黑表笔接b极，红表笔接e极，同时，数字万用表二极管挡，红表笔接c极，黑表笔接e极，给定驱动电流后，c、e应该呈导通状态，去掉驱动电流后，c、e呈断开状态。如果三极管是PNP型，驱动电流应该从e极流向b极，则指针万用表黑表笔接e极，红表笔接b极，然后数字万用表二极管挡红表笔接e极，黑表笔接c极，测试e到c的导通情况。

可控硅也是电流驱动型器件，可控硅功率越大，所需要的驱动电流也越大。通常200A以下的可控硅，使用指针万用表的电阻测试挡给定电流就可以，记住万用表内部提供的触发电流是从黑表笔出来，经过元件后，再从红表笔流入。测试单向可控硅的时候，黑表笔接触发极G，红表笔接阴极K，触发后，阳极A和阴极K就会导通，可以在阳极或阴极串联一个灯泡，然后接入电压，通过控制灯泡的亮和灭来判断可控硅是否正常。对于双向可控硅，触发电流则是在G和T1之间，触发电流方向可正可反，触发后T1和T2导通，灯泡串联接入T1或T2，接入电压。

记住三极管或可控硅的测试分成两个回路，一个驱动回路，一个响应回路，驱动回路给电流，响应回路测通断。

4.6 场效应管、IGBT、IPM的测试

场效应管、IGBT是电压驱动型器件，测试的时候更加方便，通常一只万用表就可以解决问题。

N沟道场效应管比较常见，其开关功能类似于NPN型三极管。以福禄克189数字万用表为例，置二极管挡，黑表笔接场效应管S极不动，然后红表笔在G极点一下，相当于给场效应管的GS结电容充电，电压可以达到4V以上，场效应管导通，然后红表笔接D极，此时场效应管应该呈导通状态，二极管蜂鸣器响起。然后用手同时捏一下G、S极，这相当于放电，然后再测D、S应该不通。P沟道场效应管GS之间是负压驱动，测试时注意极性即可。

测试IGBT可以完全比照场效应管测试方法，不过IGBT导通时，压降为晶体管导通压降，通常为0.2～0.6V，而场效应管导通压降几乎为0V。

IGBT还有一项重要的参数需要测试，就是耐压值。测试时需将IGBT的G、E极用导线完全短接，防止C、E误导通，然后使用晶体管测试仪测试C、E之间耐压值。

IPM测试需要提供内部IC工作电压，可以准备一个多路输出的开关电源，例如可以找一个IPM驱动板，其上有对应输出的电压，这个电压可以加至IPM模块的驱动端。IPM模块内部控制部分也大多是独立供电的，所以对IPM模块也可以分为几部分单独加电轮流测试。如图4.7所示，模块的1、2、3脚属于一组单独供电控制，4、5、6脚，7、8、9脚也是分组独立供电控制的，而11、12、13、14、15、16脚属于下桥驱动的控制部分，也是独立供电的。测试驱动是否有效，就可以先后给每一组电源脚加电，而不必同时加电。

不过对IPM模块，本测试只能测试驱动功能是否正常，IPM模块内部还包含温度保护、电流保护、电压保护等，这些保护是否误动作，则不太好确定，除了明显的模块损坏，判断IPM是否完全正常还得上机验证才行。

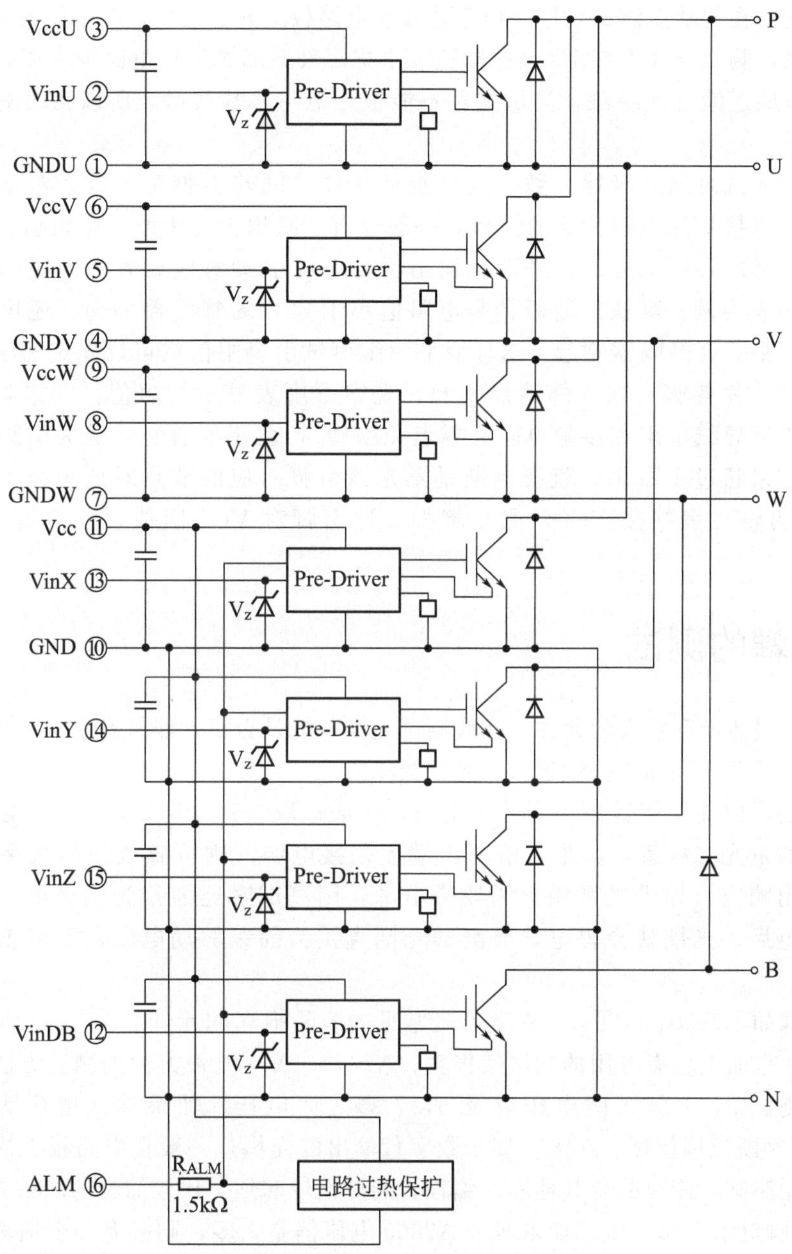

图 4.7　IPM 模块每一部分可以轮流加电测试

4.7　数字逻辑电路的测试

数字逻辑电路由 74 系列、40 系列、45 系列组成，大多数编程器都包含逻辑电路测试功能，我们可以选择要测试的对应型号，调用测试程序进行测试。

市面上也有专门的集成电路测试仪，可以对数字逻辑电路进行测试。

以上测试都需要将电路板上芯片取下测试，芯片太多的话，恐怕需要花不少功夫，还容

易造成断线或拆卸时导致芯片过热损坏等二次故障。市面上有在线测试仪号称可以不取下芯片，对芯片进行在线功能测试，但是由于芯片在电路板上并非独立，在电路板上还和其他元件有连接关系，测试仪并不能100%排除这些干扰因素，加之工控电路板采用贴片元件越来越多，而且有些还涂有绝缘漆，测试夹并不能很好地与芯片接触，所以在线测试往往并不现实。

根据大量测试总结的规律，数字电路损坏往往伴随着引脚对地或者对电源短路，而且短路也不是直接短路电阻为0的情形，一般会有1欧姆至几十欧姆电阻值。所以我们基本上可以通过通断扫描的方式，来迅速找出逻辑芯片引脚对地或者电源短路情况。以福禄克189万用表为例，默认的通断挡是电阻值小于20Ω时蜂鸣器响起，还可以通过量程设置成200Ω或2kΩ蜂鸣器响起。这样我们对地测试引脚阻值就可以固定黑表笔接GND，用黑表笔去扫芯片各脚，如果蜂鸣器响起，观察万用表显示的阻值，如果阻值几乎为0欧姆（一般表笔导线电阻和接触电阻有零点几欧姆），就不要管它，认为引脚在电路板上是接地的，如果超过1欧姆，就要判断是不是该引脚对应的节点对地短路了。扫描完对GND阻值，再将红表笔接VCC，黑表笔扫一遍引脚对VCC阻值，可依照对GND阻值处理。

4.8 光耦的测试

光耦也是损坏概率较大的元件，在线测试光耦功能是否正常非常有意义。根据统计，带内部放大器的驱动光耦和模拟量输入的光耦损坏居多。

驱动光耦可以使用指针万用表的电阻挡，一般选取×10Ω挡就可以，可以使用此挡点亮光耦内部的发光二极管，如果光耦输出端无须接电源，则可直接使用数字万用表二极管挡测试输出响应，如果光耦输出需要带电源，则测试时还需给光耦通电。有些电路板开关电源给电后，光耦就会得电，要测试光耦直接给前级驱动电流，万用表再测试响应电压就可以。

模拟光耦如A7800、A7840、A7860是常见的容易损坏的元件。A7800、A7840可以自制电路测试，市面上也有专用的测试架售卖。A7800、A7840最方便的测试方法就是不拆下通电，然后测试2，3脚之间电压以及6，7脚之间电压，如果输入电压为0，输出有－20mV，则判断光耦损坏。A7860属于数字量输出的光耦，一般在电路板上成对出现，要对其进行功能测试，需要配合其他芯片编程，测试比较麻烦。比较简易的测试方法是：通电后测试6，7脚对第5脚电压，如果两个A7860电压偏差太多，则必有一个损坏，这种情况干脆两个都换掉。

4.9 运算放大器和比较器芯片的测试

运算放大器和比较器是模拟电路的常用器件，对它们的测试以上电后检测各引脚电压为主，如果电路包含相同的部分，也可以通过对比电阻或电压差异来判断故障点。具体操作方法：先判断芯片部分是做运算放大器用还是做比较器用，如果是做运算放大器，则如果测试到同相输入端和反相输入端电压一致（偏差不超过0.1V，因为万用表的引入可能会引起误差），就判断此运算放大器是好的，如果电压不一致，再测试输出电压，看是否符合比较器的特点，即比较同相输入电压大于反相输入电压，则输出电压接近电源电压最高值，同相输入电压小于反相输入电压，则输出电压接近电源电压最低值。当然，像 LM339 之类的集电极开路的比较器，输出没有上拉电阻，是测不出高电平的。

如果测试不符合以上规律，可能就是芯片损坏，可以拆下来，使用集成电路测试仪单独测试。

4.10　存储器芯片的测试

存储器芯片包括易失性存储器和非易失性存储器，易失性存储器掉电后程序就会丢失，所以，如果电路板上有电池，那么最好不要轻易拆装电路板上的 RAM。这些 RAM 或者存储了日期时间数据，或者存储了用户设置的参数，除非你非常清楚能够重新安装或者输入用户机器的参数。部分编程器提供一些低容量的 RAM 的测试程序，如 6116、6264、62256、628128、628512 这些芯片，但是大容量的 SRAM 芯片，目前市面上没有合适的测试仪器，只能采用代换法来维修。

非易失性存储器芯片是可以复制程序的，OTP－ROM、EPROM、FLASH－ROM、EEPROM 和内部带电池的 SRAM 芯片，这些都是可以使用编程器复制程序的。如果怀疑损坏，可以找相同的电路板，从上面取下相同芯片，使用编程器读取程序，然后将程序写入到新的芯片里面。

4.11　复位和电压监测芯片的测试

判断此类芯片好坏，需要先了解处理器是高电平复位还是低电平复位。如果是高电平复位，则是系统通电后瞬间，复位芯片复位脚输出若干毫秒高电平，单片机运行稳定后就一直是低电平；相应地，如果是低电平复位，则复位芯片复位脚输出若干毫秒低电平，单片机运行稳定后就一直是高电平。我们可以使用万用表或示波器或逻辑笔测试复位脚的电平来判断，如果复位脚不符合以上逻辑，或者老是高低电平跳变，说明复位有问题，需要检测电源是否正常或者复位芯片的电压设置是否合适。

4.12　模数转换器及数模转换器的测试

这类芯片没有太好的单独测试手段，因为外围牵涉到的设置太多，但是可以在通电状态下重点测试以下各脚位的电压或波形状态：①电源脚电压是否正常；②参考电压脚电压是否正常；③模拟电压是否正常；④数字信号脚是否有正常波形。如果都没有异常，则可以通过代换法来确认。

4.13　处理器的测试

CPU 和 MCU 属于不容易损坏的元件，带程序的 MCU 有可能内部程序损坏，引起不开机故障，偶尔 CPU 有短路损坏故障，可以通过扫描对地电阻值或通电后摸芯片表面感受温度的方法来确认。

4.14 晶体振荡器的测试

晶振分为无源晶振和有源晶振。可以通过给电路板上电测晶振波形来判断晶振是否工作。只要有频率与标称一致的波形输出，晶振就是好的。测试无源晶振的波形可选晶振任意一脚对地测试，只要有一脚有波形就可以，而 4 脚有源晶振都是 1 脚空脚，2 脚接地，3 脚输出，4 脚接电源脚，测试时测试 3 脚对 2 脚波形即可。

示波器测试晶振波形时，示波器探头应该设置在×10 挡，此为 10MΩ 输入阻抗，以减小示波器探头接入对电路本身对影响，防止晶振可能停振造成误判。

数字万用表测试晶振输出端电压也可以基本判断晶振是否正常，那就是万用表置直流电压挡，测试晶振输出电压，这样测试的是一个平均电压，如果电压大约为电源电压的 1/2，表示晶振正常，如果对地电压为 0 或为电源电压，表示晶振很可能是坏的。当然最终的判断还是需要通过示波器观察波形的方式，只是用万用表测试电压比较方便快捷，如果晶振有 1/2 的电源电压输出，可以明确判断晶振是好的。

Chapter 5

第 5 章 维修方法和技巧

5.1 说点技术之外的话题

维修电路板不总是一件充满乐趣的事。很多时候你需要把时间耗在拆卸、安装电子元件上，或者不断地查找、阅读元件的数据手册 datasheet，或者不断地测试元件，这些工作对很多人来说显得单调、重复而无趣。但是，乐趣是在维修成功之后，维修成功是对你辛苦工作的最大回报。

还有就是维修的收益问题。对某事某物有兴趣爱好的话，爱好者往往是不计收益的。笔者就属于此类。自小笔者就对拆拆装装颇感兴趣，从单车、手表、电视、电脑，一直到工厂设备，一路修过来。从修好一件东西获得别人的肯定和赞许，到慢慢发现这个行业也能成就一番事业，直到自己开一家专业维修公司，平生兴趣所在和事业方向能够归于一致，就是人生最大的乐趣。

平心而论，常人眼中的维修并不被高看，所获酬劳，或可图温饱，如想借此致富，几乎不可能。如家电维修，现在想要致富，恐不现实。但工业设备，其价值同家电之类不可同日而语，维修费用也不能相提并论。因此能在这行成为高手，无论打工创业，可以说都算是前途看好。因此，无论喜欢与否，既然选择了工控维修这项工作，那就静下心来，把它做到最好。要耐得住寂寞，细心、耐心、恒心全上，当解决了一个个五花八门稀奇古怪的故障，就好像完成一件件完美作品，其乐趣和满足，若非身处其中，是很难体会得到的。

维修习惯的好坏，对维修的质量关系颇大。维修切忌心浮气躁、浅尝辄止，这样会让解决问题的机会悄悄溜走。反之，沉心静气、广开思路，深入全面一点考虑问题，可能会带来柳暗花明的感觉。手法毛糙会把本来容易解决的事情都搞砸，“大大咧咧”的“粗人”是不能胜任维修工作的。工作台面，各种工具物件，要摆放整齐，维修时要拆装有序，做好必要的记号。每一次维修完成后，要注意记录，下一次碰到相同问题，就可作为参考。

每一次维修完毕，须做好记录，使用数码相机或手机拍下维修的设备或电路板型号，拍下维修的电路板全部的照片或关键维修部位的照片，并一起记录关键芯片的数据及维修的解决办法。现在智能手机普及，照相功能甚至不输傻瓜相机，上网也是非常方便，笔者推荐下载一款云笔记软件，可把维修中拍的照片，维修心得悉数记下，上传到自己的云笔记空间，因为数据存于服务器，可以不怕丢失，又可以通过其他平台如台式电脑和平板电脑随时调用，很是方便。

注意维修安全也要作为习惯来养成，这包括人身安全和设备安全。维修现场各种高压，隔离防护必不可少；故障设备各种短路，该不该上电，上的什么电压，什么时候上电，不能糊涂。静电对电子元件可能有损伤，要使用防静电台面，穿好防静电衣服，使用防静电袋包装电路板。飞锡伤眼，热源伤手，毒气伤肺，机械致残，要时刻记在心上。保证生命安全，身体健康是做好一切工作的前提。

5.2 维修的步骤

拿到故障电路板后，先做什么，后做什么，要有顺序，要步骤清晰。不能急于动手，乱拆乱捅，维修不成，反致故障扩大，平白多做无用之功，徒耗时间和精力。

首先应尽可能详细了解用户反映的故障现象，多多询问故障发生时的情况，最好是从现场“目击证人”那里了解的故障。了解故障是突然发生，还是逐渐出现；是否特定情况下才会发生；故障发生时有什么报警。这样才好有的放矢，有针对性地去查找故障。用户所处的角色不同，他们看到的现象有时候只是表象，甚至故障描述与实际出入很大，作为维修技术人员，要善于甄别有用信息和无用信息。

接下来是“看板”，即目测检查电路板有没有故障点。可别拿“看板”不当技术。大量维修实践告诉我们：很多电路板的故障就是看出来的！看出来的故障既简单，又直接、明显，再与反映的故障现象一对照，很能说明问题。维修亦如医病，也讲究个“望闻问切”，“看板”当属望诊。

“看板”，要看些什么？

一看元件和线路有无受损痕迹。保险有没有烧断，板上元件有无明显的烧爆、烧焦，元件引脚有无锈蚀，接插件有无接触不良，电容、电池等元件有无漏液，线路铜箔走线有无腐蚀受损，元件、线路有无受到机械损伤，贴片引脚有无开路。为了看得清楚明白，可配合使用灯光和放大镜，不放过最细微的故障可能性。各种元件的损坏概率是不同的，比如铝电解电容，时间久了，一定会老化出问题的；各种环境下，板子各部位的损坏概率也是不同的，比如板上容易受热部位就容易出问题。看板的时候，对这些情况也需要有考虑，有重点。

二看板子的新旧年份。板上 IC 大多会标记生产日期，如 9622 表示 1996 年第 22 周生产的产品，品牌公司的设备组装所需的 IC 大多都是直接到 IC 厂家订购，所以设备出厂日期会稍稍落后 IC 上标注的日期，所以通过看 IC 的标注日期大概就知道设备的使用日期了，如此我们便可推算故障的大概类型。如果电路板使用年份在七、八年以上，元件老化损坏出故障的可能性大，如果板子使用在三、四年内，板子故障当属工作环境恶劣，或人员操作不当，又或纯粹随机因素。

三看板子是否他人修过。不少接修的板已经不是第一手的，经过他人之手，如果他人技术尚可，说明很多故障可能性已经排除，再次维修就有一定难度了，得做好啃硬骨头的准备。如果他人欠缺维修经验，经手维修后不仅最初的故障存在，可能还会增加新的故障。或者又可能他人已经找到故障点，只是处理手法不妥，比如焊接不良或接插不良，造成试机不好。看板时要留意他人维修痕迹，排除元件焊反、焊错、虚焊这些人为的二次故障。

“看板”也不能停留在简单的“看”上，看的同时，也要思考。须知我们面对的电路板大多是没有图纸的，有经验的维修者，必定是“胸有成图”，看到板的大概，就知其原理结构，头脑中关于此板的元件组合也会迅速清晰，维修预案初步形成。比如维修的是开关电源，那必定有个 PWM 芯片、开关管、开关变压器；维修的是单片机电路，那必定有晶振、复位、电源供给、程序所在这些信息；维修的是模拟电路，大概就有些电阻、电容配合在运放芯片的周围。

从见到板上实物到在头脑中形成图纸，为接下来的故障查找提供了指引。看不出明显故障后，就要动用必要的设备，如万用表、示波器、在线测试仪对电路板分通电和不通电两种情况进行检测，类似“望闻问切”的“切”诊。不通电的情况下，使用万用表的通断测试挡、二极管测试挡、电阻测试挡对元件进行测试，使用在线测试仪对元件 *VI* 曲线进行测试。根据用户反映的故障现象，检测时须有重点，最好一开始就点中穴位，比如机器有电压过高报警，大概就不要先在驱动电路上去折腾。有些元件，不从板上拆卸下来不能确定好坏，就要准备拆卸后测试。但是有个原则，要尽可能地对元件在板上测试，不到万不得已，不要去拆卸它，因为拆卸既要耗时，又可能造成连带二次故障，特别是那些密脚芯片，拆下容易，焊上可就相对困难了。

电源是造成不少故障的根源，电路板要正常工作，首先要保证电路板上电源部分的正常。电源的正常，包括电压大小、驱动能力、纹波系数这些参数，上电检测是最直观的方法。要准备一个变压器，功率 250W，能够将 220V 交流电压隔离变换成 12V、24V、110V、380V 等常见的交流电压，以应对不同的设备用电情况。要准备一个三路输出可调的直流维修电源，最大输出电流在 3A 以上，可以对板子的直流电源部位直接施加电压，模拟电路板的工作情况。设备或电路板通电后，有些故障情况可以直观显现，有些故障却不能观察得到，因为还需要连接负载和外围电路。条件允许的情况下，我们可以尽可能地模拟外围和负载。设备或板子上电后，要留意各种指示灯状态，各种报警信息，对照能够找到的相关手册说明文件，缩小故障查找范围。

对设备或元件进行拆卸时要留意各配件、元件的安装位置和方向，容易搞错的地方要做好记号，或者做照相记录，装配和更换元件时就可参照记号和照片，避免出错。

维修的关键在于找到故障点或故障元件，重要的是怎样“找”，找到故障点或故障元件后的处理工作就显得相对轻松了。

许多故障具有连带的损坏关系，损坏可能不止一处元件，比如元件因为短路损坏，那么与此元件串联的其他元件也是通过了大电流的，也有可能损坏。如果元件因为电压过高而损坏，那么与此元件并联的其他元件也是承受过高电压的，也有可能损坏，对于这些情况，要彻底排查。

维修后的测试收尾工作也须谨慎，装配和焊接时有方向的元件要参照板上丝印或拆卸时所做记号，杜绝焊错、焊反、虚焊的情况发生。通电检查时，要确认所加电压的大小、正负方向，避免到维修最后造成功亏一篑。

5.3 各种故障的概率及对策

了解各种故障的概率，能够理清检修工作的先后次序，明白检修重点，提高效率，节省工时，快速定位故障点。

经实际维修统计，设备电气部分损坏的原因概率情况是：因元件损坏引起的故障占总故障的三分之一，因线路板断线或腐蚀引起的故障占三分之一，另外因程序受损或参数调整引起的故障占三分之一。

一般来说，流过大电流的元件、加有高电压的元件是首当其冲容易损坏的，如开关电源中的保险管、整流桥、开关管，变频器中的IGBT、驱动光耦，PLC内的输出晶体管，各种功率相对较大的保险电阻，限流电阻等。这些可以使用万用表的通断测试、电阻测试、二极管测试挡位快速在线检查。

和外部通过端子有连接关系的节点是容易受损坏的部位，比如PLC的输入输出部位电路，电流检测电路的接口部位电路，485通信的接口部位等，因为这些部位接有传输线，比较容易受到端子插拔拆卸的影响，比较容易受到外部冲击和干扰。也可以通过测试各点对公共端电阻值来大致判断电路有无损伤。

除去加有大电流、高电压的元件和接口部位元件，在常见低压直流电路系统中，元件损坏的概率从大到小依次是：铝电解电容、电阻、光耦、瓷片电容、继电器、稳压管、三极管、钽电容、运算放大器、逻辑芯片和处理器芯片。

铝质电解电容是一定会老化损坏的元件，它的损坏只是时间问题，而且故障电容以1～330μF为常见，所以检查时要对用了一定年份的此类电解电容重点检查。

普通的带电容测试挡的万用表、电容表虽然可以测试电容量，但是电容容量没有下降并不能说明电容没有损坏，电容的好坏还需其他参数的正常来证明。除了电容的容量，我们还可以使用数字电桥测试电容的损耗即D值，比照正常电容的D值范围，D值偏差过大，说明电容老化需要更换。

VI曲线测试仪也是判断电容好坏的好工具。电容的标准VI曲线应该是以原点为中心的且横纵坐标轴都对称的标准椭圆，如果曲线歪斜，则说明电容ESR过大，已经老化。

电阻以开路或阻值变大最为常见，可以通过在线测试比较阻值是否超出标称阻值来判断电阻好坏。

光耦的损坏以驱动类光耦损坏最为常见，也可以通过在线模拟的形式来判断好坏。

瓷片电容的损坏表现为短路或轻微漏电，开路的情况见于贴片封装的瓷片电容，因为引脚受腐蚀而开路。轻微漏电大多数情况下无法测出，可将怀疑电容拆下，用电容表测其电容量，然后取相同容量电容代替，让电路板实际工作起来，观察故障是否消失。模拟电路中往往包括些许小瓷片电容，做反馈滤波之用，这些电容如果轻微漏电，可能使电路参数改变，造成电路工作异常，在检查各个元件后没有发现明显异常的情况下，可将那些小瓷片电容更换试试。

继电器的损坏表现为触点受火花影响氧化造成接触不良或完全不能接触，触点被大电流的焊接效应烧死不能释放。可以通过给继电器线圈加电，测触点的接触电阻来判断触点好坏。

稳压二极管因为要通过调节自身消耗的电流来稳定电压，当有机会通过较大电流时，也就可能造成损坏。另外，电路中的 TVS（瞬态电压抑制器）的损坏也是这个情形。

钽电容是很难出现故障的元件，但也偶尔有出现短路的情形，因为钽电容的 ESR 是很小的，给其突然加上电压，瞬间冲击电流非常大，如果电路设计者不考虑在其前级加上缓冲元件，如串联电感元件等措施，钽电容也是容易受损的。

运算放大器、逻辑电路（TTL 和 CMOS）、处理器芯片、存储器芯片等，一般情况下是很难损坏的芯片，除非受到外部冲击。所以在检查时不能过分纠结此类元件，只要检查元件各脚位是否对地短路即可。

电路板的腐蚀断线是比较常见的故障。可以观察电路板上比较明显的脏污部分和锈蚀部分，看一看电解电容或电池周围有没有漏液痕迹，观察 PCB 走线的绿油保护层是否被破坏。板上有油污和积尘的，先行清理，重点观察油污和积尘下电路板部分是否异样。可用万用表通断测试挡对怀疑断线的 PCB 网络进行检查。

有些故障并非电路板上的实质故障，而是机器的参数设置或软件有问题。这要在用户反映故障时就要详细了解清楚，有条件的最好现场观察故障现象，不可盲目动手拆修。比如变频器过流报警，应了解报警号是什么，是在哪个阶段报警，用户有否动过参数等。

5.4　维修方法之电阻法

采用万用表电阻挡测试来判断部分电路或单个元件异常的办法，是电路板维修中最常用且最容易发挥的方法。指针式万用表电阻挡也可以对二极管进行测试，数字式万用表则有单独的二极管测试挡，另外指针式和数字式万用表一般都有通断测试功能，我们把使用这几个万用表功能的方法叫做电阻法。

短路和开路是电路故障的常见形式。短路通过阻值异常降低的方法判断，开路通过阻值异常升高的方法来判断。判断电路或元件是否短路，粗略的办法是使用通断测试挡。通断测试挡测试时有蜂鸣器可以发出声音，一般万用表设计成电阻低于某个阻值时发出声音，比如 FLUKE189 测试通断默认电阻低于 20Ω 时发声。高档的万用表还可以设置通断发声的阻值点，比如 FLUKE189 还可以设置成小于 200Ω、2kΩ 发声，这在某些时候很有用。

小阻值元件，如保险、线圈可以通过通断测试来判断好坏，这些都很容易。芯片很多情况下的损坏表现为短路，主要是对电源端的短路，有些短路很厉害，很直观，有些短路则不那么明显，但确实损坏，芯片的引脚又很多，怎样在众多引脚中寻找到那只短路的引脚，定位损坏的元件，则需要些手段。现在根据笔者经验，介绍寻找短路元件的方法。

首先当然也要根据故障情况来确定目标检测部位，有先后顺序地来检查。在故障情况不明确，经过目测看板检查还不能确定故障部位以后，就要以电阻法来检查了。根据元件损坏的概率，大电流、高电压元件比较容易出问题，如保险、大功率三极管、场效应管、稳压二极管、TVS、大功率电阻等。以数字万用表为例，先将其置于通断测试挡，测试各保险管、保险电阻等有无断路，测试各大功率三极管、MOS 管有无短路，测试各组电源正负之间有无短路，这些测试工作都是顺手而为，耗不了多少工夫。然后将万用表置于二极管测试挡，测试二极管、晶体管的引脚间的二极管特性，各元件引脚正反测试两次，这些测试，耗时稍多。经过以上步骤后还没有发现故障，则将万用表置电阻挡，先测试那些大功率电阻的阻值。确认阻值无误后，再将万用表置通断测试挡，测试各芯片引脚对电源的正负端之间有无短路。以 FLUKE189 万用表为例，将其置于通断测试挡，设置阻值<200Ω 时蜂鸣器响起，然后将一表笔固定接于电源正或负端，另一表笔则在芯片元件引脚上快速扫过，扫过时要确保表笔与引脚有接触，引脚有绝缘漆则应用刻刀将其刮除。如此当蜂鸣器响起时就留意哪个引脚，并注意观察万用表上显示的电阻值，如果是万用表短接时显示的电阻值，则说明这个引脚在线路上就是和电源正极（或负极）相连的。如果大于表笔短接的值，如一点几欧姆或几欧姆，则应考虑此引脚对电源短路，与此节点连接的元件就有可能有损坏。以上方法要保证每一个节点对电源正负都测一遍，不漏掉一处找到故障的可能性。

根据维修统计规律，TTL 电路芯片、CMOS 电路芯片、I/O 芯片、无内部程序的单片机等各元件用短路测试法测试确认没有短路后，那么它的损坏可能性是很小的，1%的可能性都没有。掌握了这个规律后，如果我们经过短路测试没有找到故障点，就应该迅速将故障查找目标转向别处，而不应该再在这些元件上纠结。比如，一块电路板上包括很多 74 系列的芯片，我们将这些芯片的所有引脚对 0V 端做一次<200Ω 的排地雷式的短路扫描，然后对+5V 端再做一次扫描，没有短路，我们即认为这些 74 芯片都是好的，一般也不要想着拆下继续功能测试。

电阻的损坏有一个规律，即绝大多数的电阻损坏表现为开路或阻值变大，电阻在电路板上未被拆下来时可能并联有其他元件，如果此时万用表测电阻两端，读出的阻值就一定小于或等于电阻的标称阻值。如此可以对电路板上的每一个电阻都测试一遍，测得阻值比标称阻值小或相等，就放过，如果测得阻值大过标称阻值，那么此电阻必坏！当然测试时要注意电路中电容的影响，等显示稳定后再下结论，因为电容有充放电作用。

5.5 维修方法之电压法

电压法即给设备或整个电路板或电路板的一部分通以一定电压，通过故障再现或者监测特定节点的电压来判断故障的方法。电压法是最直接明显的故障查找方法，因为它可以模拟真实的工作情况。电压加入分直流加入和交流加入。

在用到交流电源的情况下，维修中一定要使用隔离变压器，一图方便，二为安全。维修的设备各国各款，电压制式不尽相同，比如大功率的变频器使用 380V 的三相交流电源；日本进口的工业设备很多使用三相 220V 交流电源，而它的民用市电使用的是 110V 交流；有些设备部分会用到 24V 交流；有些设备是 300V 直流输入。而在国内，维修间可用到的通常只有 220V 单相 50Hz 交流电压，因此我们可以通过采用一个变压器多组绕组变换的办法，得到满足维修测试所需电压，虽然不可以得到三相交流，但屏蔽某些设备的缺相检测功能，加单相交流维修是没有问题的，比如三相 380 交流输入的变频器，用单相 380 做维修测试电源也是没有问题的。用于测试维修的隔离变压器可以找变压器商家定制，功率 250W 即可满足大多数维修要求。输入 220V，输出 12V、24V、100V、110V、200V、220V、380V、400V，接线图如图 5.1 所示。再加交流电源测试时，如果不清楚开关电源的交流输入是 220V 还是 110V，看一看整流后的滤波

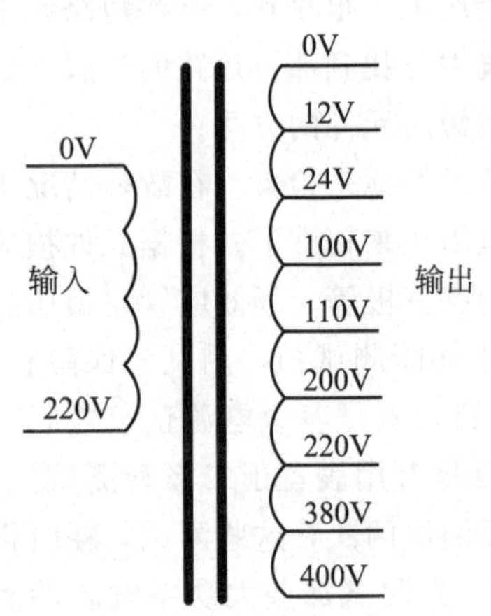

图 5.1　维修使用隔离变压器

电容的电压值就知道了，比如电容耐压 300V，则输入肯定不是 220V 电压，因为这样耐压的裕量就不够了。

维修测试使用的直流电源采用具有三组独立直流电压输出的，其中两组电压电流可调的直流电源，电压可调范围在 0～30V 之间，电流可调范围在 0～3A 之间，并且可调两组电压输出还可以通过串联或并联的方式来提高电压或电流的输出范围，不可调的电压是 5V。

大多数的控制板结构是这样的：处理器部分是 5V 或 3.3V 的工作电压；模拟电路部分 ±12V 或 ±15V 或 12V、15V 的单电源工作电压；光耦输入接口、继电器接口是 12V 或 24V 的工作电压。在确认电路板上的各部分电压大小，并且排除电源短路后，大致估算一下电路板的工作电流大小，将电源的电流旋钮置于电流不是太大输出的位置，在做好电流保护的情况下就可以直接加电测试，不必担心烧坏东西。当然，加电时必须注意电源正负，不小心搞反方向可能带来严重后果。

加电之前，要先找到电源节点。确定加电节点的方法如下。

① 找到稳压芯片的输入输出及接地端，再确定电压加入点。比如 7805 稳压芯片组成的稳压电路，如果测试要求给 5V 系统供电，就可以在 7805 的电压输出端和接地端接 5V 电压测试，如果 5V 之前还有电路需要测试，则可在 7805 的输入端和地端之间加 8V 以上的电压。

② 通过查看芯片的数据手册，找出电源脚，确定电压加入点。比如 TTL 芯片的工作电压是 5V，通常芯片第一排的最后一脚是接地脚，而第二排的最后一脚是电源脚，加电测试时，可用导线或电阻的引脚焊在芯片的对应电源引脚上，然后用鳄鱼夹将测试电源夹在引出的导线或引脚上。

③ 对于电源电压不明确的板子，找到大的滤波电解电容，一般情况下，电容正负两端就是电源端，通过观察电容上标注的耐压值还可估计系统所用电压大小，如 50V 的电容耐压，所加电压是 24V。

5.6 维修方法之比较法

维修时，可以测试相同两块电路板相同节点上的电阻、电压、*VI* 曲线，加以对比，来寻找故障线索，也可以对比测试一块电路板上相同电路结构的节点电阻、电压或 *VI* 曲线来判断故障。我们将此法称之为比较法。

某些情况下，一样型号的电路板可能使用了不同厂家的芯片，比如同是 74HC00 芯片，有可能是飞利浦的，也有可能是德州仪器的，因为厂家采用的芯片工艺不尽相同，在对比电阻或曲线测试时，会测出差异，这种情况是正常的，不必纠结。这种情况一般会在一批测试节点上全部体现，如果只有某一个别节点出现差异，则需要重视。

数字万用表的内阻很大，在测试 CMOS 之类芯片引脚对地电阻时，会有电流振荡，出现阻值不稳定现象，影响判断，这种情况宜使用指针式万用表来测试电阻。但指针表测试时要红黑表笔对换测试两次，以防芯片内部的二极管钳位作用影响判断。

比较法是检修某些疑难故障的良策。事实上，排除电路板上芯片有短路的嫌疑后，芯片本身损坏的几率并不大，很多情况下，故障是由断线造成的，如果目测看板不能检查出断线点，则比较难办，此时如果有好板或者不同故障的坏板对照，对节点进行电阻

测试或者 *VI* 曲线测试，若能测得电阻或曲线的明显差异点，就有了检修线索，往往有“柳暗花明”的感觉。

5.7 维修方法之替换法

对于无法测定好坏，或测定比较困难的元件，可以找相同元件来替换，然后上机测试，观察故障是否消失。替换法的总体原则是：使用相同或更高参数规格的元件来替换原来的元件。当然，如果手头缺乏相应的元件，在分析了电路结构后，确定使用参数降级的元件没有问题，参数降级代换也未尝不可，如上拉电阻，使用1%精度和5%精度的对频率不高的电路影响不大。

元件代换，宜考虑多方面的参数，如代换电阻时，除了考虑阻值，还应考虑精度、功率，乃至耐压、高频特性等参数。代换电容时，须视情况考虑电容量、耐压、精度等参数。又比如电路中要替换的元件是74F00，就不能用74HC00来替，因为两种芯片的速度是有差别的，74HC00的速度是不及74FC00的，代换以后恐因信号响应不及出现逻辑错误。74HC00的速度是不及74FC00的，代换以后恐因信号响应不及出现逻辑错误。又比如AT28C010-12和AT28C010-15存储器芯片，虽然内部逻辑结构一样，但是工作速度有区别，AT28C010-12是120ns，而AT28C010-15是150ns，代换时，高速芯片代替低速芯片可以，但是低速芯片不能替换高速芯片。

理论上，如果电路板不包含有程序元件，那么将板上元件全部替换总归可以修好这块电路板，但是要确保焊接技术过硬及全部更换的成本问题，另外还要考虑最大的元件——电路板本身的故障。

5.8 查找维修资料的方法

过去互联网没有现在这般发达，维修资料查找通过购书或收藏或实际维修记录来积累，自是相当的不便。如今互联网大众普及，维修方法与手段也当与时俱进，受益于斯。常见的工控行业设备的使用说明书、维护手册，各种元件数据手册，大抵都有寻找的地方。还有不少专业论坛，针对某型某款设备的维修甚至都有详细的讨论。这些免费的资源，颇有参考价值，技术人员可在维修工作中善加利用。

在搜索引擎里搜索与维修物件相关的关键词，配合一些巧妙的关键词搭配，搜索出来的结果，总有些蛛丝马迹，提示我们一些可行的维修方法。比如碰到三菱的伺服驱动器报警不工作，我们可以把伺服驱动器的型号及报警号做关键词在搜索引擎中输入，搜索引擎可能就会列出相应的维修信息，比如这个报警号对应的是什么故障，哪些地方可能损坏，甚至更换了什么元件修好了。这些信息，我们不妨拿来就用，省却许多翻手册的麻烦，对于典型的具有统计规律的维修案例，甚至仔细检查的步骤都省了，可按网络搜索的信息提示直接更换某个部件即可。

有很多网站对电子元件的datasheet（数据手册）提供查阅和下载。常用的元件资料比较齐全的网站有以下几个：

优先推荐IC资料网：http：//www. icpdf. com，资料齐全，速度快。

资料比较全的网站 http：//www. alldatasheet. com，想查什么元件都可以，芯片、晶体管、继电器，甚至 LED，无所不包，但由于是国外服务器，有时下载会卡。

注意事项：查找数据手册时，注意输入合理的元件前缀和后缀，有助于更快找到你要的东西，还要注意右边芯片厂商的 logo，要选择与芯片上标注一致的厂家，因为某些芯片特别是日系芯片，上面的标注并不完整，有许多雷同的关键字，此时要结合芯片的实际封装和厂商搜索才行。例如 7805 关键字对应的搜索结果，器件可能是三端稳压器，也可能是 ADC 芯片。某个简单的关键字搜出一大堆器件却未必能找到你想要的。

国内的网站——盛明零件网 http：//www. icminer. com，下载资料也比较快，种类也更齐全，甚至元器件厂家不大公开的一些资料也被扫描做成 pdf 文档资料，当你寻遍其他网站一无所获后，在这个网站试试可能就有惊喜，唯一的不便就是要注册，每次登录后才可下载。

另外以下几个网站也不错：

http：//www. 21icsearch. com

http：//datasheet. ednchina. com

http：//cn. datasheet. in/

http：//datasheet. eeworld. com. cn/

小贴片元件只打代码，一个代码对应相应型号的元件。要查找贴片元件代码，找到对应的元件型号，首先考虑从淘宝上去搜索，方法是：在搜索栏输入贴片元件的代码和封装，商家一般会把对应贴片元件的代码封装的具体型号列出来，然后可以参考这个型号，搜索它的数据手册。

可以从网络下载贴片元件代码表，从代码表查找。有些有心的网友还把代码表输入数据库，做成一个数据库查询软件，用起来也是相当的方便。

很多情况下，电路板取自客户的关键控制设备，没有备用板，维修时间紧迫，对维修效率要求比较高。很多进口的设备，电路板上的元件可不像家用电器中那么常见，需要弄清楚其工作原理才好下手维修，但对于维修人员来说，某些元件还是第一次见到，或者以前见过，但要综合分析电路板的功能，还得查阅这些元件的数据手册。所以如何快速查找元件资料显得比较重要，在此根据笔者使用经验提供一个快捷之法。

维修经验

我们可以在网上下载“百度桌面”这款软件，安装后会在电脑屏幕的左下角出现一个输入栏，平时在网上下载的数据手册可以专门存放于一个文件夹内，久而久之，常用的一些文件的 pdf 文档都有了，我们只要在屏幕左下角这个“百度桌面”的输入栏里输入所查元器件的关键字，相关的文件就会迅速出现在输入栏的上边，点击这个文件，就可以迅速打开所需的文档资料。

如图 5. 2 所示，输入相应的关键字以后，所有与关键字有关的文件都会出现在输入栏上面，点击所需的文件名，即可打开相应的文件。 平时可以把那些常用的元器件资料如 74 系列芯片、40 系列和 45 系列芯片、常用光耦芯片、各种模块资料等都存放在硬盘中，以后即使不能上网，资料查找也是相当的方便。

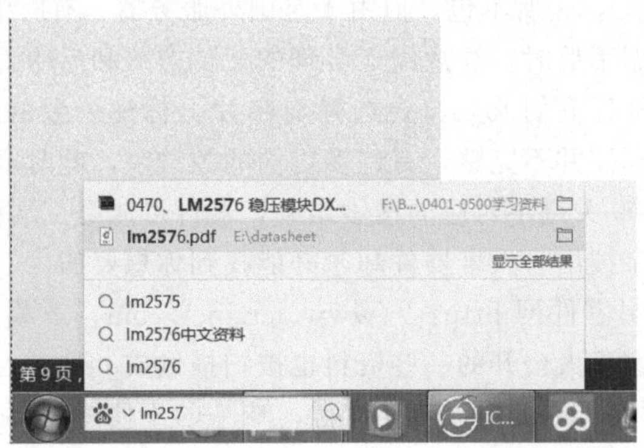

图 5.2　安装百度桌面搜索元器件数据手册

5.9　如何看元件的数据手册

绝大多数的元件数据手册（datasheet）都不提供中文，如果英语不好，看起来就比较吃力。但是有维修的专业基础在，再加上翻译软件的帮助，把关键的地方弄明白了，对于维修来说也就足够了。

下面以实例说明，如图 5.3 和图 5.4 所示，一份完整的芯片数据手册大致包括如下几部

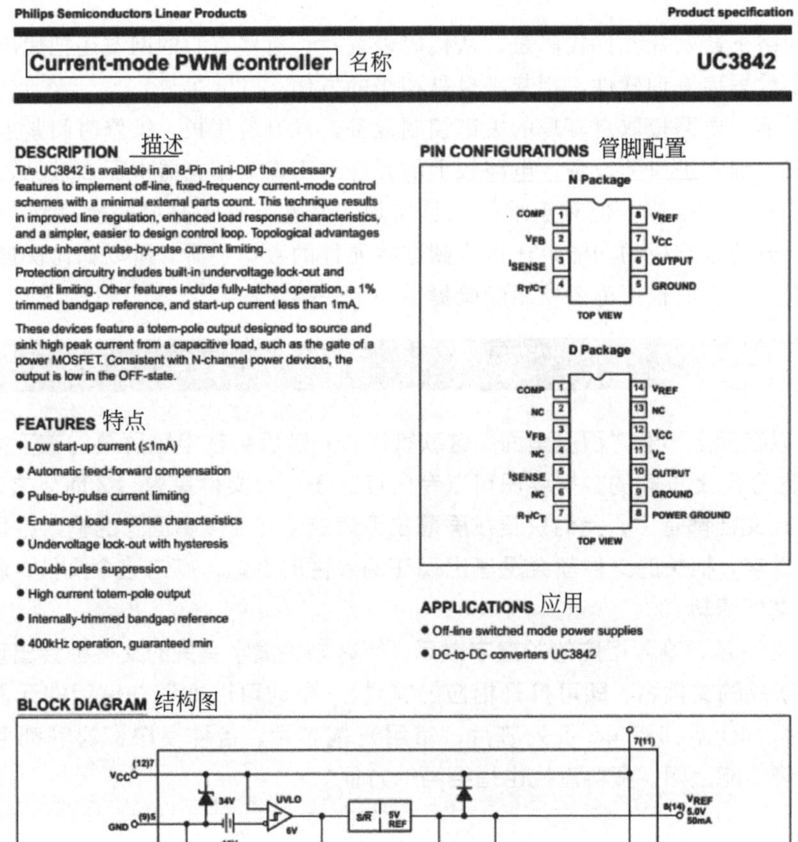
Philips Semiconductors Linear Products　　Product specification

Current-mode PWM controller 名称　　**UC3842**

DESCRIPTION 描述

The UC3842 is available in an 8-Pin mini-DIP the necessary features to implement off-line, fixed-frequency current-mode control schemes with a minimal external parts count. This technique results in improved line regulation, enhanced load response characteristics, and a simpler, easier to design control loop. Topological advantages include inherent pulse-by-pulse current limiting.

Protection circuitry includes built-in undervoltage lock-out and current limiting. Other features include fully-latched operation, a 1% trimmed bandgap reference, and start-up current less than 1mA.

These devices feature a totem-pole output designed to source and sink high peak current from a capacitive load, such as the gate of a power MOSFET. Consistent with N-channel power devices, the output is low in the OFF-state.

FEATURES 特点

- Low start-up current (≤1mA)
- Automatic feed-forward compensation
- Pulse-by-pulse current limiting
- Enhanced load response characteristics
- Undervoltage lock-out with hysteresis
- Double pulse suppression
- High current totem-pole output
- Internally-trimmed bandgap reference
- 400kHz operation, guaranteed min

PIN CONFIGURATIONS 管脚配置

APPLICATIONS 应用

- Off-line switched mode power supplies
- DC-to-DC converters UC3842

BLOCK DIAGRAM 结构图

图 5.3　数据手册各部分内容（一）

DC AND AC ELECTRICAL CHARACTERISTICS 电气特性

$0 \le T_J \le 70°C$ for UC3842; V_{CC}=15[4]; R_T=10kΩ; C_T=3.3nF, unless otherwise specified

SYMBOL	PARAMETER	TEST CONDITIONS	UC3842			UNIT
			Min	Typ	Max	
Output section						
V_{OL}	Output Low-Level	I_{SINK}=20mA		0.1	0.4	V
		I_{SINK}=200mA		1.5	2.2	
V_{OH}	Output High-Level	I_{SOURCE}=20mA	13	13.5		V
		I_{SOURCE}=200mA	12	13.5		
t_R	Rise time	C_L=1nF		50	150	ns
t_F	Fall time	C_L=1nF		50	150	ns
Undervoltage lockout section						
	Start threshold		14.5	16	17.5	V
	Min. operating voltage after turn on		8.5	10	11.5	V
PWM section						
	Maximum duty cycle		93	97	100	%
	Minimum duty cycle				0	
Total standby current						
	Start-up current			0.5	1	mA
I_{CC}	Operating supply current	$V_{PIN\,2}=V_{PIN\,3}$=0V		11	17	mA
	V_{CC} zener voltage	I_{CC}=25mA		34		V
Maximum operating frequency section						
	Maximum operating frequency for all functions operating cycle-by-cycle		400			kHz

NOTES:

1. These parameters, although guaranteed, are not 100% tested in production.
2. Parameter measured at trip point of latch with $V_{PIN\,2}$=0.
3. Gain defined as: $A = \frac{\Delta V_{PIN\,1}}{\Delta V_{PIN\,3}}$; $0 \le V_{PIN\,3} \le 0.8V$

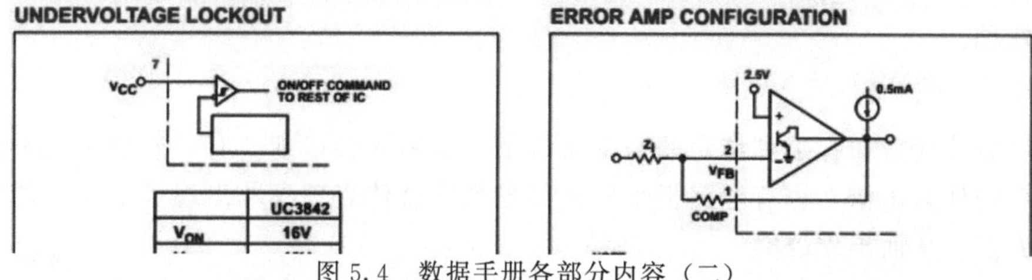

图 5.4　数据手册各部分内容（二）

分内容。

① 名称　通常在首页的页眉用粗黑字体标示，通过名称解读可以大致知道该芯片的用途，如 Current-mode PWM controller，电流模式脉宽调制控制器，可知是用于开关电源的脉宽调制的芯片。

② 描述（DESCRIPTION）　大致介绍该芯片是干什么用途的。

③ 特点（FEATURES）　介绍该芯片有何独特之处。

④ 引脚配置（PIN CONFIGURATION）　列出各引脚的排列名称。

⑤ 应用（APPLICATIONS）　指出芯片可以应用的电路。

⑥ 结构图（BLOCK DIAGRAM）　给出芯片内部功能框图。

⑦ 电气特性（ELECTRICAL CHARACTERISTICS）　该芯片的电压、电流、频率等参数指标、极值等。

⑧ 测试实例　给出测试电路，各种测试条件下的参数表现。

⑨ 应用实例　给出典型的应用电路。

⑩ 封装尺寸（PACKAGE）　封装形式，机械尺寸。

数据手册对芯片的介绍非常详尽，从设计角度来说，当然越是详尽，越是受欢迎。若仅是从维修角度出发，我们从数据手册中应重点获知以下信息：芯片的用途、工作电压、电源脚位和关键的输入输出脚位、典型电路的接法。知道芯片的用途后便于联想以前类似芯片的用法，对快速理解芯片的结构很有好处；芯片不工作往往与芯片本身无关，而是工作电压或外围元件引起的问题，检测芯片电压是否正常是验证芯片是否正常的第一步；确认电源脚位电压正常后，可检测关键输入输出点的电压或波形；数据手册中如有典型电路介绍，可比照手中电路板的实际电路，看看是否相同或相似，或可作为维修时的重要参考。

5.10 时好时坏故障的维修方法和技巧

各种时好时坏电气故障大概包括以下几种情况。

（1）接触不良

板卡与插槽接触不良、缆线内部折断时通时不通、电线插头及接线端子接触不好、元器件虚焊等皆属此类。元器件虚焊尤以 BGA 封装的芯片虚焊最为常见。

解决此类故障的办法是仔细检查怀疑的接插件，看看有没有明显的氧化或者接触不良现象，刮锉氧化的金属接触点，拨动调整接触点的位置，处理后重新插拔试验接触是否良好。对于 BGA 封装的芯片，需要专业的 BGA 焊台来处理，需要把芯片取下，重新植球，处理焊盘，重新焊接，完成这些操作，需要足够的耐心，如果没有达到足够熟练程度，建议交给专业人士处理。

（2）信号受干扰

对数字电路而言，在某种特定的情况条件下，故障才会呈现。有可能确实是干扰太大影响了控制系统使其出错，也有电路板个别元件参数或整体表现参数出现了变化，使抗干扰能力趋向临界点，从而出现故障。

这类故障着重检查设备是否接地良好，使用试电笔检查设备外壳是否带电，或者使用万用表交流挡测量设备外壳对大地是否有较高电压，一般在 1V 以下，如果 10V 以上就要怀疑接地是否良好。

（3）元器件热稳定性不好

从大量的维修实践来看，其中首推电解电容的热稳定性不好，其次是其他电容、三极管、二极管、IC、电阻等。

这种故障一般会伴随机器开机时间的推移而出现或消失，实质是故障随某个故障元件的温度变化而变化。例如电解电容老化引起的故障，一般是刚通电就出现故障，而通电一段时间后故障消失，即冷机时有故障，而热机时无故障。其实质是：老化电解电容的电容量随着温度变化，温度低时容量小，造成滤波不良，电路板不能正常工作，而随着通电时间延长，电解电容的温度上升，容量随之增加，满足滤波条件，从而故障又消失了。

热稳定性故障属于软故障，维修时不容易直接检测确定故障元件，但可以通过人为对怀疑元件升温或降温的办法来缩小检查范围。可使用电吹风或电热枪对怀疑元件加热，使用棉签蘸酒精对怀疑元件散热降温。而电容的好坏使用 *VI* 曲线测试很容易判别出来。

（4）电路板上有湿气、积尘等

湿气和积尘会导电，具有电阻效应，而且在热胀冷缩的过程中，阻值还会变化，这个电阻值会同其他元件有并联效果，效果比较强时就会改变电路参数，使故障发生。

这类故障可以通过对电路板加以清洗解决。建议使用洗板水清洗电路板，或者直接使用清水清洗，再使用电吹风彻底吹干水分。不建议使用酒精，因为酒精清洗后很容易在板上留下一些白色物质。

(5) 软件也是考虑因素之一

电路中许多参数使用软件来调整，某些参数的裕量调得太低，处于临界范围，当机器运行工况符合软件判定故障的理由时，那么报警就会出现。

这类故障可以通过调整相关参数来解决。比如变频器的加减速时间，如果设置不当，运行时，可能会出现过流过载报警；CNC 的加工参数设置不当，加工的产品可能会不符合要求，碰到这些情况，第一时间要怀疑参数设置问题，排除参数设置不妥的可能性以后才去怀疑设备本身的问题。

5.11　公共电源短路的维修方法和技巧

电路板维修中，如果碰到公共电源短路的故障往往头大，例如单片机电路的 5V 电压短路，因为电容、逻辑芯片、接口芯片、单片机等很多器件都共用同一电源，每一个用此电源的器件都有短路的嫌疑，如果板上元件不多，采用“锄大地”的方式，一个一个元件检查，终归可以找到短路点，如果元件太多，“锄大地”能不能锄到状况就要靠运气了，大量拆焊工作耗时费力还会损伤好的元件和电路板。

有些维修人员使用过逐个元件断电的方法来定位短路元件，即将元件的一个电源脚与公共电源脱离后再检查短路情况，不必将元件整体拆下电路板。此法虽可提高效率，但操作还是有些不便，速度还是不够快。

笔者在此推荐一个比较管用的方法。采用此法，事半功倍，往往能很快找到故障点。

维修诀窍　巧寻短路器件

要找一个电压电流都可以调整的电源，电压可调范围 0 ~ 30V，电流可调范围 0 ~ 3A，首先将电压调到被测器件电源电压水平，先将电流调至最小，将此电压加在电路的电源电压点，如 74 系列芯片的 5V 和 0V 端，视短路程度，慢慢将电流增大，用手逐个摸器件，感受器件的发热情况。当摸到某个器件发热特别明显，这个往往就是损坏的元件，可将之取下，测其电源端电阻，确认是否该器件短路。注意操作时电压一定不能超过器件的工作电压，并且不能接反，电流初始不要调得过大，而是慢慢往上调，以输出功率（电源上显示的电压与电流乘积）1 ~ 3W，手能感测到较明显高温为宜。

5.12　给电路板加电的技巧

虽然可以通过对元器件进行单独检测来判断好坏，但是给电路板加电来体现故障，验证是否修复，会来得更加直观，因为通过仪器仪表测试有时候并不能满足元器件的电压电流和频率条件。

加电对象可以是整机，也可以是整块电路板，还可以是电路板上的一部分电路，甚至是电路板上的单独某个元器件。

某些电路板，上面有弱电——控制电源部分，有强电——主电源部分，有些是分开的独立电源，有些是电源共用的，如果修控制部分的电路，为了安全，就应该只给控制部分加电。

有时候需要加直流电，有时候又需要加交流电，各种电压大小和驱动能力还不一样。

对于直流电，可以使用多路可调维修电源。给电路板加电之前，电流不宜调得过大，调至合适位置，宜小不宜大，如果电流不够，保护了，还可以慢慢调大。这样也不会烧掉电路板上的元器件。

对于交流电，需要使用隔离变压器，通过对变压器匝数比的设定，可以得到不同的交流电压，比如变频器和伺服驱动器经常使用的 380VAC 或 220VAC 电压，另外还有 110VAC、24VAC、12VAC 电压。变压器功率 300W 或 500W，可以满足大多数的维修要求。

有些驱动器或者电源要输入直流高压，我们可以取整流桥堆和容量较小的高压电容，自制一个整流滤波电路，然后用这个输出直流去做输入，在不带大的负载情况下，这个方法有效又安全。

5.13 开关电源的维修方法和技巧

电源部分因为相对于其他电路部分的电压、电流都为高，故损坏几率也大大增加。掌握开关电源的维修能解决很大一部分维修问题。

工业电路板的开关电源，保护措施一般较多，电路相对复杂，我们要熟悉了解一些典型的电路原理。熟悉常用的 PWM 芯片组成的电路，熟悉 PFC 电路的原理。

电路板入手后，先不要忙着通电试机，应先了解故障现象，查看保险有没有烧断，如果烧断，是烧毁严重（玻璃管壁发黑，有喷溅状保险丝微粒），还是仅仅烧断而已。如果保险烧毁严重，说明电源内部有严重的短路，如果仅仅保险烧断，说明可能保险本身损坏或者电路中有轻微短路。另外顺手量一量高压电容上的电压，有些开关电源的高压电容上并没有加电荷泄放电路，会保持较长时间的高压，贸然触及会有触电危险，如果量得电压很高，可以使用两个一样的 220VAC/40W 灯泡串联，灯泡接入电容正负端给电容放电，再测电容电的电压，确认为零，才可以开始检修电路。

接下来使用万用表电阻挡或二极管挡对怀疑损坏的元件进行在板检查，重点检查桥堆、开关管、保险电阻等功率元件，观察元件是否有烧黑炸裂情况。

接着可试图给开关电源通电来验证故障。如开关电源的输入是低压直流，可以将可调直流电源调整到某个电压和电流值，将其输出接到待修开关电源的输入。如果开关电源的输入是交流，要确认输入电压的大小，使用隔离变压器变换 220V 的交流电压后得到所需的交流电压再接开关电源的输入。带 PFC 功能的开关电源可以适应较宽的电压输入范围，不带此功能的开关电源则可输入的电压范围有限，有些开关电源有转换开关来设置输入电压，如 220V/110V 的转换开关，在接入电压时要留意设置，不可弄错。有些开关电源的输入是高压直流，如 220V 或 380V 经过整流滤波后的直流电压，测试时，我们可以用元件做一个前级的整流滤波电路，滤波电容不要选得很大，并且串联 PTC 或灯泡来保护电路，不致电流过大。

注意

有些开关电源有输入时即可得到输出电压，而有些开关电源必须接上负载才有电压输出，在测试输出电压时要注意这一点。另外有些开关电源有一个控制端，需控制信号有效才有输出，也要引起注意。

对有 PFC 功能的开关电源，先测量滤波电容上的电压，此电压应当高于交流输入电压的幅值，如 220VAC 输入整流后幅值为 310V 左右，则如果 PFC 正常，滤波电容上的电压通常在 370V 以上，如果在 310V 以下，说明 PFC 电路未工作，应先检修这一部分。

在排除整流滤波部分故障的可能性以后，维修开关电源应该以开关管和 PWM 芯片为核心，如果没有电压输出，可用示波器查看开关管的 G 极和 S 之间有没有开关驱动信号，开关驱动信号的波形是否正常，顺着 G 极找到 PWM 芯片的输出，找到驱动信号异常的源头。

除去明显可见的整流滤波电路的故障，以 PWM 芯片为核心，我们将开关电源的故障大致归类为以下故障类型：

① PWM 芯片工作电源异常型故障；

② PWM 芯片驱动传输障碍型故障；

③ PWM 芯片反馈异常型故障。

第 1 种情况，PWM 芯片的工作电压大部分是这样一个给定规律：由高压正端串联一个启动电阻给芯片供电，芯片启动后控制开关管导通，能量通过开关变压器传递给一个副边绕组，二极管整流后持续供给芯片电源所需，芯片电源端会并联一个电解电容和稳压管来稳定芯片的电源电压。最常见的故障是并联电源的电解电容发生老化引起芯片的供电电压不稳，从而芯片自保没有 PWM 驱动波形输出；还有启动电阻开路造成电源不能启动；另外芯片本身损坏也会造成故障。

第 2 种情况，是 PWM 驱动信号不能正确地传输到开关管的控制端。这部分电路组成有些是 PWM 信号经过一个小阻值电阻直接连接至开关管的控制端，有些是 PWM 信号经过一定的放大后再推动开关管。维修时，可对相关的电阻或用于放大驱动的三极管、二极管等进行检查，不难发现故障。

第 3 种情况，要检查 PWM 芯片的反馈环节，确定是真正的过压、过流，还是检测部分的误判。此类故障中，以反馈部分的电路板腐蚀开路最为常见。

下面以最为常见的使用 UC3842 芯片的开关电源电路来分析一下维修方法。

如图 5.5 所示，该电源的电路原理先前已经分析过，不再赘述。检修此电源，一般较为明显的故障，如整流桥损坏，开关管短路或开路等很容易找到故障点。而其他故障如电源不能启动，或“打嗝”保护，或输出电压不准等就需要步骤思路清晰方可迅速找到故障点。维修时抓住 UC3842 芯片这个核心，首先开关电源不通电，检查一下启动电阻 R_2 是否开路或阻值变大，量一下电容 C_2、C_4 的 D 值或 VI 曲线是否有异常，UC3842 的第 6 脚与开关管的栅极之间电阻 R_7 是否开路或阻值变大。以上确认无误后，接隔离变压器给电源供电，注意隔离变压器的输出电压与开关变压器的输入电压一致。UC3842 的典型启动电压是 16V 以上，启动后的最低维持工作电压是 10V 以上，电源通电后，测量 UC3842 第 7 脚对地电压如果明显低于 10V，则是芯片的供电电压不足，应重点检查 R_2、C_2、C_4 及芯片本身有无问题，如果芯片工作电压正常，可以检查芯片第 8 脚有没有 5V 基准电压，若没有，则芯片 UC3842 损坏。可以使用示波器测量 MOS 管栅极对源极的波形，如果有波形输出，则基本上 UC3842 芯片是好的，重点检查反馈部分和变压器损坏的可能性。反馈部分损坏一般也不多见，只见于电路板相关元件或铜箔走线腐蚀断路的情况。

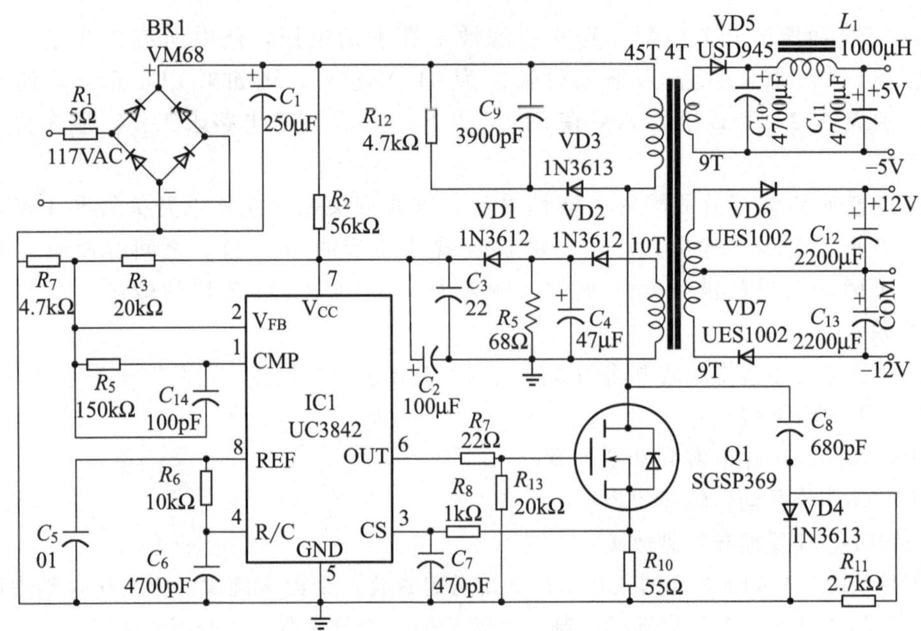

图 5.5　UC3842 组成的开关电源维修

5.14　单片机系统维修方法和技巧

单片机系统的维修要抓住满足单片机正常工作的三个必要条件：电源、时钟、复位。

使用万用表直流电压挡测量单片机工作电压并不能 100%说明电源正常，如果电源纹波过大，单片机也会工作异常。可以使用万用表交流电压挡或示波器测量电源纹波是否过大。

可以使用示波器测量单片机的时钟信号，测量时最好将示波器探头选择置于 10×，即观察的信号是 10MΩ 输入阻抗，这样示波器的输入阻抗处于最大状态，对外部信号的影响最小。

单片机有些是高电平复位，有些是低电平复位。高电平复位即单片机上电后保持若干个时钟的高电平，然后变为低电平并保持，低电平复位与此刚好相反。复位的过程可以用示波器观察复位脚的波形。如果测得高电平复位的单片机复位脚一直是高电平，低电平复位的单片机一直是低电平，或者一直有高低跳变，这属于不正常状态，说明单片机一直在复位，不会启动运行程序。如果观察到单片机复位脚有不断的脉冲信号，这也是不正常现象。

包含单片机系统的电路板通电后，观察有没有任何指示灯闪烁，如果指示灯闪烁，说明单片机的程序运行已经开始，电源、时钟、复位以及基本的程序运行都正常。与单片机总线相连的元件有不少逻辑电路，正常情况下，这些逻辑电路物理损坏的几率是很低的，但是若有外部电气上的冲击（比如浪涌电流，接口插拔），损坏的可能性还是有的，通常可以使用前面提到的电阻法来查找芯片短路的情况，若无短路，就无须在那些元件上纠结。另外，环境、人为因素导致的物理连接失效（电路板受到腐蚀或机械撞击）也时有发生，维修人员可目测观察并配合通断测试判断故障所在。

单片机系统程序丢失维修起来比较麻烦，包含并且不能丢失程序的芯片包括：PLD、CPLD、FPGA、DSP、EPROM、EEPROM、FLASH、非易失性 RAM、SEEPROM 以及带内部程序部分的单片机等。其中 EPROM、EEPROM、FLASH、非易失性 RAM、SEEPROM 是可以找相同程序芯片来复制的，而 PLD、CPLD、FPGA、DSP 则因为有内部加密而复制困难，内部包含程序的单片机也大多经过加密，简单读出复制的程序是不可用的。业界有通过逆向工程对此类芯片做所谓的“解密”，但其中涉及费用的考量和知识产权保护问题的争议。

5.15　变频器维修方法和技巧

变频器可以视为开关电源、单片机系统、驱动电路、检测保护电路的综合体，检修时要先确定故障所属的部位，缩小故障查找范围，再对具体元件细查。维修者既要具备元件好坏测试能力，更需具备整机故障定位分析能力。

虽然变频器手册都可查阅故障代码对应的故障解释和解决办法，但都是从变频器使用者的角度考虑，而作为变频器维修人员，我们考虑问题的层次就要更加深入，从电路层级弄清楚各种报警的实质，手册上的介绍只能作为解决问题的入手点。

下面以变频器的常见故障或报警为例，从维修人员的角度，详细解释其有关报警说明的实质。

（1）过流报警(OC)的实质

过流报警在电路上的原因是 CPU 的某个判定过流的信号变为高电平或低电平，符合过流的电平，或者检测到的表征电流的模拟量经过模数转换后的数据符合程序中过流的判定。从变频器 UVW 三相电流输出的电路到 CPU 内部对检测信号的处理电路，哪一个环节出现问题都有可能出现过流报警。

为便于理解，我们将过流分为“真过流”和“假过流”。

“真过流”是电路中确实存在电流过大的情况。电流为什么过大？有可能是负载过大、负载短路、模块短路等引起。负载过大，负载短路除了是由负载本身引发的问题以外，有些是属于变频器参数设置不当，如加减速时间过小等。模块短路又包括模块损坏引起的本身短路和前级驱动不良引起的模块短路。模块本身短路多是 UVW 三相对 P、N 其中一处或多处击穿短路。模块前级引起的短路则多是驱动电路发生故障，将 UVW 节点对应的某一个上桥和下桥同时打开，那么电流就会不经过电机线圈而由 P 端直通 N 端，引发电流过大。驱动模块的光耦损坏、光耦的供应电源不良多会引起模块短路。

“假过流”是属于过流检测部分的故障引起“误判”，实际电流并未超出。电流检测的方式：小功率的变频器，通过串联在 UWV 输出回路的大功率小阻值电阻来取样得到电流大小；大功率的变频器则通过由霍尔元件组成的电流传感器来感测电流大小；电流值会转换为一个与之成正比的电压，电压经过放大后，与比较器比较去判断是否过流，结果可以用来报警及关断输出。电压还会经模数转换器转换为数字信号后送 CPU 处理。整个电流检测环节某一部分出现问题都可能引发过流报警，比较多见的情况是霍尔电流传感器损坏及隔离放大器芯片损坏引起的故障。

(2) 过压、欠压(OV UV)报警的实质

过压、欠压也有“真假”之分。真实的过压是直流母线上电压确实过高，输入交流电压过高或制动电路不正常会引起电压过高报警；真实的欠压是直流母线上电压确实过低，输入交流电压过低或直流母线上的电容量下降会引起电压过低报警。很多情况下的过压欠压报警实际上只是检测电路的问题，比较常见的故障是母线电压的降压取样电路出现问题，或者传输电压信号的隔离放大器如 A7800 之类损坏。

(3) 过热(OH)报警的实质

有些变频器的过热报警信号来源于温度传感器对散热器的检测，而有些则来源于对散热风扇是否转动的检测，维修时两种情况都要留意。遇到过热报警时，应检查温度传感器接线是否脱落，风扇是否转动或者转动时检测线是否有效。

(4) 电机抖动的实质

除去电机本身的问题，电机抖动的实质是三相电流的不平衡。三相电流不平衡，有可能是驱动电路的问题，比如驱动模块缺少某一相的驱动信号，也有可能是电流反馈环节的问题，比如某一相的电流检测信号失真，因而 CPU 使用了一个失真的信号去计算并去控制电流输出，其结果必然也是使得输出电流发生异常，造成电机的抖动。因此，在检修所谓的电机抖动故障时，不但要针对驱动环节，还要针对电流检测环节。

维修诀窍　变频器驱动电路维修技巧

变频器驱动部分、模块或开关电源局部损坏时，在精确定位损坏元件前，许多维修人员会拆卸元器件来逐个量测，这样非但维修的速度上不去，而且会因为取下元件量测时因条件不符合实际工作情况而误判，更有电路板实际走线故障（短路、断路、漏电等）而非元件本身故障导致检修走了弯路。 笔者在实践中总结出一套测试方案，无论在变频器故障元件寻找还是修复验证阶段，此法都可谓快捷方便。

我们知道，变频器驱动部分大体都是由 CPU 板过来的 6 路信号来驱动光耦，光耦再驱动 IGBT 模块，驱动部分正常工作的条件：

① 各路电源正常；

② 光耦正常（大功率变频器还有光耦后级放大部分）；

③ 各种电阻电容等小元件正常；

④ 模块正常；

⑤ 电路板走线正常。

以上条件缺一不可。 如果这每一路都能真实模拟，那么故障点定位就好办了。

如图 5. 6 所示，是驱动电路的一路典型电路，对电路的检修步骤如下：

① 准备两块万用表，指针表数字表皆可；

② 将图中 R_1 电阻取下，以隔离试验时对 CPU 板的影响；

③ 给变频器的开关电源单独给电，模块不要给电（模块的高压电容也不要给电），以防试验时模块受损。总之除了开关电源前级，其他地方不要走高压，如果变频器上有牵连，要想办法隔离（可以把走线临时割断，试验好了再接好）；

④ 测试每一路 IGBT 的 GE 极偏压是否正常，正常会有负偏压；

⑤ 使用一只万用表“点亮”光耦的发光管，数字表用二极管挡，指针表用 1Ω 挡，注意正负极数字表和指针表红黑表笔是反过来的。同时用另一只万用表测 IGBT 的 C 极和 E 极的通断。

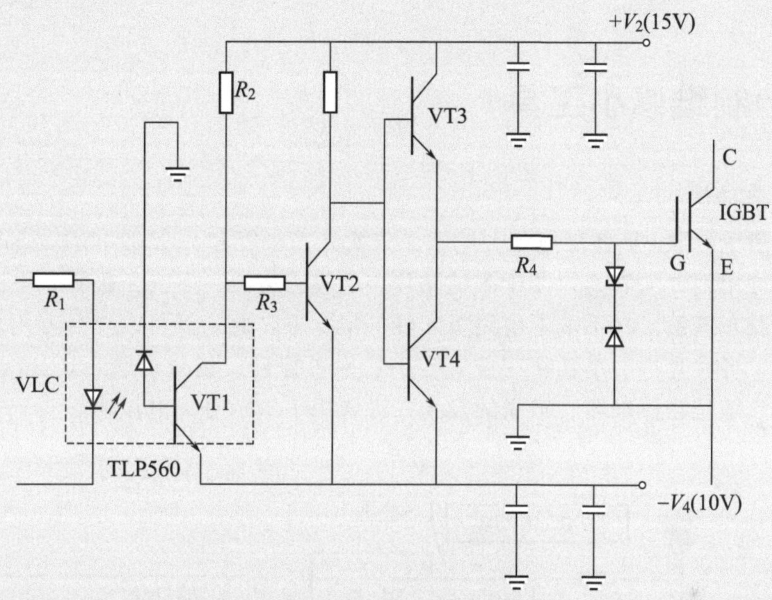

图 5.6 驱动电路的检修

如此 6 路，每一路都这样测试，如果 IGBT 的通断受控，则此路工作必定正常（另外模块有测试正常，但在高压下不正常的，毕竟概率不大）。某一路测得不正常则循迹详查即可。

如果有条件的话，光耦前级的驱动可以使用频率可调的信号发生器，则电路的频率响应性能也得到测试，如此则全面检查了包括光耦、电源、三极管、IGBT 的所有元件。此法亦可用于维修后的验证，可以避免因维修不彻底造成的模块损坏。

维修诀窍 变频器霍尔电流检测器好坏的判定

霍尔电流检测器常见有四个或三个接线端，四个接线端即正电源、负电源、0V 端、信号输出端；三个输出端为 0V 端、电源端和信号输出端。判断检测器是否异常的简单方法是：将检测器通电，再测量信号输出端电压，在没有功率电流的情况下，如果是四线的检测器，输出端电压就是 0V，如果是三线检测器，输出端电压就是电源电压的 1/2，例如一

个使用 5V 电压的检测器，输出端电压就是 2.5V，如果电压偏离太多，则要考虑检测器损坏。

当然最直接的方法还是通以功率电流并监测输出电压的大小。可调直流电源最大可以调节电流输出至 3～6A，此电流比较适合小功率变频器的检测范围，方法是将可调电源的输出电压和输出电流尽可能地调小，将一根导线绕电流检测器的电流检测环几圈，两端接电源正负端，然后逐渐调大电流，同时监测电流检测器的信号输出电压是否随着电流输出成正比变化。以上方法只适合小功率的变频器，大功率变频器则不合适。

5.16 自制维修小工具

(1) 电流电压驱动工具

如图 5.7 所示，取 9V 叠层电池，串联一只发光二极管和一个 510Ω/0.25W 电阻，引出两根表笔，最好用钢针尖表笔，便于测试贴片小引脚。电池、发光二极管、电阻和表笔一部分可以用电工胶布缠紧。在不取下电路板元件的情况下，此工具可以配合万用表在线测试驱动发光二极管、各种光耦、小功率三极管、小功率可控硅、场效应管、IGBT、达林顿芯片（如 ULN2003）等元器件好坏。串联的发光二极管用于指示有无电流输出。

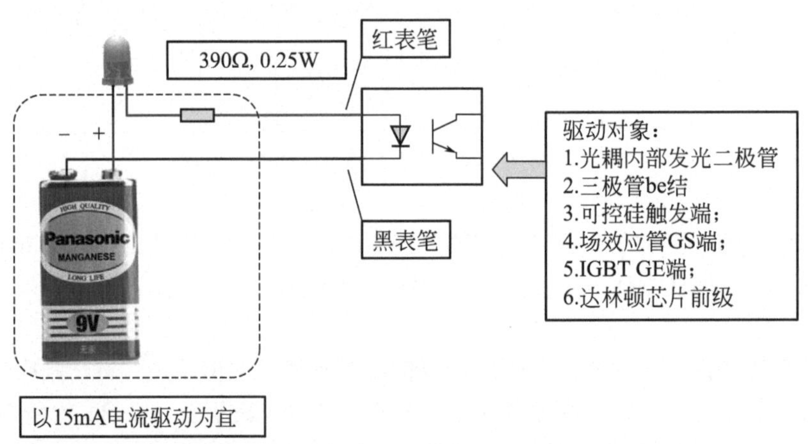

图 5.7 电压电流驱动工具

(2) 自制短路扫描工具

图 5.8 是电路板短路扫描工具的电路。该电路使用 9V 叠层电池供电，R_2 是电路板上要测试扫描的两点的电阻，R_4 是可调电位器。R_2、R_3、R_4、R_5 组成桥式电路，取两路中间电压点进行电压比较。当板上电阻值 $R_2<R_4$ 时，R_4 上面的分压大于 R_2 分压，而 R_3 和 R_5 的分压是一样的，比较器 2 脚电压比 3 脚电压高，输出低电平，驱动蜂鸣器发声。调整 R_4 可以设定蜂鸣器发声时的阻值判定点，比如可以设定 20Ω 或 200Ω，那么相应地，当扫描到板上电阻小于 20Ω 或 200Ω 时，蜂鸣器发声。

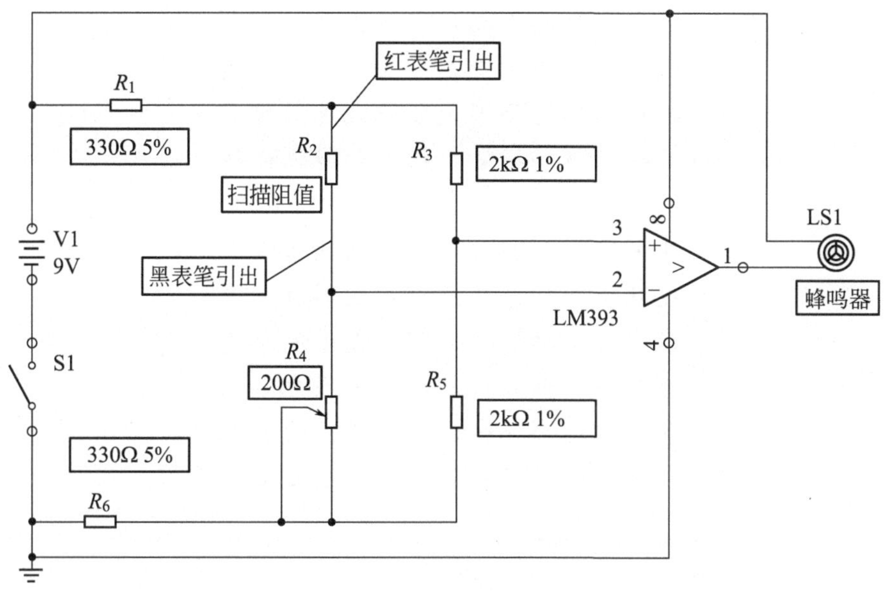

图 5.8　自制短路扫描工具电路

(3) 隔离放大器 A7800/A7840 测试工具

隔离放大器 A7800/A7840 是一款容易损坏的器件，此芯片对 2，3 脚输入信号放大 8 倍输出，图 5.9 所示电路可以判定芯片是否正常。按钮开关 S1 按下后，2，3 脚短接，输入电压为 0，万用表测试 6，7 脚应该输出 5mV 以下，S1 释放，2，3 脚电压大约 50mV，放大 8 倍输出，则 6，7 脚电压为 400mV。

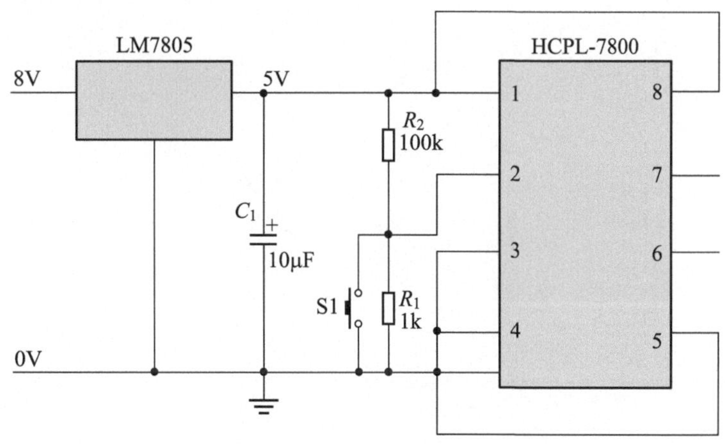

图 5.9　隔离放大器 A7800/A7840 测试电路

5.17　工控维修口诀

总结了工控维修的一些技巧，并编成顺口溜，奉献给读者。

一个电阻两条腿，阻值变大必有鬼；
电容测量用电桥，坏蛋休想再逍遥；
损坏电感变压器，电桥也是好神器；
二极三极和场管，板上就能测得转；
IGBT 和可控硅，在线测试不是吹；
开关电源明拓扑，对号入座修靠谱；
虚短虚断细分析，搞定运算放大器；
数字电路对地扫，阻值太小有蹊跷；
电路若有单片机，以下三项要牢记：
电源晶振和复位，一个不少才能跑；
对比测试乃大招，绝处逢生意境高！

Chapter 6

第6章 维修实例介绍

6.1 开关电源维修实例

6.1.1 Amada 激光切割机电源报过流

故障： 一台日本产 Amada 激光切割机，配 FANUC 激光电源，出现过流报警，没有高频脉冲电压输出。

检修： 拆机检查，发现此机使用了数十个大功率 MOS 管，MOS 管分四路并联使用，驱动功率部分，产生高频交流逆变电流，再经大功率整流二极管整流输出。高频前置驱动信号串联电阻后接到 MOS 管的栅极。如图 6.1 所示。

观察各 MOS 管及周边元件并无烧损痕迹。测量 MOS 管源极和漏极之间正反向二极管特性，发现其中一组导通电压偏小。因为一组有 12 个 MOS 管并联，所以要确定具体哪个 MOS 管损坏比较麻烦，要一个一个拆卸，检查更换后再重新装回，耗时费劲。用电动吸锡泵吸出 MOS 管的引脚焊锡时，发现引脚直径比焊盘孔径要小一半，所以可以只将 MOS 管源极漏极其中一只引脚焊锡吸空后，再将引脚掰一下，使之悬空不与焊盘过孔接触，此时再测此 MOS 管的源极漏极电阻，如果异常则可确定所测 MOS 管即是坏件。如此则节省大量维修时间，循法快速找到了某个短路损坏的 MOS 管。更换坏件后复测 MOS 管源极漏极之间电阻和二极管特性正常。再在路检查其他元件，未见损坏。嘱用户试机，一切正常。

6.1.2 FANUC PSM 电源模块报电压低

故障： 一台 FANUC 加工中心电源模块低压报警，机器不能启动。

检修： 用户有相同电源模块，将好坏模块上的可接插式控制板对调试机，发现故障在电源模块的控制板，不是驱动板。电源电压低应该属于电压检测方面的问题，自然与模拟

图 6.1　激光电源

电路或电压比较电路有关。电源模块的控制板如图 6.2 所示。

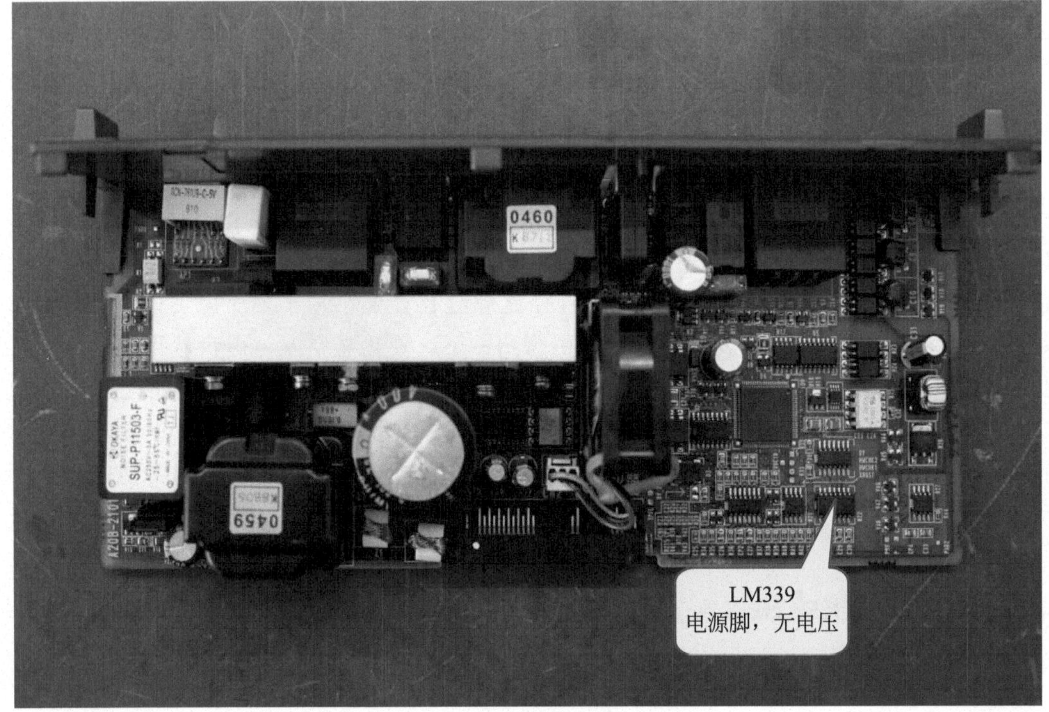

图 6.2　FANUC 电源模块控制板

观察板上有一7800隔离放大器，此放大器在许多电流检测及电压检测电路中使用，且是故障率比较高的器件。为节省维修时间，将其拆下测试，发现并无问题。观察模拟电路部分有一片比较器LM339，怀疑围绕此比较器电路出现问题。初步测量其他各脚对电源脚电阻值未有明显偏低，认为LM339大致好的。依接线标注给控制板通以220VAC电压，检查LM339电源脚第3脚（电源正）与第12脚（电源负）之间电压，发现只有0.6V左右，显然LM339没有工作电压。量LM339第12脚与5V地之间是通的，也就是说，正极电压不正常，可能前级电压不正常，也可能电路板走线有断路。观察风扇转动正常，风扇电源24V实测23.4V且稳定，也算正常，而LM339是和风扇共一路电源的，说明电路板上一定有断线。使用热风枪吹下LM339芯片，吹的过程中发现芯片下面有很多油污嗞嗞冒烟。用洗板水清洗芯片下面的油污后，用放大镜仔细观察，发现连接LM339第3脚的走线过孔在油污的长期腐蚀下已经发黑，用万用表测量，上下已经不通。将过孔上下焊盘部分用刻刀刮干净，露出铜皮光泽，然后用一根细铜线穿过过孔，上下用锡焊好，再焊回LM339，通电复测LM339电源电压为22.6V，原来电源是风扇电源再串联一个二极管后加到LM339的第3脚。处理后交用户试机，报警消失，一切正常。

6.1.3　西门子6116电源模块报母线电压低

故障： 西门子840D数控系统电源模块错误指示灯亮，母线低压报警。

检修： 将控制模块电源输出的控制线全部置为有效，如图6.3所示，将AS1、AS2短接，NS1、NS2短接，63、64脚和9脚短接，U、V、W接入三相380VAC电源（维修现场没有三相380VAC电源，可接220VAC经变压器升压后得到单相380VAC电源），测试M500和P500端子之间母线电压有580V，电压并不低，测量直流控制电压输出端子P24、P15、N15、N24、M电压正常。拆开电源外壳，观察电路板电压检测部分，发现其检测原理是母线电压正端串联了数个2M并联的电阻降压，最后在1个1kΩ电阻上的分压取样送给放大器处理。目测发现2M电阻由于长期受热有变黄变黑的现象，实测发现某个2M电阻已经变值增大至3M以上，这会造成1kΩ电阻上的分压下降，造成检测电压下降，系统报警。更换所有2M降压电阻，电源在用户处使用时不再报警。

6.1.4　西门子电源模块无输出

故障： 一台西门子伺服电源无直流电压输出。

检修： 检查发现有74系列的芯片短路损坏，继续检查发现更多的74芯片损坏，且都为击穿短路，据此分析：有高压串入5V电路，可能使连接5V的芯片全部损坏，继续检查与5V相连接的芯片，又找到一只光耦、两个二极管、一片AD转换芯片、一片EPROM损坏。找一台好的机器将EPROM程序读出，重新烧录一片EPROM芯片，将其他损坏元件也全部更换，试机后发现输出直流电压波动很大，约有70V以上的波动，无奈将所有元件又检查一遍，并没有发现异常，百思不得其解。后来重新理清了一下思路：控制板上的AD转换器是否参考电压不稳？仔细检查发现更换后的AD转换器后缀字符有点不同，查看DATASHEET，发现其精度不如原装的，于是重新买一片跟原装一样参数的AD转换芯片，更换后试机，果然正常！

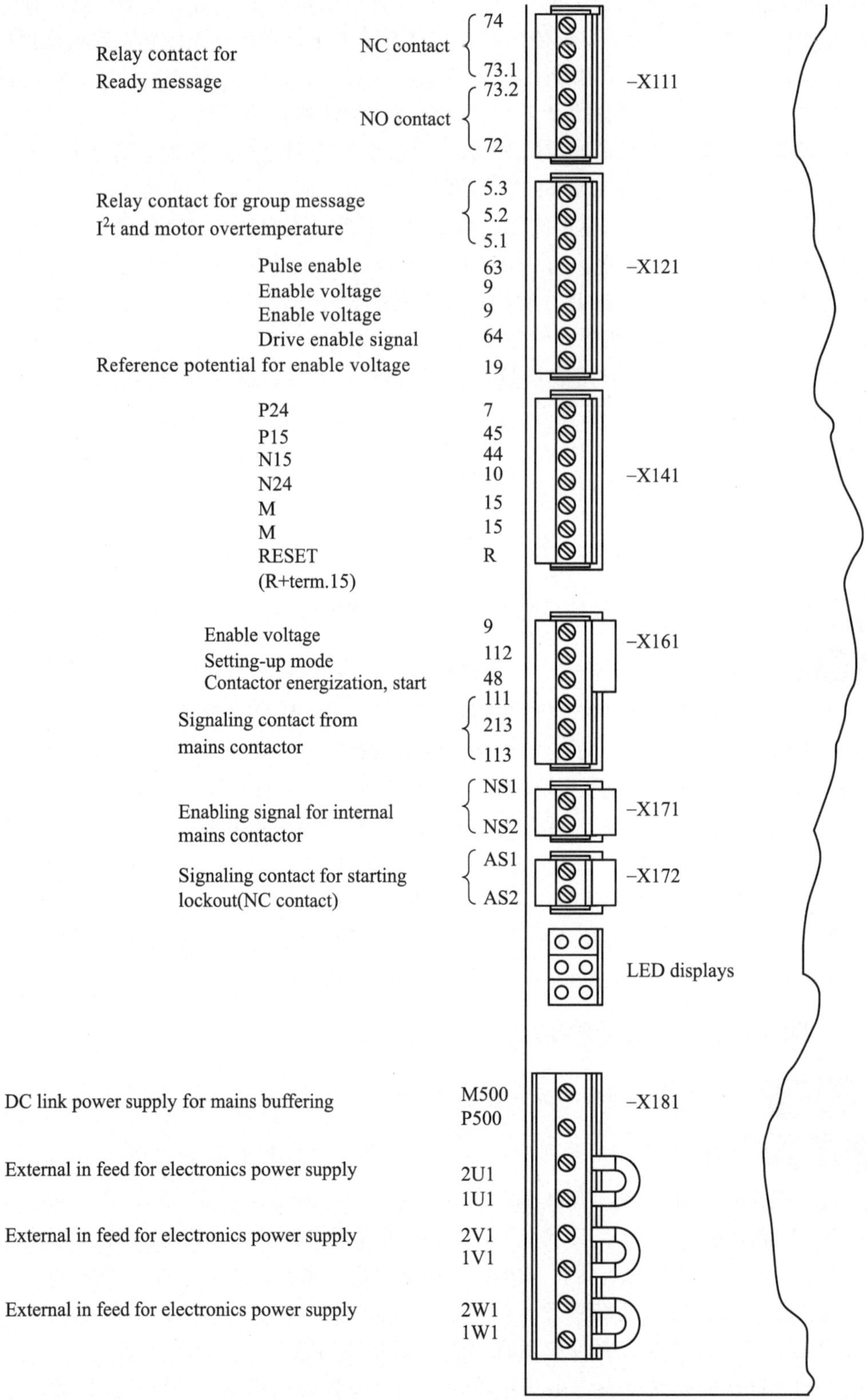

图 6.3　西门子 6116 电源模块接线示意图

6.1.5　台产逆变测试电源故障

故障： 一台湾产变频电源，输入 220VAC，输出 0～300VAC，40～60Hz 可调正弦波电压，用于小家电产品电压适应性的测试。故障是一上电，变频电源的接触器就跳闸。

检修： 该电源生产日期较早，没有任何说明书。检查功率模块 GTR 基本正常，其他各电路板也与好机对换，故障一样，所以故障一定在反馈元件。电压反馈是通过一个 220V/22V 的变压器取得，然后通过电阻降压加至运算放大器变换。电流反馈是通过一个互感器取得，输出电源线在互感器上绕了数圈，感应出随电流成正比的电压加至检测电路。当将检测电压的变压器输出断开时，通电后变频电源不跳闸，但调节一下控制电压大小的电位器，输出电压会迅速从 0 窜至 400V，并有蜂鸣器报警，应该是过压报警了。用万用表量变压器输出电压，发现输出电压随输入按 1∶10 变化，符合得很好，所以百思不得其解。因 220V/22V 的变压器市面上不好找，所以找了一个 220V/24V 的变压器代替，通电后输出电压可以调节了，带上负载试机一切正常。以前的变压器锈迹斑斑，分析可能有部分漏电从变压器初级传至次级，从而使变频电源表现异常。

6.1.6　SANYO 伺服驱动器电源板电容爆浆，电路板烧穿

故障： 一台 SANYO 伺服驱动器的电源板有电容爆浆，电解液流出，腐蚀电路板，导致短路将电路板烧穿。如图 6.4 所示。

检修： 检查开关变压器，万用表测量变压器各个绕组，没有发现开路，说明此板还可修复。分析电源部分各元件大致分布组成，发现这部分是给 IGBT 模块的光耦驱动部分提

图 6.4

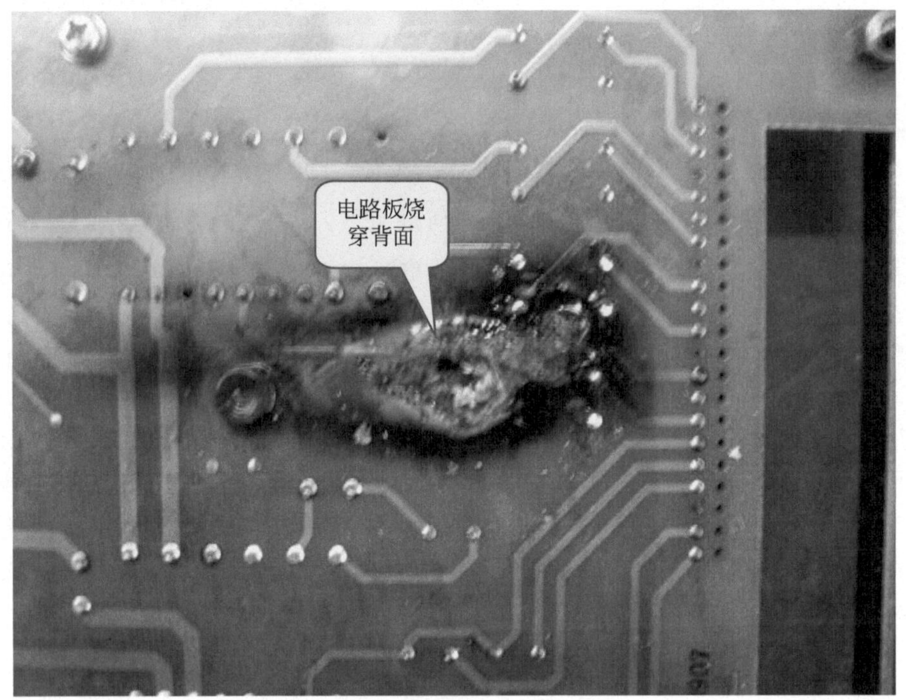

图 6.4 电容漏液短路烧坏电路板

供电源，其中上桥独立三组，下桥一组，另有 CPU 板 5V，IO 及风扇部分 24V，模拟部分 12V 都是此板供电。将烧毁元件剔除，将电路板烧毁碳化部分用锉刀全部锉掉，彻底清除，直到露出电路板本色内部，然后根据电压的去向分析连线方法，取相关电容、二极管及电阻元件搭线焊上，老化的电解电容也全部更换。通电测试各输出电压正常后，用热熔胶固定搭接的元件，修复完成。如图 6.5 所示。

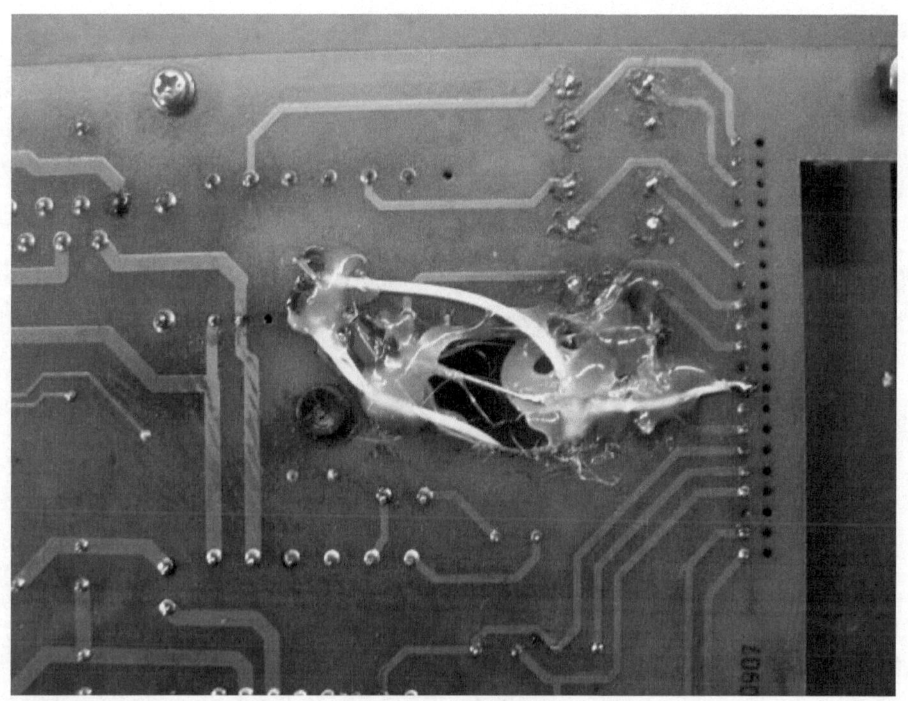

图 6.5　电源修复后

6.1.7 BRUKER ESQUIRE 2000 质谱仪主电源无输出

故障： 某研究院一德国 BRUKER ESQUIRE 2000 质谱仪通电无反应，用户诉电源保险曾经烧断，因为 220VAC 回路中是双保险，所以将一保险座两端直接短路，发现机器能工作一段时间，而后又无任何反应。

检修： 现场检查发现 220VAC 进线端 L 和 N 都串联了 6A 的保险，L 端的保险已经烧断，用户使用了带插头线将 L 端的保险两端短接，查 220VAC 电源 L 和 N 后级之间电阻为 2Ω，怀疑有短路，但仔细检查后发现，2Ω 电阻是一个真空泵的线圈电阻，去掉真空泵的接线，电阻值为 700Ω 左右，此电阻是一个电源箱的电阻，电源箱一般都是开关电源，L 和 N 端 700Ω 电阻似乎不正常，怀疑电源箱有问题，将电源箱从设备上拆下。电源箱和主控板的连接如图 6.6 所示。

拆开电源箱，观察内部结构，大致分析了电源结构是这样的：220VAC 经过两个 220V 转 12V 小功率变压器后，次级绕组得到数个低压交流，经整流滤波稳压后取得初级控制电压，初级控制电压经电源箱和主控板接口送给主控板，控制板判断某些情形正常后控制一个继电器，继电器再将主电源模块的 220VAC 输入电压接通。粗略检查变压器及周边各处元件，并无明显损坏，各电源模块未有短路烧损痕迹，试着给电源箱通电，测试电源箱输出＋5V、－5V、＋15V、－15V、＋24V 全都正常。判断此电源箱正常，怀疑机器其他地方有短路或者用户描述有误。

到用户处将电源箱装回机器，装好保险通电试机，居然一切正常。但好景不长，10 分钟后机器电源失效，但保险未烧断。告知用户可能他的描述有误，我们判断电源确实有问

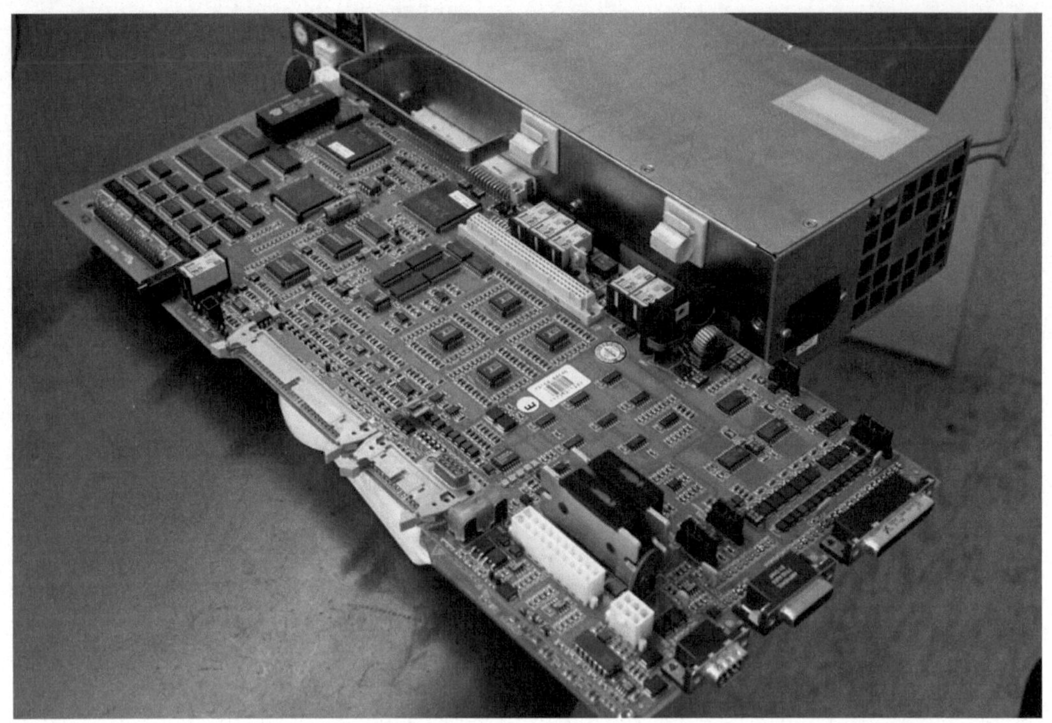

图 6.6　德国质谱仪电源箱

题，但不可能烧保险，经仔细询问，用户道出实情：机器最初有烧保险，通知代理商后，代理商判断电源箱损坏，于是将电源箱换了新的，并将保险两端短接（因此保险特殊，不好替代），机器工作了 1 个多小时后又无输出，代理商判断是其他地方有问题，他们不敢再修，用户只好找我们专业维修公司维修了。估计因为担心维修费过高，他们只称是第一次交给我们维修。

如此我们心里大概有谱了。我们判断是代理商换的电源箱也是有时好时坏的问题的，因为从先前拆卸后观察到的内部情况来看，元件不会是新的。我们再将电源箱带回，拆开检查，将此电源箱的电源结构重新梳理了一遍，发现主电源全部使用了 VICOR 公司的谐波衰减整流模块和 DC-DC 模块，如图 6.7 所示。

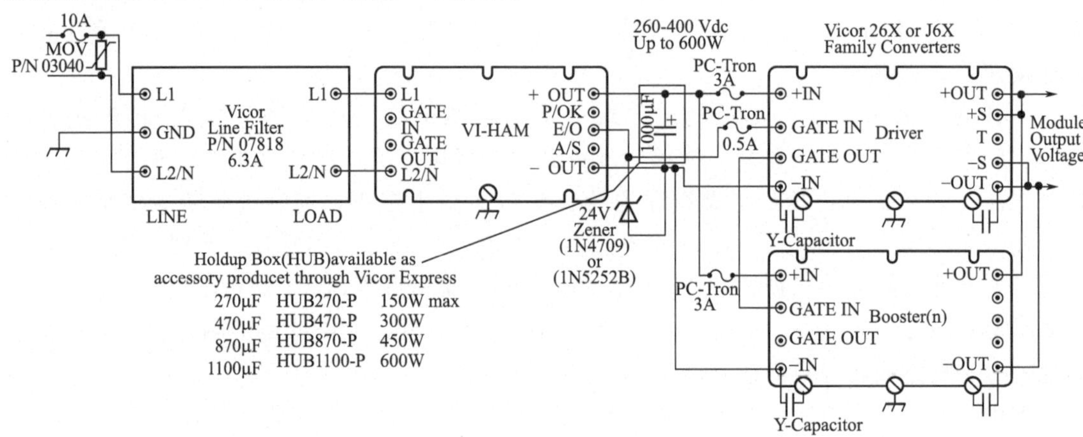

图 6.7　谐波衰减整流模块和 DC-DC 模块连接示意图

图中 220VAC 电压经 VI-HAM 模块衰减谐波并整流后得到直流电压，从＋OUT 和－OUT 端子输出，直流输出连接至后级 DC-DC 模块，并且 DC-DC 模块的输出使能端受 VI-HAM 模块控制，即 VI-HAM 的 E/O 脚连接 DC-DC 模块的 GATE IN 脚，只有当 VI-HAM 模块输出直流并联的电容上充电稳定后，E/O 脚输出高电平，才可控制 GATE IN 将 DC-DC 模块的输出置为有效。

电源箱通电实测＋OUT 和－OUT 之间电压为 300V，但 E/O 始终是对－OUT 端低电平 0V，取下 VI-HAM 模块，单独通 220VAC 电压，测＋OUT 和－OUT 之间的电压是 300V，万用表二极管挡测量 E/O 端对－OUT 是通的，判断 VI-HAM 模块内部已坏。购新模块，使用指针万用表×1k 挡测量对比原模块各引脚之间电阻，发现 E/O 对－OUT 脚电阻值确有差异，给新模块单独通 220VAC 电压，输出直流 410V 左右，至此可以确认 VI-HAM 模块有问题。电路板焊上新的 VI-HAM 模块后，通电试机，各路电压－5V、－5V、＋15V、－15V、＋24V 全部正常，通电 3 小时左右，电压稳定正常。将电源箱装回机器，一切正常。

6.1.8　FANUC 电源模块报母线电压高

故障： 一台数控机床使用的 FANUC 电源模块上电，LED 显示“7”，查故障代码解释为“控制板检测到直流侧高电压报警”。用户已经更换其他相同电源模块，判断故障就是该电源模块。

检修： 正常情况下，此类 FANUC 电源模块加 220VAC 控制部分电源电压后，即使未接入三相交流主电源，其他端子没有任何连接，数码管也会显示“－”，若显示其他任何数字或字符就属不正常。在如图 6.8 所示的 AC 200-240V 端子上接入 220VAC 电压，数码管显示“7”。

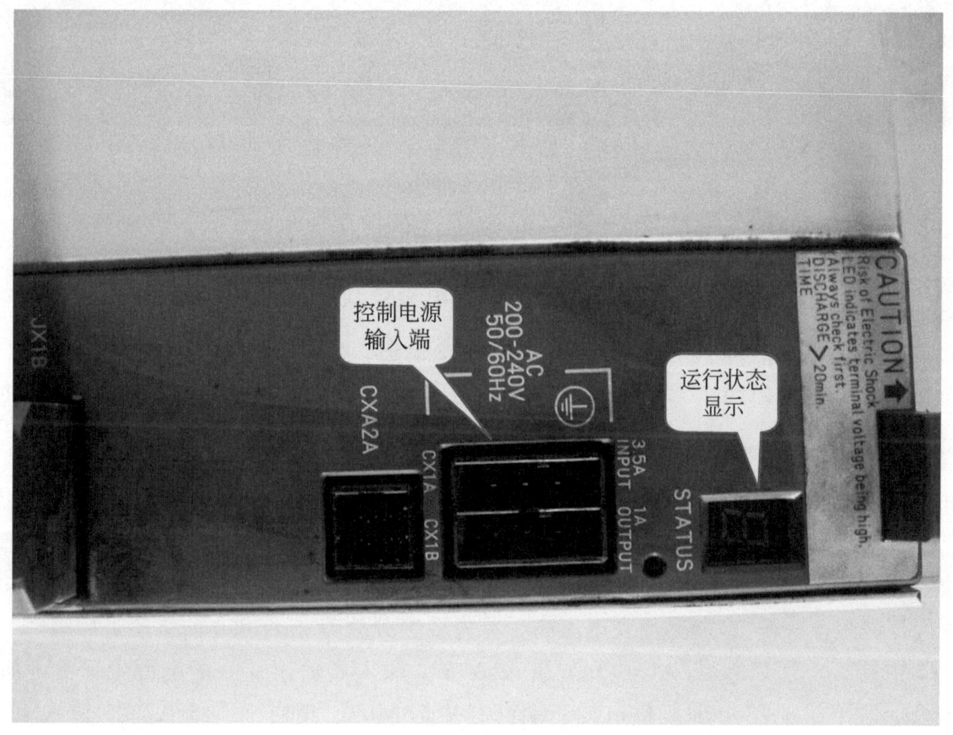

图 6.8　FANUC 电源模块控制电源输入端

将主控板从电源模块插槽中抽出，如图 6.9 所示，一眼就看到白色的 A7800 隔离放大器，这一放大器通常在电路中用做电压或电流检测，此板就是用于检测直流母线电压的。直流母线正极从驱动板上连接到 7800 第 3 脚，负极串联三个 27kΩ 电阻后接到 A7800 第 2 脚，母线电压的变化在 A7800 的 2、3 脚取样后由 A7800 的第 5、6 脚隔离放大约 8 倍，再到后级处理，经 AD 转换后送 CPU，CP 据此可判断母线电压大小并采取相应指令动作。

图 6.9　FANUC 电源模块主控板

6.1.9　FANUC 电源模块启动后出现故障代码“7”

故障： 一台 FANUC 加工中心 αiPS 11 电源模块 A06B-6140-H011，用户反映机器启动后，数码管显示故障代码“7”，查故障描述手册，解释为：主电路直流部分（DC 链路）电压异常升高，原因：①电源的阻抗过高；②紧急停止接触状态下主电路电源切断。

检修： 在实际检修过程中，我们发现，维修手册给出的故障可能往往只是表象，是假定内部元件未损坏的前提下的判断，单凭维修手册往往不可能解决实质问题。此故障就是典型一例。此板与维修实例 6.1.8 的故障代码相同，但故障出现的时机不同，例 6.1.8 中故障代码是模块一上电便出现，此例是 CNC 机床启动后才出现的。检修还是围绕隔离放大器 A7800 为核心来展开，故障代码“7”是反映电压高，首先要区分故障在 A7800 前级还是后级。

取下主控板，通以 220VAC 电压，发现 A7800 输入和输出部分的电源电压 5V 都正常，从主控板上取下给 A7800 前级供电的三端稳芯片 78M09，相当于不给 A7800 输入级电源供电，然后将主控板插入插槽，通电后立刻出现报警代码“7”，说明故障在 A7800 输入级。

循着A7800的输入脚第3、4脚查找，降压检测电路的所有元件未见异常。用户反映通电运行后才报故障，是不是A7800热稳定性变差导致呢？但见A7800芯片的生产日期标识为2008年，凭经验判断，A7800损坏通常须要10年以上，这个年份的A7800还不至于损坏，权且让其通电较长时间试一下。刚通电时测A7800的第6、7脚之间的电压是8mV，经过30分钟后再测其电压仍然是8mV，说明A7800应该没有问题。至此维修陷入困境。

会不会不是电压检测的问题呢？即电压检测是对的，而确实是直流输出电压高了？我们知道，这个电源模块是输出电压可控的，不是三相直接整流输出的形式，如果内部控制失误，也会引起输出直流电压的升高。维修手册解释有一种可能的原因是电源的阻抗过高。什么意思呢？换句话说，就是负载太小。那么模块怎么判断负载太小的呢？当然通过输出电流来判断，而电流大小的检测无外乎两种形式，模块功率不大的情况下串联小电阻，通过检测电阻的电压大小判断电流大小，模块功率较大则通过霍尔元件来检测。此模块属于功率比较大的，使用霍尔元件检测。

通电后，万用表测两个霍尔元件的输出信号脚电压，正常情况下应该是2.5V左右，但其中一个输出仅有1.4V，说明该霍尔元件已经损坏，购新件将其更换。用户上机试用后，故障再未出现。

6.1.10　STORZ内窥镜冷光源XENON NOVA 175故障

故障： 某医院使用的STORZ内规镜冷光源，型号XENON NOVA 175出现故障，通电后有哒哒声，内部高压氙灯随着几次哒哒声闪烁一下，周而复始，不能持续点亮。内部电路板图6.10所示。

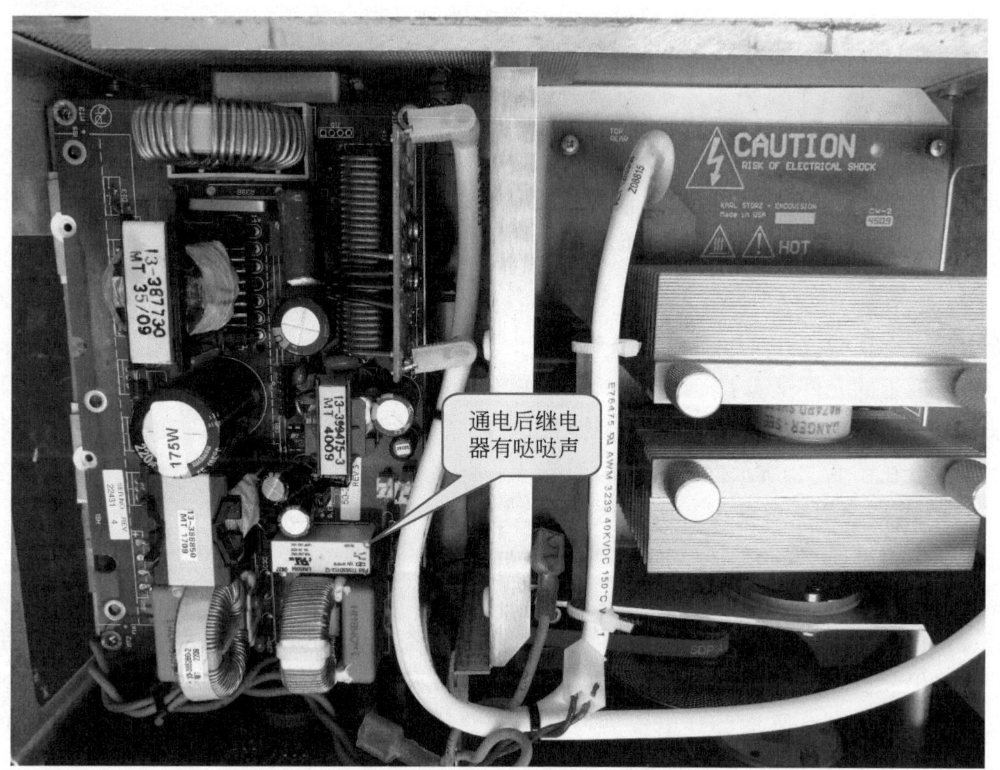

图6.10　内窥镜冷光源XENON NOVA 175

检修： 仔细听哒哒声来自内部一个12V继电器的吸合声。对整个设备跑了一下线路，弄清楚了此光源的大致结构。220V输入设备后，整流桥整流，经过PFC电路进行电压提升，在主电容两端得到385VDC电压，再由升压电路得到上万伏以上电压点亮氙灯。发出哒哒声的这个继电器常开触点并联了一个12Ω电阻，减少通电瞬间大电容充电的冲击。PFC电路控制和PWM控制由一个芯片ML4824完成。通电后监测继电器线圈上的电压，发现一直在跳变，而继电器线圈的电压来自于芯片ML4824的电源脚，发现这个电压也在跳变。判断电源有明显的保护现象，造成芯片和继电器的供电不足。

先确定电源管理芯片ML4824是否有问题，给芯片的VCC脚和GND脚接入15V维修电源，示波器观察11脚和12脚都有方波输出，说明故障不在芯片。检查电压反馈和电流反馈部分元件，也没有明显故障。用户拿过来两台设备，另一台故障不一样，于是两台设备对比阻值测试，也没有发现明显问题。怀疑电路板脏污在大阻值电阻（如图6.11所示的R7A、R7B）两端形成并联效应，使得阻值减小，取样电压升高，从而触发过电压误报警。用洗板水清洁电阻周围的电路板，用热风枪吹干后，通电，故障消失。连续通电4个小时，氙灯一直点亮。交付用户使用，反映使用几天后，故障依旧，退回重修。怀疑使用环境是否潮气太重，又将电路板整体清洗，吹干，试机几天，没有问题，但是客户使用了几天，还是出现相同故障。

怀疑有过孔虚焊，或者某个贴片元件下面的脏污受热胀冷缩影响，电阻效应表现不一样。最后不管其他元件，将图6.12的R7A、R7B相同位置贴片电阻焊下，将电阻浸泡在洗板水中，将贴片电阻下面部分的电路板彻底清洗，上电试机，故障不现，说明这一次100%地找到了故障点。交给用户使用数月，没有再反映有故障出现。

6.1.11　某多路输出电源多种故障

故障： 某机器电源，输出+24V、+12V、−12V、+5V、+3.3V多路电压，如图6.13所示，客户反映输出电压低，给别人修后，非但未修好，还把两个疑似SOT23封装的贴片三极管拆坏了，看不到丝印标记。

检修： 先分析被拆掉的元件可能是什么，试着寻找可以代换的元件。图6.14矩形框所示是双管正激式开关电源的两个开关管，根据电路板走线跑图，大致电路如图6.15所示，推测拆走的元件是VT3、VT4所示的PNP型三极管，此三极管可使输入低电平时GS电压迅速泄放，达到关断场效应管VT1、VT2的目的。选择手头现有的PNP型三极管BC807焊接在图6.12所示拆掉的元件焊盘上，给此电源的电源管理芯片FAN4803单独通18VDC电压，示波器观察VT1、VT2的GS之间波形正常。

给整个电源通以220VAC电压，空载测试各路输出，发现+24V输出只有+16.6V，+12V输出只有+8.6V，−12V输出只有−8.6V，+5V和3.3V输出正常，怀疑电压反馈的问题，试着调整图6.12所示的电位器，调整后输出电压有变化，但调到最大位置时，+12V输出只能达到10V左右，而且当金属螺丝刀调整电位器时，变压器有嘶嘶声，怀疑电位器内部损坏，更换此5kΩ电位器，调整时变压器不再有嘶嘶声，而且可以使各路电压正常。电源交用户使用，反映正常。

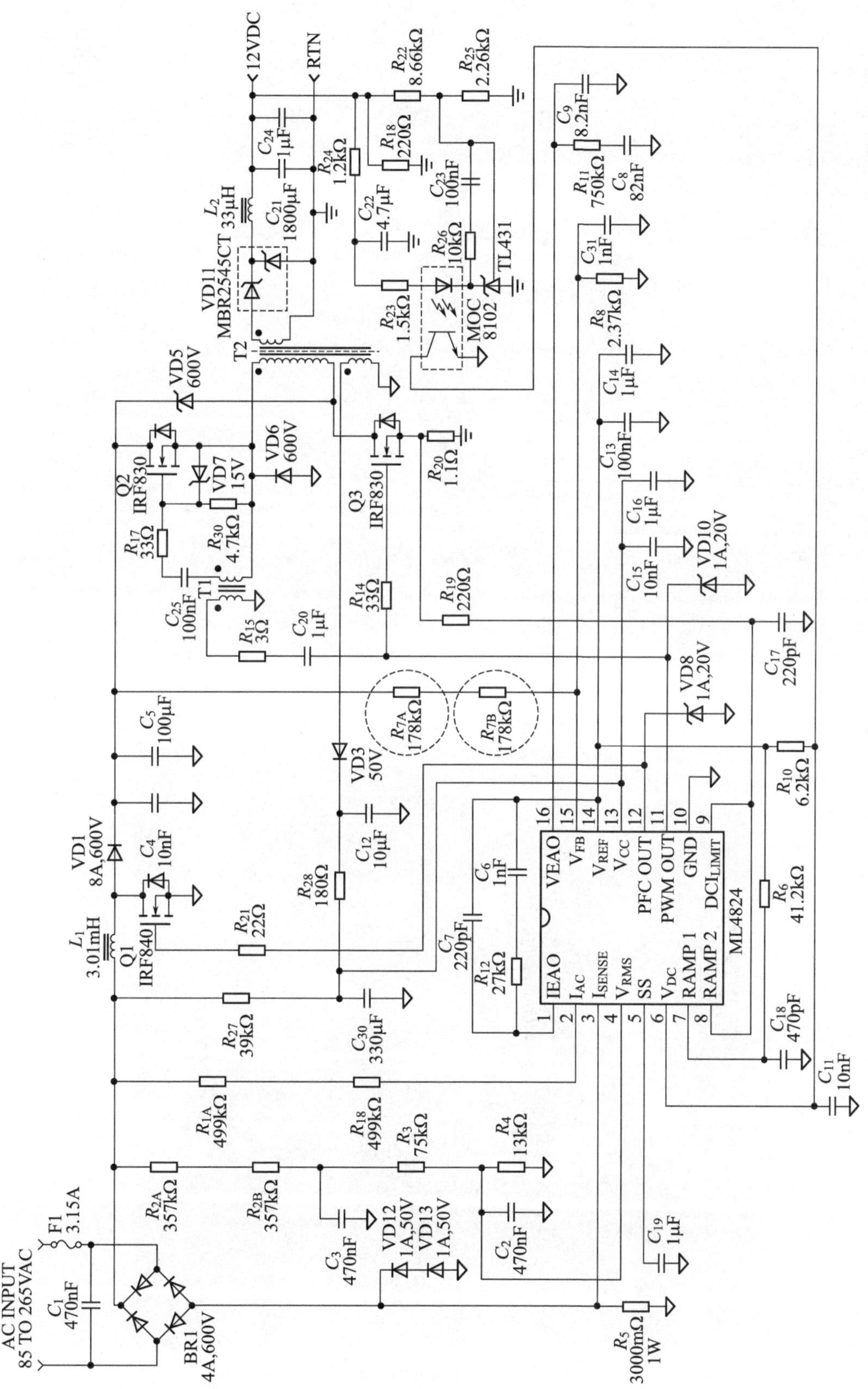

图 6.11　ML4824 典型电路

图 6.12 内窥镜冷光源 XENON NOVA 175 故障点

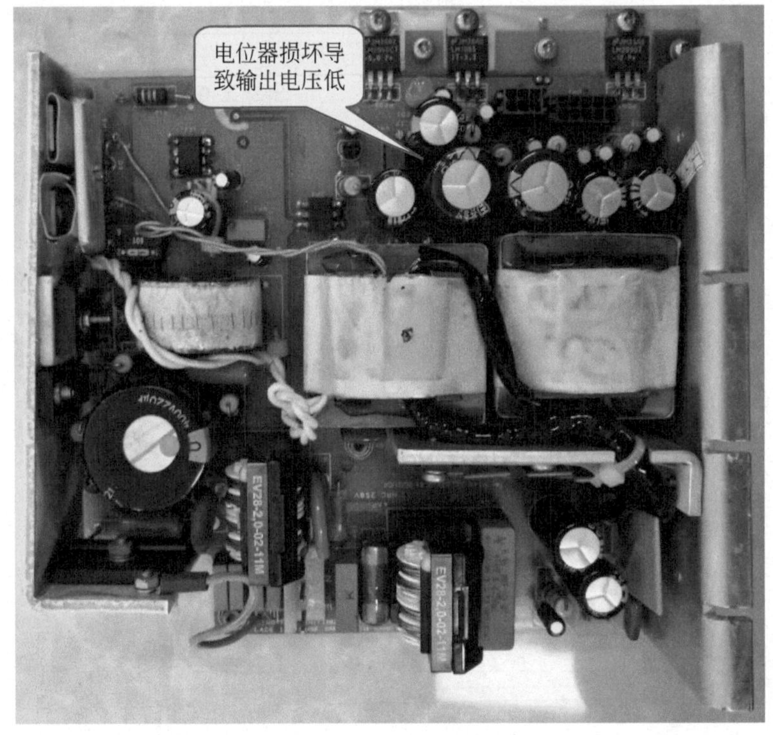

图 6.13 开关电源正面

图 6.14　开关电源背面

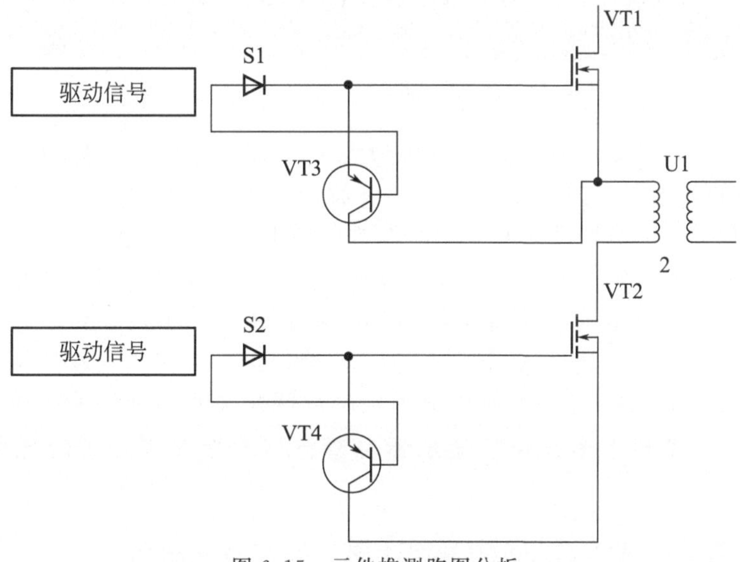

图 6.15　元件推测跑图分析

6.2 人机界面维修实例

6.2.1 得逻辑无线终端 8255 无显示

故障： 一台港口集装箱码头调度使用的加拿大产得逻辑无线收发终端，型号 8255，通电后主板蜂鸣器鸣响正常，但显示屏无任何亮光。

检修： 8255 显示器电路板见图 6.16。鸣响正常说明 CPU 工作正常，应该先查显示屏的供电。主控板上有两路电源接入显示器，一路 12V，一路 5V，其中 5V 提供显示器 CPU 和逻辑芯片的电压，12V 提供一个开关电源的输入电压，开关电源再输出 100V 的直流电压提供给驱动芯片来控制点亮像素点。

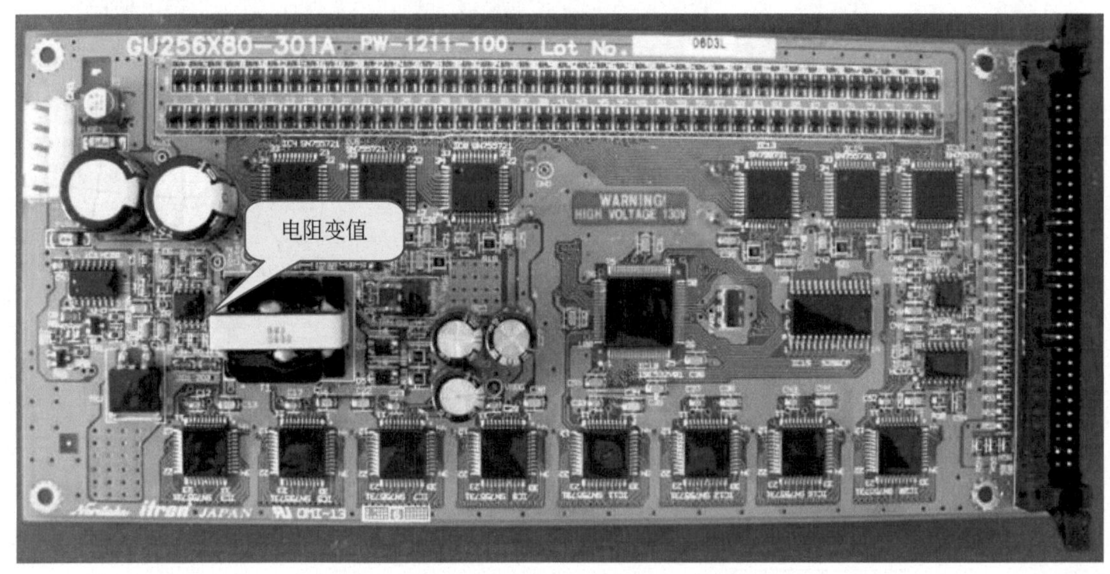

图 6.16 得逻辑无线终端 8255 显示器电路板

找到开关变压器旁边的开关管，整机通电后用万用表测量栅极对源极电压，只有 0.1V，明显偏低，再用示波器测栅极对源极波形，没有测到 PWM 脉冲波。顺着栅极往前级找，发现 PWM 信号是从一个 PWM 芯片发出，经过一个 100Ω 电阻接到开关管的栅极。没有 PWM 信号，说明开关电源没有正常起振。原因可能是：①芯片的供电电源不正常；②芯片的外围元件有损坏导致不起振；③芯片本身损坏。测芯片的供电脚第 7 脚对地电压 11.7V，是 12V 串联一个二极管后得到，正常；在线测量芯片外围的各电阻，发现有一个标称 2.2kΩ 的电阻在线测试读数为 9.6kΩ，不用说该电阻已经损坏。更换此电阻后整机上电试验，显示器屏幕已经有字符显示，对比度及亮度指标正常。

6.2.2 纸巾印图控制器 CAMCON 51 显示屏字符无显示

故障： 一条彩色餐巾纸印刷线的控制器 LCD 显示屏，用户反映若干月前 LCD 字符只有隐隐约约显示，至最近显示全无，在不涉及参数控制修改时，尚可使用，一旦要使用显示屏修改参数，因为屏幕无显示，就完全不能用。

检修： 拆开控制器后盖，发现该控制器使用单片机及 CPLD 芯片组成的系统，有若干模拟数字 I/O 口。因为控制器还能控制，判断 CPU 及 CPLD、I/O 电路各部分正常。仔细从侧面角度观察 LCD 显示屏，可发现有非常模糊的字符显示，判断应该属于对比度失去控制。LCD 使用 20 个引出脚，焊接在主控板上。此 LCD 是 128×64 点显示，查资料 LCD 的第 17 脚是对地负压，此负压的大小控制 LCD 对比度。发现此负压控制较麻烦，不是通过电位器来调节的，而是通过内部软件来控制 DAC（数模转换器），得到一个输出电压后再控制运算放大器，再控制输出负压。对运算放大器及周边元件检查，没有发现损坏元件。询问用户是否知晓控制器的对比度调节功能，答曰手册未提，不清楚。估计只能通过软件调节。试着使用电位器调节对比度。先用刻刀将 LCD 的负压输入脚与其他电路元件的连接走线切断，取 20kΩ 可调电阻一只，一端接地，一端接最高负压，中间接 LCD 第 17 脚。找到控制器的 24V 电源端，通电，调节可调电阻旋钮并观察显示屏，使显示最清晰。保持通电 4 小时，显示稳定。交付用户使用一个月正常。CAMCON51 控制器 LCD 对比度电路改装见图 6.17。

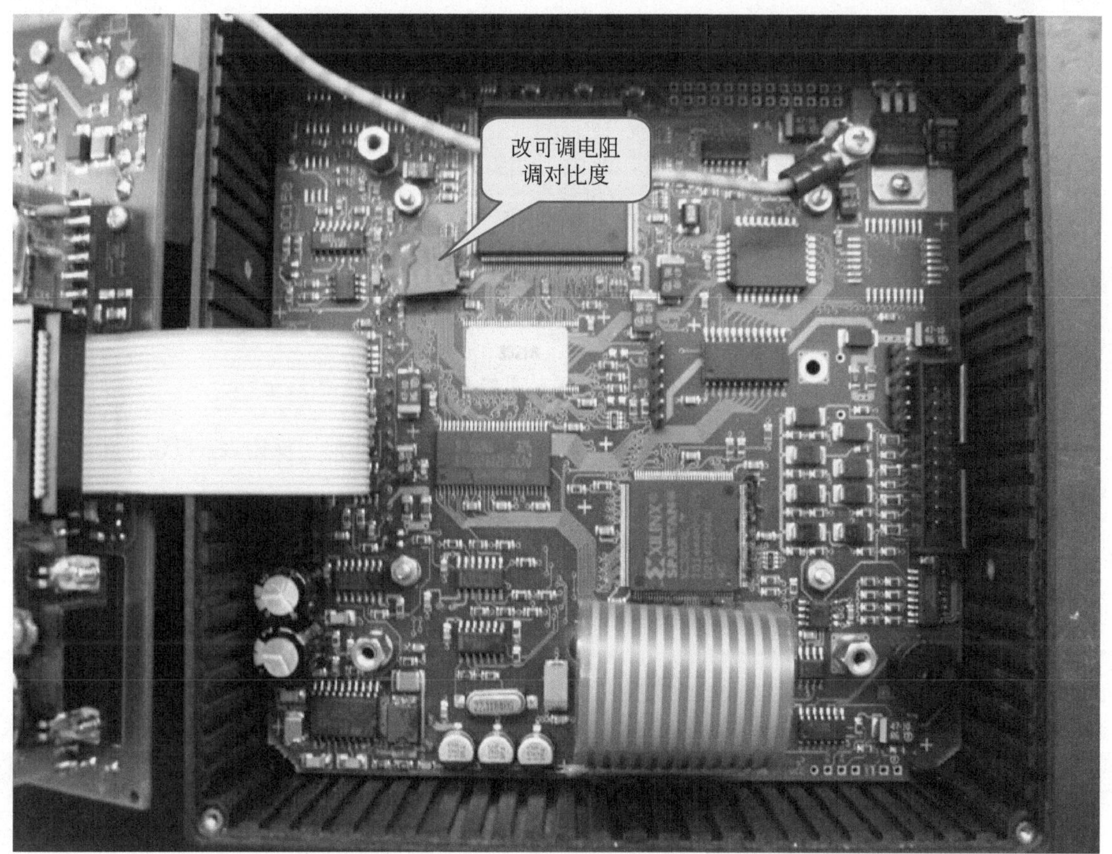

图 6.17 CAMCON 51 控制器 LCD 对比度电路改装

6.3 PLC 维修实例

6.3.1 西门子 PLC S7-200CPU224 通信故障

故障： 西门子 PLC S7-200CPU224 与电脑通信故障。

检修： 拆开发现通信口元件多处烧黑，甚至炸裂。此 PLC 的 PPI 通信是通过一个 75176 的芯片实现的。外部的 A、B 差动信号经串联限流电阻，并联限压保护二极管保护，最终到达 75176 芯片的第 6、7 脚，变换后的信号由第 1、4 脚和主芯片沟通。此 PLC 是因为外部高压漏电致限流电阻和保护二极管烧坏，更换损坏的元件后，联机 S7-200 编程软件，使用监控功能测试 CPU224 两个通信口，测试 30min，一切正常。

6.3.2 三菱 PLC FX1N-60MR-001 ERR 灯闪烁

故障： 一台三菱 PLC FX1N-60MR-001，通电后 ERR 灯闪烁，输入 X0 灯常亮。

检修： 根据经验，ERR 灯闪烁可能系用户程序损坏或丢失导致。联机三菱 PLC 编程软件，发现从 PLC 读得的程序是乱的，只有一步且界面呈黄色。执行内部清除命令，重新传送程序后，PLC 通电 POWER 灯亮，RUN 灯亮，err 灯不亮，但 X0 输入仍然亮着。循 X0 线路检查，发现 X0 对应的光耦后级本应为 5V 的一点却变成了 0V，仔细检查，连接此节点的 PCB 走线和大面积覆铜地线之间有脏污，断电，用万用表测此点和地之间电阻为 200Ω 以下，而其他相同输入点却有近 1MΩ 电阻值。用小刻刀刮去脏污，并用洗板水清洗，复测电阻值接近 1MΩ，PLC 通电一切正常。

6.3.3 三菱 PLC FX2N-80MR-001 通电后无任何指示灯显示

故障： 一台三菱 PLC FX2N-80MR-001 通电后无任何指示灯显示。

检修： 怀疑内部开关电源损坏。拆开查 220VAC 通路正常，保险及 NTC 正常。直流输出两路 24V 正常，没有 5V 电压输出。测稳压芯片 8050s 输入有 23.4V，输出只有 1V 左右而且很不稳定的电压，怀疑 8050s 本身或相关元件坏，查 8050s 第 5 脚电容（22μF/50V）正常。不使用 220VAC 电源，单独给 8050s 加 24V 输入电压，输出 5V 又正常，怀疑 8050s 未坏，查遍外围也没有查到损坏元件，遂将 8050s 更换，通电 POWER 灯亮，RUN 灯亮，一切正常。

6.3.4 西门子 PLC S5-95U 程序丢失

故障： 某航空公司一台德国产用于飞机零件荧光磁粉探伤的充磁-退磁机器不能工作，按下充磁按钮机器无响应。

检修： 此类机器是根据电磁感应原理，给金属零部件充磁，然后在部件表面施加荧光磁粉，在紫外灯的照射下，观察磁粉的分部情况，检查部件表面和近表面的缺陷。整套系统是由 PLC 控制大功率可控硅，整流后输出最大 3000A 的大电流来感应磁场。PLC 是西门子早期型号 S5-95U，其外接端口如图 6.18 所示。

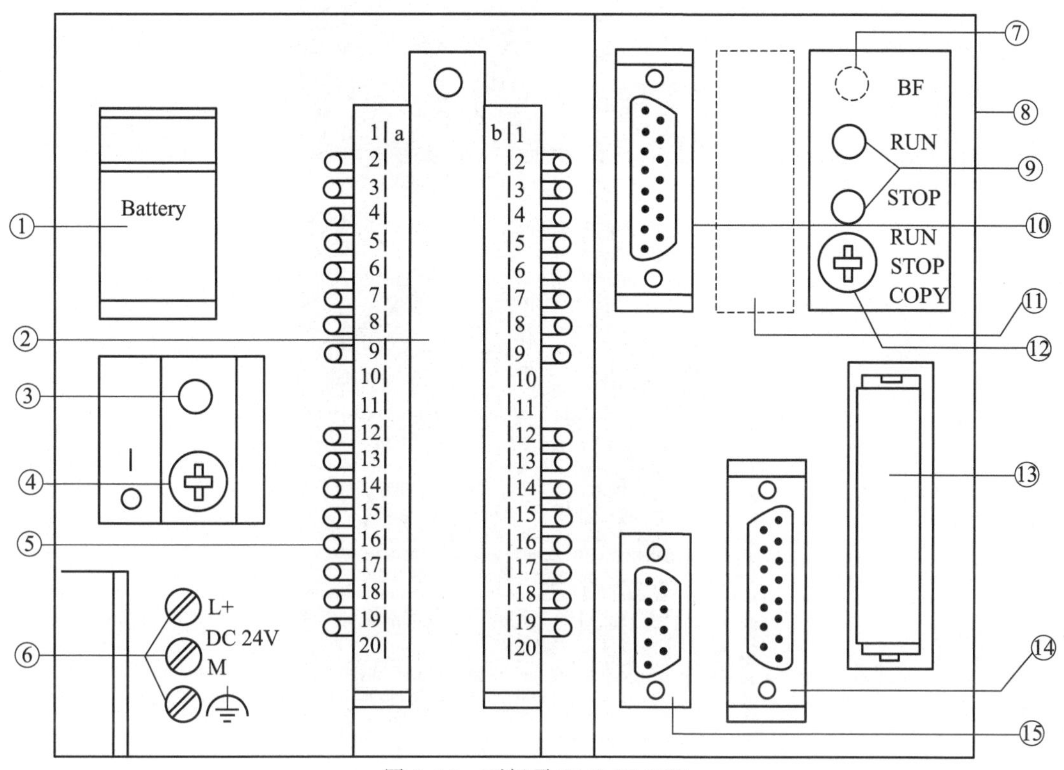

图 6.18　西门子 PLC S5-95U

PLC 通电后，发现电池指示 LED 黄色，测电池电压，发现 3.6V 电池只有 0.1V 电压，说明电池已坏，内部 RAM 程序已经丢失。但 PLC 运行 LED 亮着，说明 PLC 内尚有程序。

此 PLC 配有 EPROM 程序模块，每次上电，如果 PLC 判断电池掉电，就会从 EPROM 中调用程序。将电池换新，PLC 通电，然后将 RUN /STOP/COPY 转换开关拨到 COPY 位置保持 10s，程序即从 EPROM 卡中复制到 PLC 内部 RAM 中。如果电池是好的，下次 PLC 重新上电时，PLC 即直接执行内部 RAM 的程序而不会从 EPROM 卡中读程序。待以上操作完成后，用户试机仍然不正常，于是将 PLC 程序读出，对照机器供应商提供的随机说明书检查程序步骤，发现读出程序与说明书程序并无不同。遂对照程序现场试验，发现某一步程序的逻辑关系并不符合现场控制要求，于是对其稍加改动，让其满足输出要求，再让用户测试所有步骤，直到每一步都符合要求。

此机器最终出厂时，保存在 PLC RAM 芯片中由电池保存的程序与 EPROM 卡中的程序并不相同，造成了电池掉电后从 EPROM 卡中读出的程序不能正常工作，这是机器供应商的问题。为了防止电池掉电后再次出现同样的问题，我们将 EPROM 卡拿到西门子 S5 PLC 专用的 EPROM 程序烧写器上将更改的程序重新烧写，这样就不怕电池掉电了。

6.3.5 MOELLER PLC 指示灯不亮

故障： 某生产线人机界面触摸屏上的数据显示全 0，无法输入数据，机器无法启动，但是屏幕本身能够操作，对触摸有响应，并且与触摸屏连接的 PLC 指示灯不亮。如图 6.19 所示。

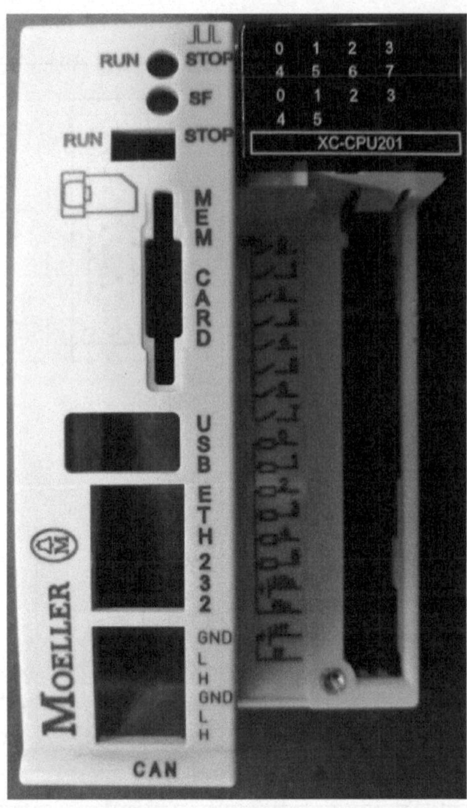

图 6.19　MOELLER PLC 指示灯不亮

检修： 拆下 PLC，先判断可能是 PLC 电源问题。给 PLC 接入 24V 电压，测输出电压 5V、3.3V、2.5V 均正常。于是怀疑 PLC 单片机系统问题，因为此 PLC 使用大底板接口来连接控制板与电源模块，所以给 PLC 控制板单独加入 3.3V 和 2.5V 电源电压，然后测试板上 4 个晶体振荡器有没有信号输出，结果发现有一个 24M 无源晶振没有波形输出，将此晶振更换后通电试机，晶振仍然没有信号输出。怀疑与晶振相连接的 CPU 损坏，仔细检查发现，BGA 封装的 CPU 下面有绿色铜锈物质。查资料，确认此 CPU 内部没有程序资料，购买新的 CPU 替换后，再通电测试，PLC 的 LED 灯开始闪烁。整个 PLC 重新装机测试，故障排除，生产线工作正常。

6.4　变频、步进、伺服驱动器维修实例

6.4.1　NEC ASU40/30 双轴驱动器失效

故障： 启动电源按钮后，伺服驱动板无直流动力电源，CNC 显示报母线电压低，系统关断 XY 驱动电路的电源接触器。

检修： 现场试验启动电源时，XY 驱动电路三相 220VAC 动力电源供电接触器吸合一下，但不一会就跳开，CNC 屏幕显示 undervoltage，电压低报警，实际检测没有母线电压。经查，三相 220VAC 电源其中两根线通过一个继电器的常开触点接到一个三相整流桥，同时还接到两个小功率二极管，其中一个二极管串联一个电感后连一个 450V/3.3μF 电容，在电容上产生一个电压，此电压引入到一个比较器 LM393 的正向输入端，如果电压足够，比较器翻转输出高电平，去控制一个 IGBT 的门极，从而将整流后的直流引到 XY 轴驱动 IGBT 的 P、N 端。如图 6.20 所示。

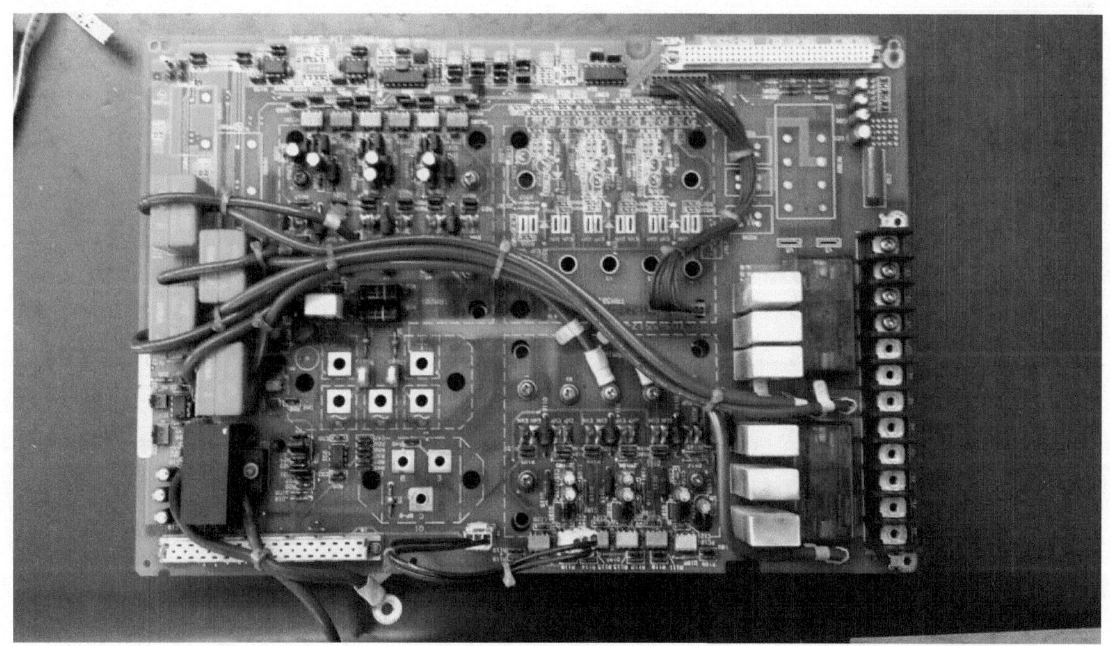

图 6.20

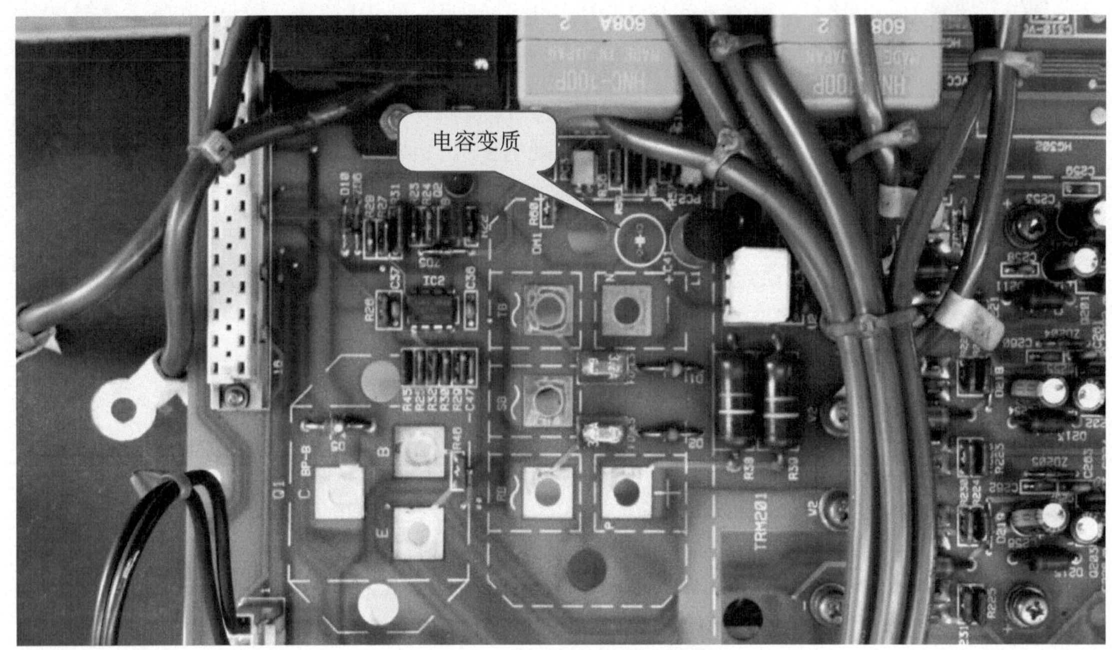

图 6.20 双轴驱动器电路板

用测试仪在线检查电容，*VI* 曲线已经严重畸变，实测电容量为 2μF 左右，拆下电容，发现电容引脚有锈蚀痕迹。以上说明此电容已经失效，不能产生一个正确的电压使比较器控制轴驱动器得电，从而系统检测电压不足，自关断接触器保护动作。更换同规格电容后，驱动器装上通电，一切正常。

6.4.2 安川 CIMR-VMW2015 变频器运行一段时间报过流

故障： 此变频器为一日系车床的主轴驱动变频器，用户自述车床开启数小时内可以正常工作，但时间一久，变频器就会报过流。

检修： 此变频器使用 15 年以上，根据故障情况不难联想极有可能为电解电容失效引起的故障。变频器分为电源板、主控板、驱动板和模块几部分，电源板上有 10 个电容，测 *VI* 曲线，椭圆正常，容量也未下降。驱动板上有 12 个厚膜电路，每个厚膜电路外接 1 个 22μF/25V 电解电容，在线测试仪测 *VI* 曲线，其中 3 个椭圆曲线严重歪斜。推测冷机时，电解电容尚保持一定的容量，通电时间一久，内部发热使得容量严重下降，ESR 迅速增加，电容参数恶化，不能提供给相应的厚膜驱动电路正确的电压，导致模块被错误驱动，电流很大，触发系统过流报警。维修前用户使用不到一个小时就过流报警，将驱动板上 12 个 22μF/25V 电容全部更换后，用户使用两天内未见故障重现，视为修复。

6.4.3 FANUC 伺服驱动器不能修改参数

故障： 一台 FANUC 型号伺服驱动器，用户试图修改参数时，反映不能读出参数，交某专业维修公司数次维修也未能修好，送至我公司尝试再次维修。

检修： 观察驱动器板有一枚外接 3.6V 锂电池，顺电池正极电压去向找到相应的芯片，发现是通过一个二极管接到一个 74HC00 的电源端。整机未通电时，74HC00 电源脚 14 脚也有 3V 以上电压，通电后 5V 电压加到 14 脚，二极管截止，电池不输出电流给其他元件。74HC00 的与非逻辑输出脚与板上 RAM 芯片的片选信号线相连，参数就存在这个 RAM 芯片内，这个信号与参数能否读写相关。因为 74HC00 的正常工作电压可以低至 2V，所以整机不通电时测 74HC00 的各输入输出脚电压，应符合与非门逻辑。实际测量时有一个与非门不符合，本应输出高电平，实测 0.1V 为低电位。发现 74HC00 曾被取下过。用热风枪吹下，使用程序烧录器的逻辑芯片测试功能，发现能够通过测试，遂重新焊回板上，复测电压逻辑还是不对。检查对应脚位的元件连接网络，未发现短路，用洗板水清洗芯片及周边部位电路板，确保不因腐蚀杂质引起漏电而导致逻辑错误，经过以上处理后，复测发现芯片还是逻辑错误。无奈再将 74HC00 拆下，用万用表测各脚对 GND 脚电阻，发现 4 个与非门的某一个门的对地电阻只有 9kΩ，而其他三个门对地电阻有数百千欧姆且一致，说明 74HC00 内部有异常，更换新的 74HC00 芯片，复测逻辑完全正常。交用户试机，用户可以读出芯片参数，但参数已乱，找一样机型的驱动器对照重新输入参数，机器工作正常。

6.4.4 FANUC 伺服驱动器风扇故障报警

故障： 一台 FANUC 型号伺服驱动器数码管显示 XX，查故障代码对应的故障解释为：风扇故障。用户更换相同风扇后，通电，故障依旧。

检修： 将风扇插头拔掉，取出风扇，通 24VDC 测试电压，风扇转动正常，电源电流与风扇标称一致。同时将数字万用表置二极管挡，红表笔接三线风扇的检测线，黑表笔接负极，测风扇内部检测电路 OC 门（集电极开路）晶体管截止和导通情况。实测通电时，二极管挡显示 0.6V 检测线对地导通，不通电时显示截止，说明风扇正常。顺着风扇检测线检查，此线从端子接入到主控板，然后通过主控板和驱动板之间的桥接小板接到逻辑芯片 74HC14 的某个输入端，经缓冲放大后接 CPU 的 I/O 口，如果此信号为低电平，则 CPU 判断风扇正常，高电平则报警。万用表测风扇信号检测端到 74HC14 输入端，直通正常。万用表测 74HC14 各脚位对地电阻，未见短路。伺服驱动器只通控制部分的电源，万用表测风扇输出脚对地电压始终有 19V。顺着风扇的信号检测线检查，无意中测得信号线对＋24V 电源端只有二十几欧姆的阻值，发现在主板和驱动板之间的连接小板上有一处相邻焊盘的短路，将短路点清理后，通电复测信号检测线的对地电压为 0V，故障修复。驱动器连接小板见图 6.21。

6.4.5 纱厂纱锭卷绕电机驱动器失效

故障： 某型德国设备 PAPST 电机驱动器 VARIOTRONIC 驱动电机力矩不够，用手能轻易止动，不能卷绕纱锭。

检修： 此板为小功率的三相电机驱动控制板，原理与常见变频器的驱动部分颇相似，只是因为电压低功率小，没有使用变压器、光耦等元件。电路板实物如图 6.22 所示。

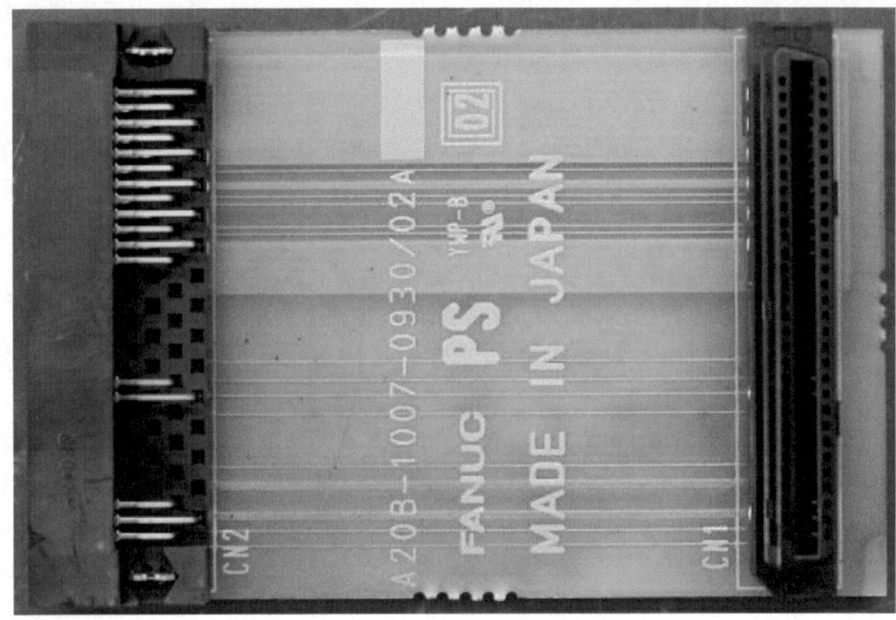

图 6.21　驱动器连接小板

图 6.22　纱锭卷绕电机驱动器

万用表测试了上下桥的各驱动管，正常，测试了所有电阻都正常，更换了所有IC，故障依旧，至此维修陷入困境，无奈向用户讨要另一块好板遂将两块相同的电路板（一块坏板，一块好板）通上24VDC电压，电流都是70mA左右。测试各点直流静态对地电压，发现坏板某节点同好板电压不一样，好板有10V，坏板只有2.1V，此节点有一个340kΩ的上拉电阻，电阻上端接24V，下端连接0.1μF的小电容到地，坏板此节点电压如此之低，怀疑小电容漏电，拆下小电容，检查并无明显漏电，遂将其更换，节点电压恢复10V。交用户试机，驱动器力矩恢复正常。

6.4.6　西门子伺服驱动板报 Intermediate Circuit Voltage Error 故障

故障： 用户一台西门子伺服驱动器报 Intermediate Circuit Voltage Error（中间电路电压错误），经调换试机，确定故障在驱动板，驱动板如图6.23所示。

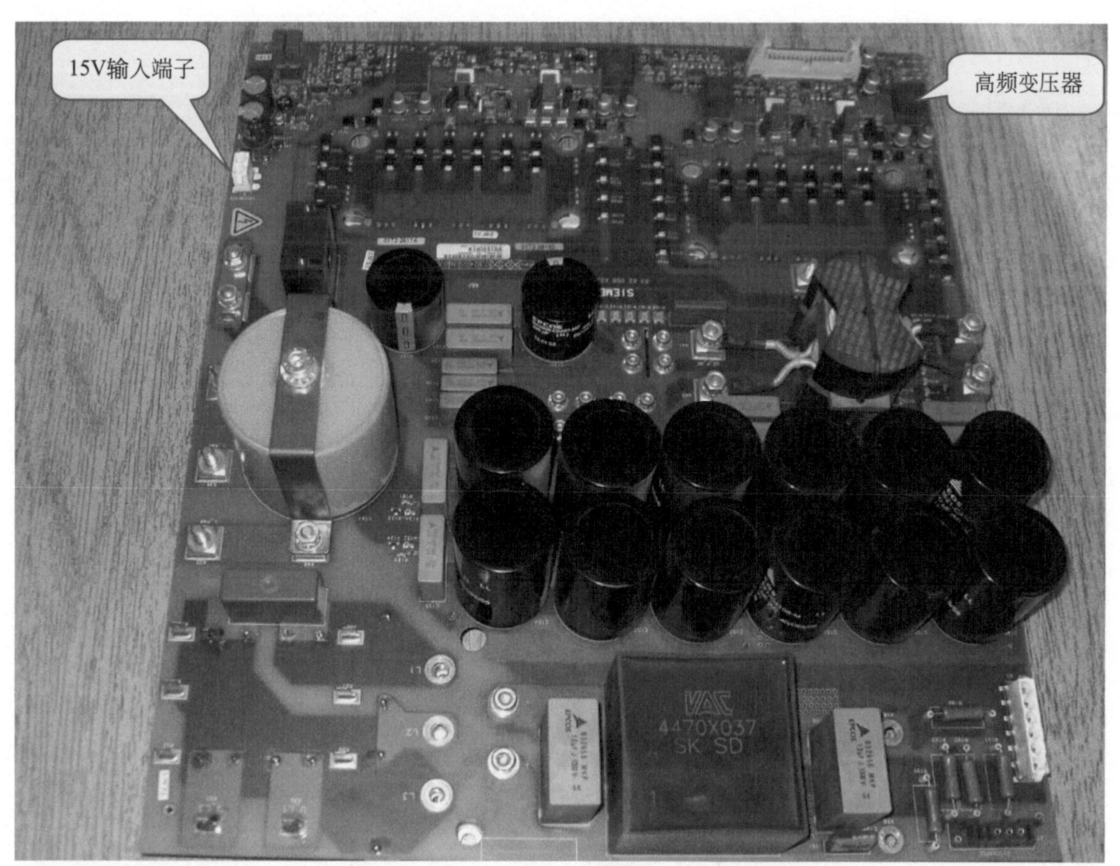

图6.23　西门子伺服驱动器板

检修： 万用表粗略检测整流桥、电阻、二极管、大电容基本正常；使用在线测试仪检测控制部分各小电解电容，*VI* 曲线正常。控制板上有四个棕色高频变压器，这是西门子典型的驱动光耦开关电源供电变压器，原理是这样的：前级由15VDC输入电压经振荡开关电路产生高频方波脉冲加至各高频变压器的初级线圈，在各变压器次级线圈感应出的高频电压经整流、滤波后得到各驱动光耦所需的电源。将维修DC可调电源调整至15V，加入电路板相应端子，测变压器次级线圈输出端的滤波电容两端电压，+20V 及-12V 正常，示波器测量直流无纹波，滤波良好。

在用万用表电阻挡测量连接主控板排线端子旁边的电容时，发现有一个 47μF 的电解电容 C4 两端电阻只有 60Ω，如图 6.24 所示。根据经验，一般的控制电路电源电容两端电阻至少有 100Ω 以上，连接的芯片很多时（几十个，而且总有密脚的大规模集成电路）才可能电源两端的电阻很小，如电脑主板 3.3V 两端通常在 10Ω 以下，但此板并无很多芯片，说明某处存在短路。观察此电容的连线走向，发现有一个运算放大器 082C 的正电源是由 C4 上的电压串联 47Ω 电阻 R102 后加到第 8 脚，R102 明显有烧黑的痕迹，说明此电阻曾经通过的电流比较大。万用表在线测量其旁边的小贴片电容 C10，只有 10 多欧姆，焊下 C10 再量其两端阻值为 12Ω，已经短路，此时再量电解电容 C4 两端电阻为 2.2kΩ。至此可以定位故障原因：C10 短路把运算放大器 082C 的正电源电压拉低，从而使得电压检测电路出现错误，导致报警。取 1 个 100nF 1206 封装的贴片电容替换短路电容，并将 R102（47Ω）更换，电路板修复成功。

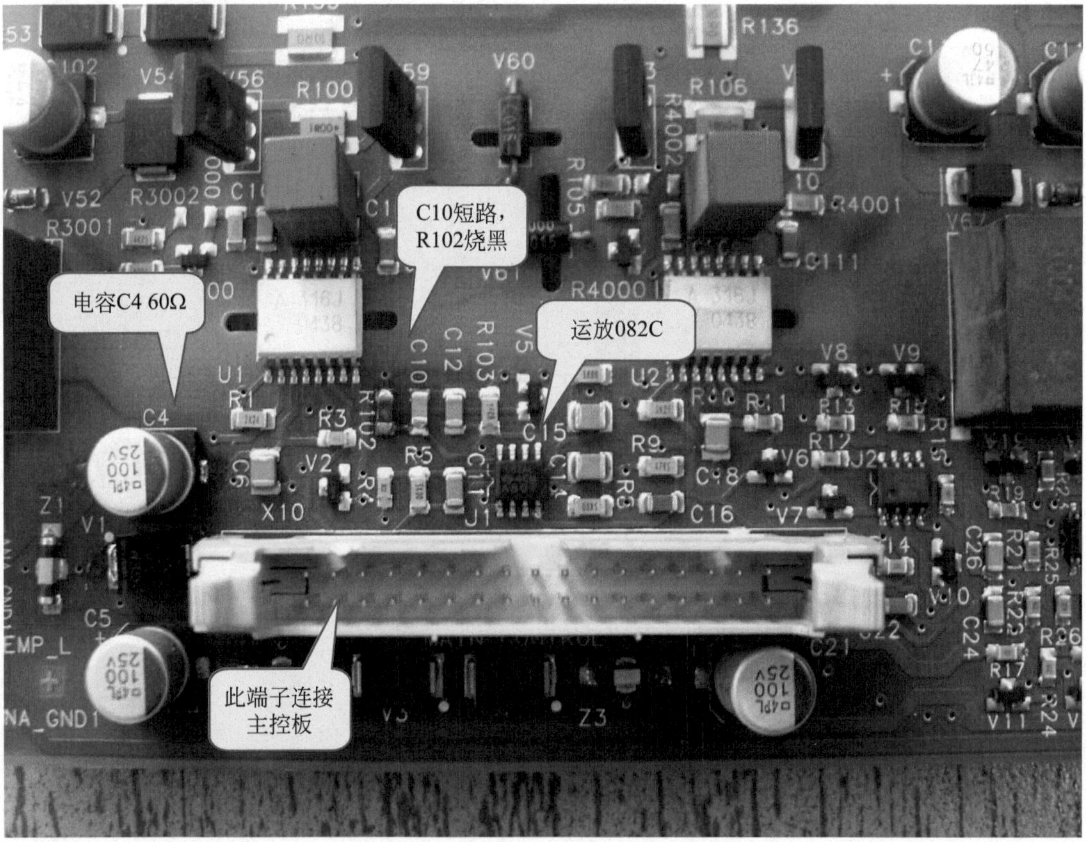

图 6.24　西门子伺服驱动器板故障点

6.4.7　SANYO 驱动器报逻辑错误

故障： 用户反映，一台 CNC 数控加工中心使用的 sanyo 驱动器与主机通信相连，主机指示该驱动器有逻辑错误。

检修： 电路板逻辑错误报警，一般是指检测到的数据超出规定范围的其中某一种错误，总之是属于数字电路范畴的故障。此类故障报警，视乎电路板故障的具体部位，指出的报警名称会有所不同，如编码器检测数据有问题就报“编码器错误”，通信问题会报“通信错误”或“通信超时”，如果 CPU 判断不了错误来源，就会笼统地报“逻辑错误”。

通过调换驱动器的可拆卸部件，故障定位在一块驱动板上，如图 6.25 所示。此板除了 6 个驱动光耦芯片 PC923 之外，还有几个高速光耦，标记为 611，其型号为 HCPL-0611，另有两个 SANYO 定制的芯片 SD1008，网上也查不到资料，不知是做什么用途，此外板上再无其他数字芯片。如果是驱动光耦 PC923 坏了，驱动器应该报过流过载之类的故障，而不会报逻辑错误，因此排除驱动光耦损坏的可能性。故障可能性集中在芯片 SD1008 和两个 HCPL-0611 相连接的系统里，板上包含两组完全对称的系统。我们循着板上线路检查，分析发现 SD1008 是用于 UVW 三相其中两相的电流测量的，电流通过串联在回路中的 MΩ 级大功率电阻，产生一个跟电流成正比的电压降，此电压送往芯片 SD1008 处理，当程序需要检测电流时，CPU 板会发送串行数据指令经光耦 PC14 和 PC16 隔离传送给 SD1008，SD1008 将检测到的电压数据以串行的方式经光耦 PC13 和 PC15 返回 CPU 板，因而 CPU 就知道电流的大小了。

图 6.25　SANYO 驱动器驱动板

为了验证故障在哪一个元件，我们可以通电让此系统模拟工作起来。将电源板与此板连接，电源板通电后检测板上各芯片所需工作电压正常，取信号发生器，将信号调至 5V 500Hz

方波输出，将方波信号串联电阻加至光耦 PC14 及 PC16 的输入端，用示波器检测另两个光耦 PC13 及 PC15 的输出端，发现 PC13 没有信号波形输出，然后检测 PC13 也没有输入信号，然后检测 PC14 没有输出信号，PC14 有输入而没有输出，说明光耦功能已经损坏。更换该光耦，复测各路信号正常。驱动器装配复原，交给用户试机，再无“逻辑错误”报警出现。

6.4.8 PARKER 步进电机驱动板故障

故障： 一台生产线使用的 PARKER 步进电机驱动器，用户反映该驱动器能使用一段时间，但不知什么时候就出现一次错误报警而停机。

检修： 时好时坏故障一般怀疑电解电容的问题，但检查机器电源部分的电容，发现并无异常，因为机器也能工作一段时间，基本上大功率驱动部分也不必过分纠结。重点检查控制部分，发现此机先前有被维修过，所有 IC 都有人为加装 IC 座，机器一段时间能够正常工作，则 IC 也应该都是好的，时好时坏故障由 IC 引起还未见过，所以也不考虑 IC 损坏的问题。那是不是 IC 和 IC 座有时接触不好引起？将 IC 拔出并重新插入，主观感觉一下接触是否可靠，同时拔下 IC 时观察 IC 的引脚，看看是否有锈蚀氧化情况。发现一个 CD4025BE 引脚氧化严重，把 IC 重新插入座子后，万用表测量 IC 脚和座子引脚的接触电阻约 10 几欧姆，将 IC 引脚氧化层用刻刀刮干净，IC 插入重新测试接触电阻 0.1Ω，为防接插不紧 IC 振松，使用热熔胶将所有 IC 和 IC 座点一下。处理后交用户试机，反映再无故障出现。步进电机驱动板如图 6.26 所示。

图 6.26　步进电机驱动板

6.4.9 松下驱动器报过流故障

故障： 一台松下伺服驱动器一运行就报过流。

检修： 拆开机器，寻找电流检测部分，看到白色的A7800隔离放大器就明白一二。马上拆下测试，发现放大功能并无异常。如图6.27所示。给电路板通上电源，测试两个一模一样的A7800的电源脚，发现有一个A7800的5、8脚电源1.3V，正常应该5V左右。循电源脚查找，找到背面，如图6.28所示，芯片5、8脚电压乃是12V电压串联680Ω电阻和5.1V的稳压管得到，发现R38两端电阻竟有十几千欧姆，此电阻肯定损坏。拆下电阻，发现此贴片电阻的银脚已经开裂，造成电阻开路损坏。找相同规格电阻更换，上电复测A7800的电源5.2V，恢复正常，用户试机，反映故障排除。

图6.27　伺服驱动器电流检测部分

图6.28　电阻开路引起故障

6.4.10 贴片机步进电动机驱动器故障

故障： 一贴片机显示界面报警，提示搬运电动机驱动器异常，主机不能与之通信，用户反映驱动板的 POWER 指示 LED 时亮时不亮。

检修： 观察控制板，发现 5V 电源是由 48V 经 PWM 稳压芯片 SI-8010GL 控制后输出 8V，再经 7805 稳压得到。将 48V 电源加入控制板，刚刚接上电源，发现 POWER LED 可以点亮，但十几秒钟后熄灭，然后不定什么时候又点亮，然后又熄灭，如此循环。测量各关键点电压，POWER LED 亮时，7805 输入电压 8V，7805 输出 5V，正常，POWER LED 灭时，7805 输入端量不到电压。电路板如图 6.29 所示。

图 6.29　贴片机搬运电动机控制板

查 PWM 芯片 SI-8010GL 的数据手册，发现 2 脚是芯片的使能端，高电平时，该芯片才可以允许有 PWM 波输出，该板芯片 2 脚接了一个 1nF 的电容到地，这样接法有软启动的作用，这类似于单片机的复位电路，如图 6.30 所示，刚刚通电时，电容相当于对地短路，芯

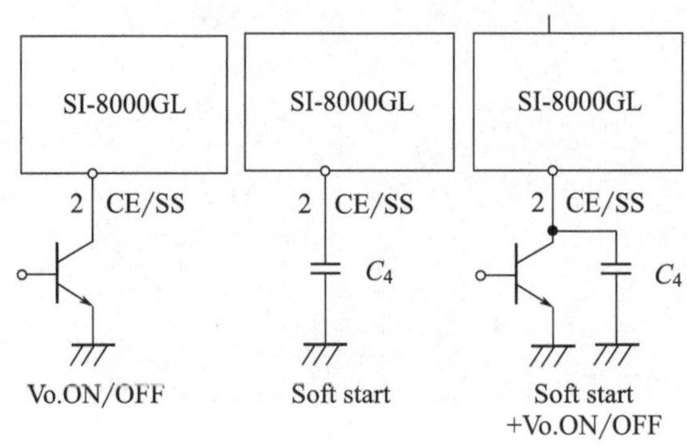

图 6.30　软启动电路

片没有输出，芯片内部慢慢给电容充电，电容电压逐渐升高，到某个门限电压时，芯片开始 PWM 波形输出，这样可以减少电路冲击，有助于电路的工作稳定。

万用表检测 2 脚对地电压，发现随着 POWER LED 亮起和熄灭，2 脚电压在 5.8V 和 1.2V 之间变化，怀疑软启动电容或者芯片 SI-8010GL 损坏。将软启动电容 C30 更换，更换时将 C30 周边电路板清洗干净，再通电试机，发现 POWER LED 再无熄灭，各电压正常。

6.4.11　LINCOLN 自动焊机驱动板无输出维修

故障： LINCOLN 自动焊机无输出，经更换确认是 IGBT 驱动板问题。

检修： 检测 IGBT 驱动管及前级变压器信号耦合部分，并无短路等异常现象。

如图 6.31 所示，可能的故障部位集中到驱动变压器的小电路板，观察上面有 4 个芯片，运算放大器 LM2904、LM224、比较器 LM2901 和 PWM 信号发生器 MC33023，这些芯片都共用单电源。因为绝缘漆很厚，不便拆下，所以直接用维修电源加入电压测试小板。根据数据手册，MC33023 的供电电压需 9.2V 以上，将维修电源电压调节至 10.5V，接入小板芯片电源端，分别在线检测每一个芯片。运算放大器可以通电检测同向输入端和反向输入端电压是否相等，相等则认为放大器工作正常，不相等再测试输出电压是否符合比较器的特点。比较器根据输入电压判断输出电压高低，看是否符合逻辑，即：同向电压大于反向电压，输出高电平，同向电压小于反向电压，输出低电平。经万用表电压检测，运算放大器都正常。MC33023 可以通过检测关键引脚波形看是否正常。MC33023 引脚结构图如图 6.32 所示。

测试 14 脚没有波形输出，测试 6 脚有锯齿波输出，16 脚有 5.1V，参考电压正常。关

图 6.31　自动焊机输出驱动板

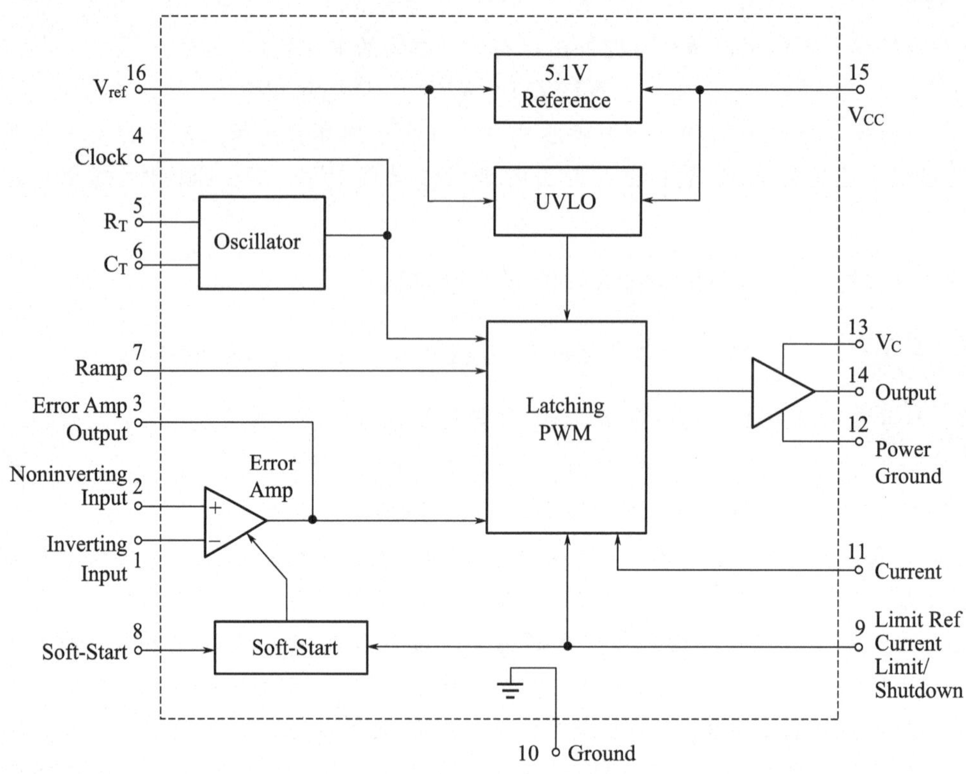

图 6.32　MC33023 引脚结构图

电后测试 14 脚对地阻值很大，不存在短路。判断故障由 MC33023 外围元件引起。测试 LM2901，发现有一路输出不符合比较器逻辑，取下此芯片测试，确认此芯片损坏。购买新的芯片更换，再次试机，测试 MC33023 的 14 脚有脉冲波形输出，测试后级驱动变压器输出，正常。

6.4.12 某直流电机驱动器不明故障

故障： 某国产直流电机驱动器，故障不明。内部电路图 6.33 所示。

检修： 外观检查，没有烧蚀痕迹，使用数字电桥测试电解电容，也没有发现异样，决定通电试机，检测驱动响应。此机低压交流输入供给控制电源，然后整流滤波，两个 24V－15V DC－DC 转换器模块转换后得到后级所需电压做控制电源。为了方便，可以不使用隔离变压器输入低压交流电源，而在交流电源输入端直接接入 24V 直流电源，因为不管正负，直流电经过整流桥以后，都可以得到方向一致的直流电压。

通电后测试各部分电源电压，15V 输出正常，4 个 IGBT 的 G－S 负压正常。指针万用表×1Ω 挡给驱动光耦 2，3 脚注入电流，6 脚输出电压变化明显，相对应的 IGBT 模块 G－S 转为正压，4 路测试正常。发现机器接直流电机的两根输出线之间并联了接触器的常开触点，不知用于什么目的。接触器的线圈是 380VAC 供电，直接给线圈接入 380VAC 电压，触点吸合以后测试触点电阻有 600 多欧姆，显然触点已经损坏。购买同型号接触器更换，发给用户试机，反馈机器可以正常工作了。

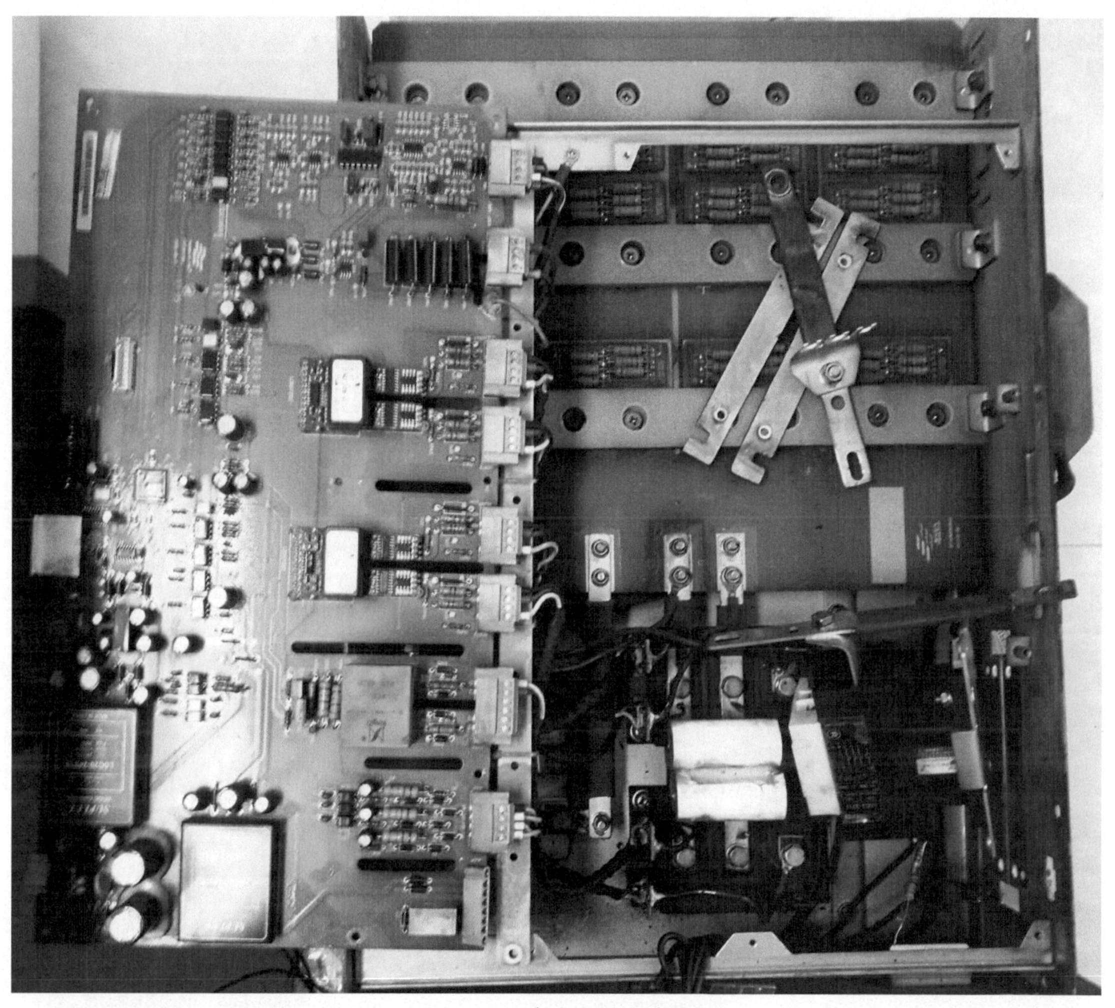

图 6.33　直流电机驱动器

6.5　仪器仪表维修实例

6.5.1　Finnigen 菲尼根 LCQ DecaXP Plus 质谱分析仪控制板自检不过

故障： 使用者反映某项功能自检通不过，某一处 100 多伏电压上不去。

检修： 检查各元件外观无任何异常，未见烧损，未见断线、腐蚀情况。万用表测试各保险管、三极管、MOS 管、稳压管正常。受控电压为 100 多伏，首先考虑与模拟电路有关。此板模拟电路高压部分在板上有特别标示注意高压，电路包含 6 个高电压运算放大器 PA42，如图 6.34 所示。

此运算放大器外观及引脚功能如图 6.35 所示。

实测电路板上 PA42 的第 2 脚接地，为 0V 电压。从 CPU 电路来的数字控制信号经过 DAC（数模转换器）转换成模拟信号，串联一个 10kΩ 电阻后接至运放 PA42 第 1

图 6.34　质谱分析仪控制板

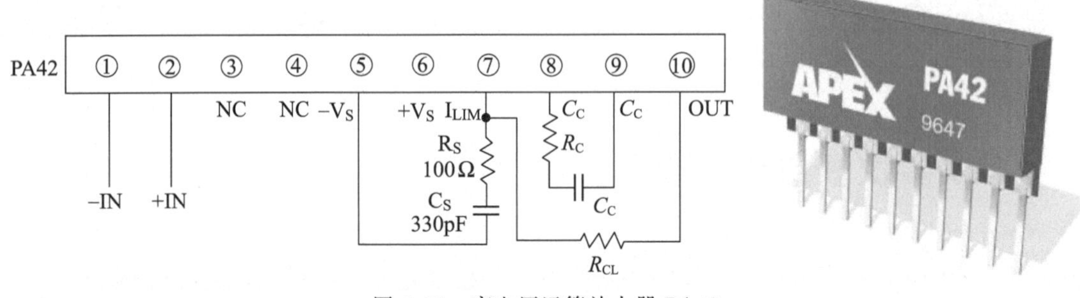

图 6.35　高电压运算放大器 PA42

脚，第 1 脚与运放输出第 10 脚之间有 120kΩ 反馈电阻，可知运放是一个反相放大器，增益 12 倍。将质谱仪通电实测第 5 脚电压－140V，第 6 脚电压＋140V。由运算放大器处于放大状态时反相输入端和同相输入端虚短的原理可知，此运放第 1、2 脚电压应该相等。遂逐个将 6 个运算放大器的电源脚及第 1 脚测量一遍，其中 6 个运放有 5 个第 1 脚电压都是 0V，这符合运算放大器的规律，而测量剩下那一个运放的第 1 脚电压时，读数为 6.7V 且不稳定，会跳动，同时测第 10 脚电压也在跳动，显然，这不科学！不符合运算放大器的虚短特点，判断此运算放大器已必坏无疑。购新件更换后试验机器正常。

6.5.2　台湾产 IDRC 功率计 CP-310 测量超差

故障： 测量超差，显示的电流、功率比实际的高，超出误差范围。

检修： 取一个灯泡，给 220VAC 接入功率计，接通电源，记下显示的交流电压、电流和功率，与正常的功率计比较，故障功率计比正常功率计超出大约 3%的电流和功率值，电压显示正常，使用高精度的 FLUKE189 万用表串联功率计的电流输入端，观察功率计的显示值比万用表的显示值也偏大约 3%，拆开仪器外壳，观察线路板，发现取样信号分成电流和电压两路，分别接入金属外壳屏蔽的后级放大，再 AD 转换送单片机做数据处理。其中，电流信号是串联一个 W 型金属片来取样其上的电压，取样电压再送放大电路。揭开电流取样放大部分的屏蔽罩，发现若干关键芯片的印字已被磨去（台湾产的工业电路板常有此举），不知用的是何芯片。发现电流取样放大电路部分有一个蓝色可调电阻，记住此可调电阻的位置，用螺丝刀试着调整，并同时观察显示电流和功率值，发现无论顺时针逆时针调整后都无变化。电流取样信号首先通过一个电阻进入一个 8 脚 DIP 封装 IC，但 IC 型号被擦掉，如图 6.36 所示。

图 6.36　改变运算放大器放大倍数

分析此台仪器价值应该不是特别昂贵，料想仪用放大器也不会用得太昂贵，而平时接触最普通、高性价比并可堪一用的放大器就数 OP07 了。遂在电路板上核对电源脚位及同相反相输入端，皆与 OP07 吻合，权且将此放大器当做 OP07。因为调整可调电阻不能使显示改变，所以尝试别的方法去略微减小电流取样放大倍数。方法之一是改变 W 型的金属条取样电阻，但是这很难控制，方法之二，改变反馈电阻的大小从而改变整体放大倍数。OP07 与外接电阻组成反相放大器，找到此芯片取样电流输入与 2 脚之间连接电阻与 6 脚的反馈电阻 RA12，标称 1.5kΩ，1%，实测为 1.505kΩ，符合精度。根据反相放大器原理，电压放大倍数与反馈电阻大小成正比，所以只要将反馈电阻 RA12 适当减小就可达到目的，而在 RA12 上并联某个阻值的电阻，并联后的阻值就会减小，于是先在 RA12 上并联一个 100kΩ 可调电阻，然后一边调整可调电阻一边观察功率计的电流显示，当与万用表的显示一致时，将此可调电阻取下，测量其阻值为 62.3kΩ，然后找一个 62kΩ 电阻替换此可调电阻，试着将功率计接不同负载，观察显示电流和万用表的显示值都相同，再将此功率计与好的功率计测量一样的负载，更换不同的负载，显示值在误差范围内都相同，至此维修完成。

6.6 控制板卡维修实例

6.6.1 FANUC A02B-0303-C205 控制模块失效

故障： 控制失效。

检修： 经查 24V 转 5V，3.3V 电压无输出，查 24V 输入相关保险及相关二极管正常，查电容无短路，电容 *VI* 曲线正常，此板还有他人维修痕迹，属曾经维修不成功模块。此模块采用 step-down 降压式开关稳压芯片 LTC3707EGN，它的典型电路如图 6.37 所示。

先不怀疑芯片损坏，查周边元件，当查到一个标称 242（2.4kΩ）的贴片小电阻时，显示 12.3kΩ，说明此电阻已经损坏。找相同阻值电阻更换后，给模块通 24VDC 电压，5V 输出正常，3.3V 输出只有 1.2V 左右，断电量 3.3V 电源正负间电阻只有 20Ω，怀疑某个元件短路，试着通电一段时间，逐个用手摸 3.3V 上并联的元件，当摸到一个 220μF 钽电容时，感觉其表面发烫，仔细观察，发现被以前的维修者动过并且焊反了，将其更换，复查 3.3V 两端还是 20Ω，通电后 3.3V 电压却正常了。说明 20Ω 电阻是正常的，3.3V 还有一个 BGA 芯片使用，阻值较小，估计是 CPU 芯片，类似于电脑主板 CPU 电源两端的电阻值，只有数欧姆，属于正常。引发故障的最初原因是 2.4kΩ 电阻损坏，然后先前的维修人员又把钽电容焊反了。

注意：

钽电解电容会在正极一侧标注，这和铝电解电容在负极标注相反，无经验的维修人员容易弄错，应引起注意。

6.6.2 FAUNC I/O 模块 A03B-0815-C001 失效

故障： 此 I/O 模块使用在液压机械上，用户反映机器换其他相同模块就可以正常运行，用此模块不能正常运行。

APPLICATION

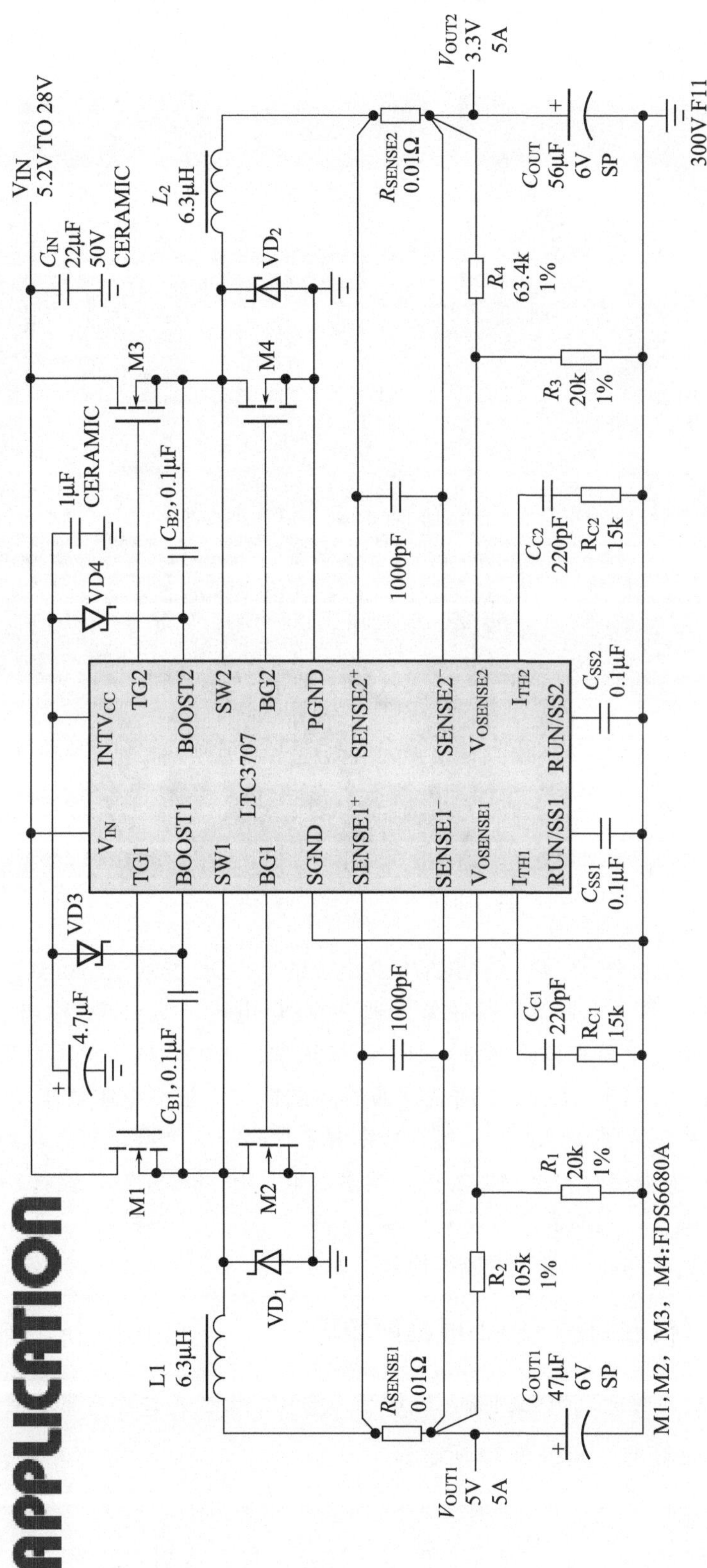

图 6.37　LTC3707EGN 典型电路

检修： 拆开模块，观察电路板，电路板很新，元件外观成色都崭新，板上未发现有烧焦痕迹，如图 6.38 所示。

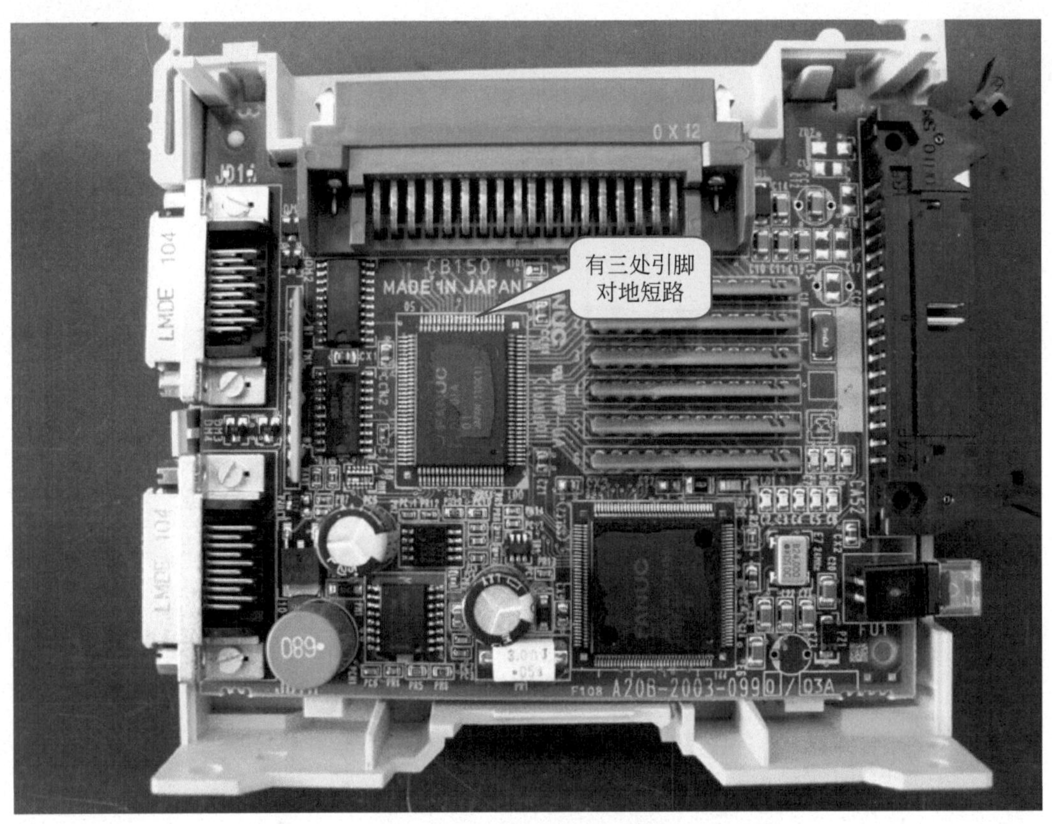

图 6.38　FANUC I/O 模块

板上 5V 电源电压由外接 24V 经 MC34063 组成的 DC-DC 变换电路得到，检测电源部分相关保险电阻、MOS 管、电容等元件正常。通 24VDC 电压，实测 5V 输出电压稳定正常。板上元件不多，将所有电阻和排阻测量一遍，阻值正常。小电容也未发现短路。使用电阻法测量大芯片对地电阻，FLUKE189 万用表置通断测试挡，当被测电阻值小于 20Ω 时，万用表蜂鸣器会报警。将黑表笔接地，红表笔沿着密脚芯片脚位逐个接触扫过，当扫到 FANUC 芯片 DRV01A 上 3 个脚位时，蜂鸣器发声，观察电阻只有 12Ω 左右，检查外围并没有低阻值元件连接这几个脚位，判断此芯片这几个脚位内部对地击穿短路，可能是由外接端子带电插拔或串入干扰引起。购相同芯片更换，模块上机工作正常。

6.6.3　老化测试机控制器 FLASH 程序破坏

故障： 一台老化测试机控制器，出现与 LED 数码管显示屏不能通信故障，用户已经对调测试显示屏是好的。如图 6.39 所示。

检修： 此数码管显示屏有一个特点，即需连接主机后，由主机与其握手通信，如果主机原因引起通信故障，显示器就无显示。拆开主机，找到相关通信接口，发现主机和显示器的通信是通过两个光耦 P121 来控制的，一个用于接收信号，另一个用于发送信

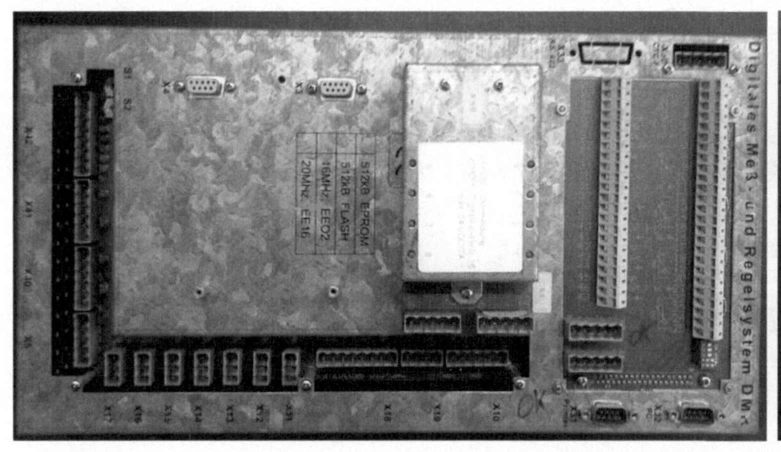

图 6.39　老化测试机控制器主机和显示器

号，如图 6.40 所示。目测检查主机没有元件烧坏及腐蚀痕迹，通信线检查无断线现象，各组电源电压正常，平稳无纹波。取下光耦测试正常，与输入输出通信光耦相连接的元件如电阻、三极管、74HC14 芯片都正常。通电检查 CPU 电路起振有波形，因板上元件不多，除去两片带程序的芯片 29F040 和 24C04 以外，将可测之 74 系列逻辑芯片全部取下测试，都是好的。

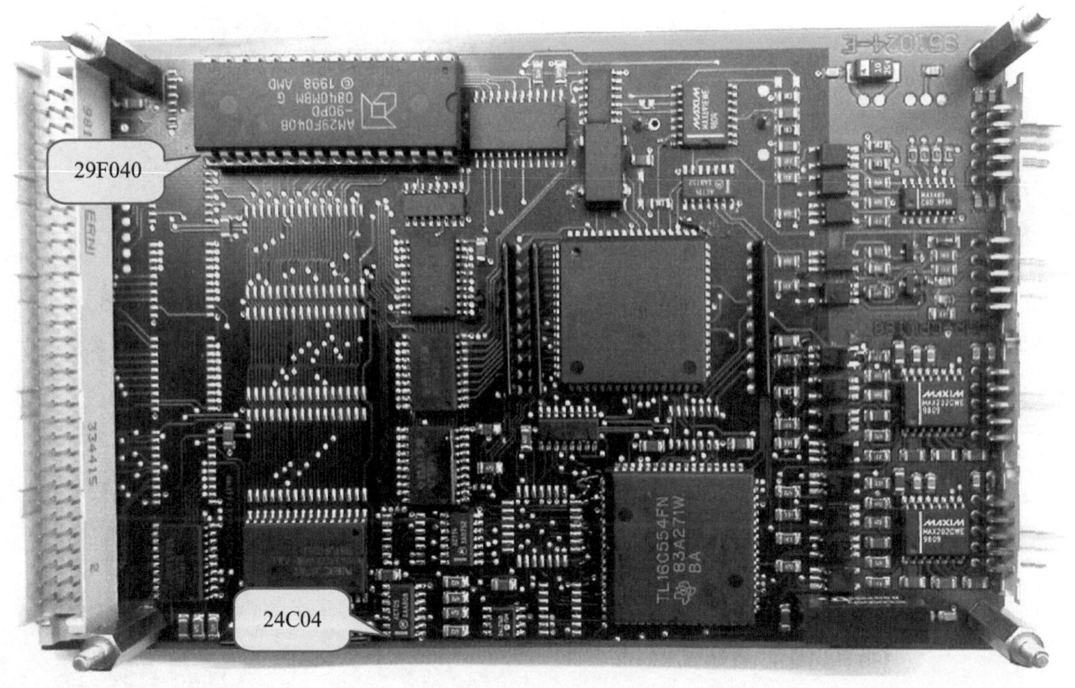

图 6.40　老化测试机控制板

最后怀疑程序芯片有问题，板上 29F040 是 FLASH 存储器芯片，24C04 是串行输入输出的存储器芯片，这两种芯片都是可以重复擦写的。试着用程序烧录器读出程序后，存入电脑，再往原芯片写入读出的程序，这样不会将程序弄丢。发现 24C04 重新写入没有问题，而 29F040 重新写入出错，不能擦除清空内部程序，判断 29F040 已经损坏。在拔出 29F040 芯片后还发现居然电路板上 IC 座的方向焊反了，检查 IC 座的引脚没有明显的拆焊痕迹，应该出厂时就是焊反的，估计用户有试图维修该电路板，试图用好板上的 29F040 代替坏板上的，但受 IC 座焊反误导，将芯片插反，等明白过来后已经通电造成损坏。程序损坏只有找相同芯片复制才可以修复，询用户得知还有相同机器一台，嘱其带来，读出 29F040 的程序，买新的 29F040 芯片，写入好机程序后，联机通电，显示一切正常。

6.6.4 Graf 油盒控制板经常误报警

故障： Graf 纺织机械纱线油盒控制板 ECO Lub，不能检测管道内是否有油，经常误报警。

检修： 此为某公司给纱锭上油的机器上的一个控制装置，如图 6.41 所示，装置设置得很巧妙，由对称的两个电阻通电给管道加热（铝管直径约 8mm），再由两个粘在管道上的 NTC 检测管道的温度，其中一个 NTC 离管道的加热部分比较远，另一个比较近，油从离得近的 NTC 一头流向另一头。如果管道有油流动，则油带走热量，使得两侧 NTC 检测的温度基本一致，误差较小。如果管道没有油流动，则离得近的 NTC 检测温升较快，温度误差足够大时触发报警，指示缺油。

图 6.41　油盒控制板

知道原理以后好办。测试相同温度下两个 NTC 阻值，发现阻值相差较大，必然导致检测误差。找两个温度特性一致的 NTC 更换，一切正常。

6.6.5 船用发电机控制箱故障

故障： 一远洋船舶使用的发电机控制箱故障，用户反映不能控制发电机输出。

检修： 拆开机箱内部，仔细观察板上元件，没有发现烧损痕迹，实物机箱如图 6.42 所示。一般来说，大功率的三极管、MOS 管等半导体器件损坏的概率比较大，而且此板有很厚的绝缘涂层，为方便起见，先从板上的大功率三极管查起，使用万用表二极管挡，在线测各管的 PN 节特性，如果符合，则认为此管没有问题，如果有短路，则拆下管子离线测量，以确定是管子本身损坏引起还是板上其他元件引起。

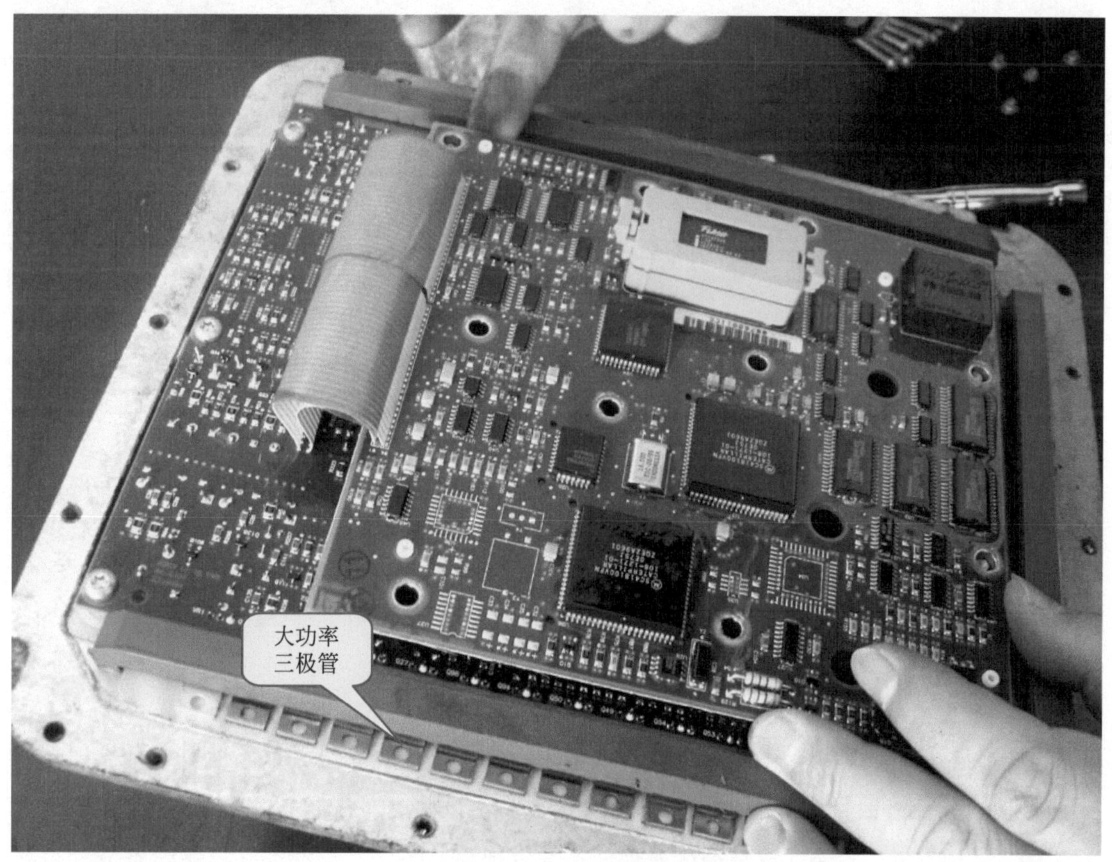

图 6.42　船用发电机控制箱内部

如图 6.43 所示，当测量到一个 PNP 三极管 MJE15031 时，发现三个引脚之间都呈低阻值短路状态，拆下单独测量此管，确实是管子本身短路，另外无意间还发现一个三端稳压 IC 7805 的输入和输出端只有 6Ω 电阻，（此种情况不常见，一般只会分别测量输入和输出对 GND 地之间的阻值，不会测量输入输出之间的阻值，容易忽略，应引起注意），将损坏的元件更换后继续检查和这两个损坏元件相连的其他元件，如可能串联的电阻、二极管等，因为此二元件有短路，短路必然伴随着电流的增大，很有可能使前级串联元件通过很大电流，使得这些元件也有损坏。实际检查并无其他元件损坏。将直流可调电源调至 7V，电流限制在

图 6.43　板上元件损坏

100mA 左右，接入 7805 输入和地之间，观察可调电源是否过大保护，如果保护，再慢慢调大电流，并观察电源电流的变化，直到电流不保护，但最大不超过 500mA，结果电流显示 180mA 的时候，电源电流不保护，7805 输出 5V 也正常，至此维修完成，交给用户试机成功。

6.6.6　船用发电机控制器自检故障

故障： 一台船用发电机控制器，最初无法启动，维修更换若干元件后，有一项参数无法自检，其他参数自检正常。

检修： 重新检查功率部分的元件，没有发现损坏情况，根据维修痕迹检查元件更换情况，发现有一个电阻（图 6.44 所示蓝色电阻）与周围对应的电阻（黑色电阻）有所不同，黑色电阻为 0.2Ω，而蓝色电阻为 2Ω，应该是上次维修时维修人员搞错了阻值，将可能作为采样的 0.2Ω 电阻换成 2Ω，使得采样增大了 10 倍，溢出机器识别范围。重新购买一支 0.2Ω/2W，精度 1%的无感电阻换上，交用户试机，故障排除。

6.6.7　麦克维尔中央空调板故障

故障： 大型超市使用的一台麦克维尔中央空调损坏，用户反映控制箱通电后，控制

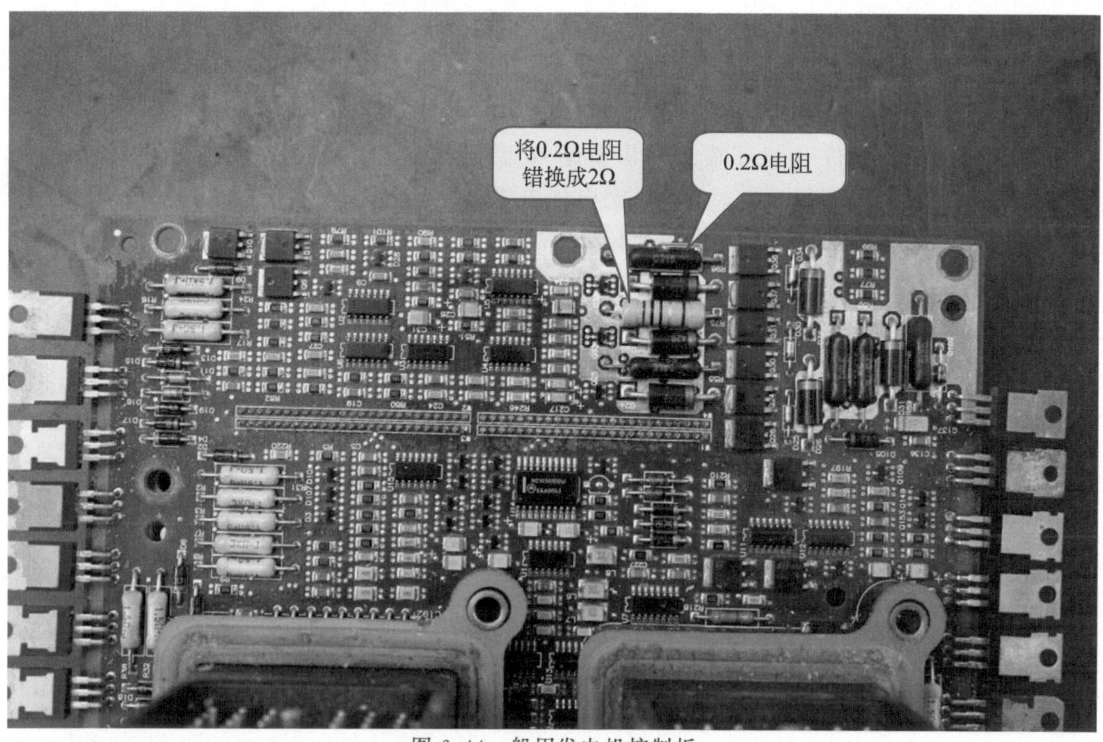

图 6.44　船用发电机控制板

电路板有指示灯亮起，但显示器无任何反应。

检修： 如图 6.45 所示，现场观察通电后主控板的 LED，发现没有任何 LED 闪烁，

图 6.45　麦克维尔中央空调控制板

貌似电脑主板不开机的情况。测量主控板各路电源电压+12V、+5V、+3.3V 正常。将主控板取下，万用表电阻挡测量各路电源对地 GND 电阻值，+12V 对地 10kΩ，+15V 对地 2.7kΩ，+3.3V 对地 260Ω，皆属正常。

目测板上没有元件有烧坏痕迹，将多路输出可调直流电源三路分别调至 12V、5V、3.3V，注意电流不要调得过大，将这几路电压连线焊接至主控板的相应电源输入端，通电，观察可调电源的电流显示，都在数十毫安不等。通电数分钟，用手摸各芯片，没有感觉任何芯片有温度异常。

将 FLUKE189 万用表拨至短路测试模式，该模式下，如果测试电阻<20Ω，万用表蜂鸣器报警，同时万用表上显示测试到的电阻值。将黑表笔固定 GND 接地端，用红表笔一一扫过各芯片引脚，待蜂鸣器报警，观察万用表显示的电阻值，如果是一点几欧姆以下，说明红表笔所接的点系与 GND 地相连，如果显示 2Ω 以上，说明红表笔所接节点某个芯片脚位对地短路。结果共测得 8 处短路点，将短路点标注好记号。将和短路点有引脚连接关系的芯片先后拆下，每拆下一个就重新测试一下标记的短路点，看短路情况是否消失。依此法再测试各脚位对+5V 或+3.3V（视乎哪一个电源系统）有无短路点。

结果把 4 个接口芯片（2 个 LCX16245，2 个 LCX16273）拆下后，所有对地短路节点消失，说明短路是由这些芯片引起。将拆下芯片全部更换新件，重新测试各芯片除了接地脚位，再无对地短路点后，主控板再上机测试，显示屏出现了正常显示，用户功能测试也恢复正常。

6.6.8 OKUMA 加工中心编码器接口板故障

故障： 一台老式 OKUMA 加工中心，用户反映先前 X 轴走低速时机器正常，高速时报警，一段时间后，完全不行，不能开机，用户通过调换确定是某一块编码器接口板所致。

检修： 接口板如图 6.46 所示，因板上元件较少，可以每个元件都测试确认好坏。

图 6.46 OKUMA 加工中心编码器接口板

首先测试电容 *VI* 曲线，发现并无异常，几个电阻在线测试阻值，正常。找到几个芯片的对地端，使用万用表先测试其他引脚对地的通断，如测试时蜂鸣器响，再观察显示的阻值。如果有引脚接地，则该引脚对地电阻显示的就是万用表的短路电阻即表笔的芯线阻值与表笔插头和万用表插座的接触电阻之和，实测电路板时再加上两表笔之间的铜箔电阻，一般在 1Ω 以下，如果有数欧姆，则考虑有元件内部短路，而不是铜箔短路。此板在测试到芯片 26LS31 的某个引脚时，发现其对地电阻为 2Ω，重点怀疑与此节点相连的所有元件，发现此节点除了与 26LS31 芯片相连，还和一个输出端子相连，端子对地短路的可能性很小，所以把 26LS31 拆下，再测短路脚对接地脚电阻为 2Ω，可以确定是该芯片短路。购新件更换 26LS31，板子上机运行，机器恢复正常。

6.6.9　某控制板风扇失控故障

故障： 某控制板，用户反映 220VAC 风扇失控，只要板子一通电，风扇就转动，不能控制停转。

检修： 如图 6.47 所示。找到风扇电源端子，顺着端子，发现 220VAC 风扇的电源是由一个 12V 固态继电器 AQG22212 控制的，测量固态继电器两个“触点”之间电阻，只有 46Ω，拆下测量还是 46Ω，正常应该是断开的，电阻应在数 MΩ 以上，确定固态继电器已经损坏。再循固态继电器的控制端查找，发现该继电器是由达林顿芯片 ULN2003 控制的，在线量 ULN2003 无异常，判断应该只是固态继电器损坏，“触点”短路变为常闭，使得风扇一直得电，失去控制。更换固态继电器，用户试用正常。

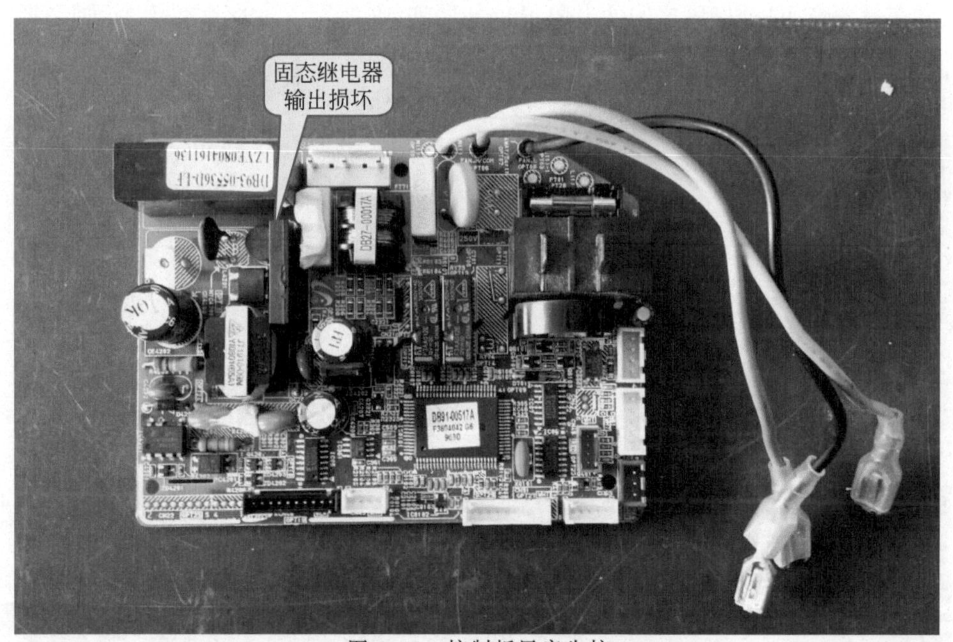

图 6.47　控制板风扇失控

6.6.10　纱锭半径检测板检测数值乱跳

故障： 某纺纱厂一检测纱锭半径的板卡显示的数值乱跳，不稳定，如图 6.48 所示。

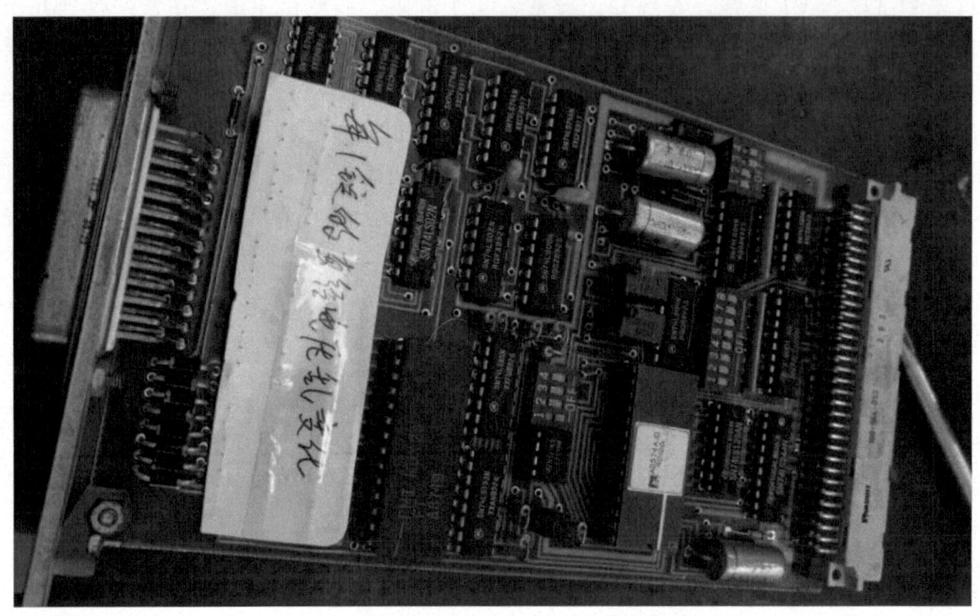

图 6.48　纱锭半径检测卡显示数值乱跳

检修： 首先怀疑板上三个电解电容有没有失效。数字电桥设定 100Hz，0.3V，在线测试电解电容 *D* 值为 0.08～0.14，电容损耗并未有多大问题。万用表扫各芯片引脚对地阻值，也未发现有明显短路。电路板上有两个 IC 插座，怀疑接触不良。使用高精度万用表测试对应的芯片脚和 IC 插座脚之间的电阻值，如图 6.49 所示，发现有两个 IC 脚和插座脚之

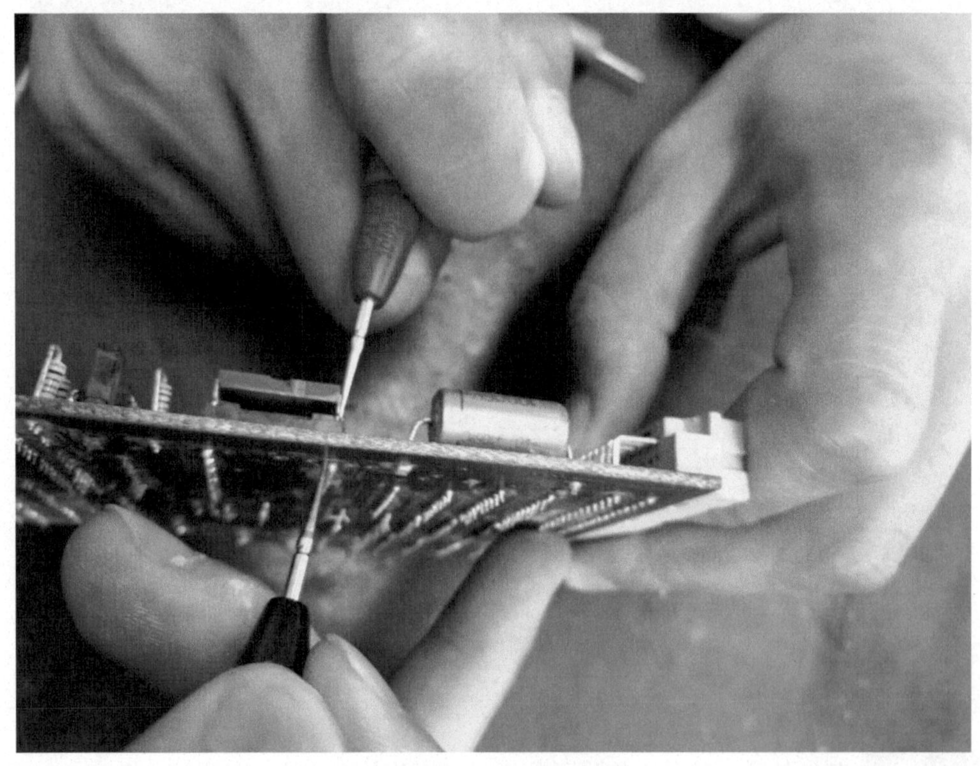

图 6.49　测试接触电阻

间阻值在 4.5～12Ω 之间变化且不稳定，而另外的引脚电阻都是 0.3Ω。将芯片从 IC 座子取下，发现 IC 引脚颜色发暗，没有光泽，氧化明显。使用刻刀将 IC 引脚氧化层刮干净（图 6.50），重新插入座子，再测接触电阻值，全部为 0.3Ω。将板子交给客户试机，问题解决。

图 6.50　刮掉 IC 管脚氧化层

6.6.11　老化测试箱控制器 RAM 失效导致程序死机

故障： 某电子产品老化测试箱控制器，通电开机后总是停留在半途某个界面，不能往下走。

检修： 机器可以开机，说明 BIOS 主程序、CPU 、时钟、复位电路都没有问题，甚至 SRAM 的低地址数据块都没有问题。我们知道，SRAM（静态随机存储器）是执行大量数据读写交换的元件。通常存储器的损坏也不是整个芯片的损坏，而是存储器内部某一个或某部分的存储单元出现问题。当程序或数据不会用到这些损坏单元时，应该不会引发什么问题，而当程序或数据恰好用到这部分单元时，势必造成程序或数据的错误，从而引发程序跑飞，造成程序的死循环。体现的故障现象就是程序停留在某一个界面，再也走不下去，按键也没有响应。

另外，控制器中用到的 FLASH 芯片类似于电脑中的硬盘，用于存储操作系统类文件，如果此文件出现错误，有可能导致程序不能执行下去。FLASH 芯片内部是包含数据的，如果芯片物理损坏或者只是这些数据出错，单单换上新的没有数据的空白芯片也是不能解决问题的，必须复制相同机器的数据才可以。鉴于此，先怀疑 SRAM 芯片问题，某些编程器可以提供 SRAM 的测试，但限于早期的低容量的 SRAM，如 62128，62256 之类，大容量的 SRAM 没有测试手段，鉴于此，此板是否有问题，可以通过代换 SRAM 来观察。通过代换 SRAM，重新上电开机，发现程序能够正确执行了，说明问题确实是 SRAM 引起。如图 6.51 所示。

图 6.51　RAM 损坏引起死机故障

6.6.12 模拟量输入板某些通道出错故障

故障： 某工业生产线的模拟量处理电路板，8 个模拟通道中的两个模拟通道有问题，显示数据严重偏离正常值。电路板如图 6.52 所示。

检修： 根据客户提供的信息，找到故障通道的输入端。8 个输入端模拟信号是通过模拟开关切换接入后级处理的。对相同电路结构的输入端芯片对比阻值，没有发现阻值异常偏差。电路板模拟电路部分比较多，电路板上有很多运算放大器，而且这些运算放大器都是共用双电源的，为了查出是哪一个运算放大器的问题，找出运算放大器的正负电源端以及模拟部分 0V 电压点，用维修电源给电路板通电，再测试每一个运算放大器的同相输入端和反相输入端相对于 0V 点的电压值，如果电压一样（偏差不超过 0.1V），就认为该运算放大器

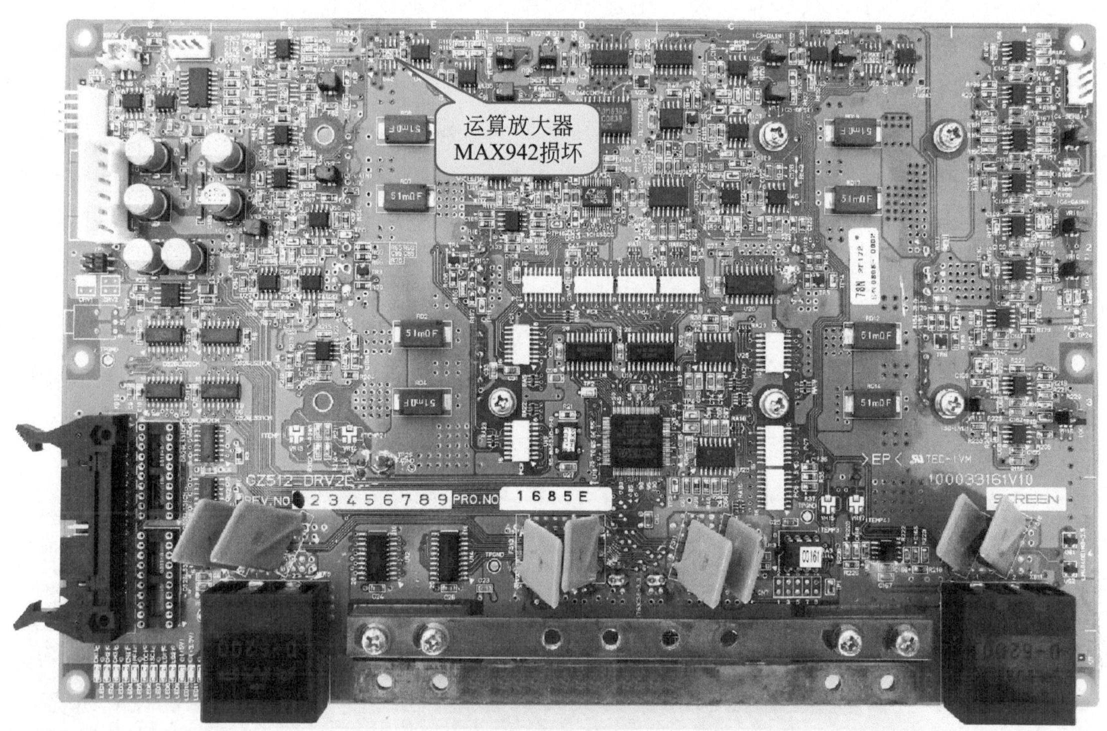

图 6.52　运算放大器损坏引起模拟通道异常

无故障，这就是运算放大器所谓的虚短特点。如果电压有过大偏差，再关电观察或测试运算放大器的输出端和反相输入端之间的反馈电阻，以确定是否有负反馈，如果无负反馈，说明运算放大器是做比较器用，就应该用比较器的电压比较逻辑来判断，看输出端是否符合这个逻辑关系。通过测试发现一个运算放大器 MAX942 外围电路存在负反馈，但是却不符合虚短特点，将此运算放大器拆下，万用表电阻挡正反测试，发现此运算放大器的正负电源输入端之间只有 100 多欧姆电阻值，显然已经损坏。更换新的运算放大器，电路板拿客户工厂上机使用正常。

6.6.13　生产线 IO 控制板异常

故障： 某制造生产线主控屏幕显示 IO 板异常。

检修： 如图 6.53 所示 IO 板，先目测检查，观察有无烧焦元件，电路板有无受到腐蚀断线之处，特别是电池周边的电路板部分和电解电容周边的电路部分是最容易受到腐蚀的部位。用放大 20 倍放大镜检查后，发现并无断线之处。然后确认电路板的供电电压。74 系列数字电路以 5V 或者 3.3V 供电电压最为常见，一些板卡有稳压电压变换部分，有些板卡电压直接来自接线端子。来自稳压电压变换的应该寻找稳压电压变换芯片，如有些直接使用 7805 之类线性稳压芯片，有些使用 LM2576 之类 BUCK 电路芯片，直接找到这些芯片就可以确定数字电路的供电电压。电压来自接线端子的，可以找到典型数字电路芯片，查看该芯片的数据手册，确认供电电压大小。模拟电路部分供电应查找运算放大器芯片，确认供电脚的走线去向。确认电路板的供电后，可以用万用表测试一下电源正负之间的电阻值，根据欧姆定律估算电流大小，然后算功率。电流和功率大小不能偏离常识太多，比如 24V 供电，只有 10Ω 电阻值，根据公式功率 $W=U^2/R$ 知通电后板子功率达到 57.6W，显然太大，故板子存在短路可能。经查此板 5V 电源正负端电阻 2.8Ω，显然存在短路。从维修电源引入 5V 至电路板，先把电流调整至最小，然后慢慢加大。观察电压和电流显示大小，电压和电流的乘积就是板子此时消耗的功率，慢慢调整电流的大小，将功率控制在 1～2W 之间，然后用手摸芯片感应温度大小，如果某个芯片异常发烫，那么这个芯片就存在短路的可能。然后将发烫的芯片拆下，在测量板子电源两端电阻值，如果阻值回复正常，不再偏小，说明拆下的芯片就是短路的芯片。或者直接在芯片的电源脚两端测试阻值，如果阻值很小，就可以百分之百确定芯片损坏。此板经检查，发现 1 片 CPLD 芯片损坏，CPLD 是有程序的，不可以买新的更换，因为没有程序内容，只能从相同的报废电路板上拆下还没有损坏的相同位置芯片更换。

图 6.53　生产线 IO 控制板异常

6.6.14　测温电路无温度显示

故障： 某温度检测板卡故障，上位机无温度显示，其他控制功能正常。如图 6.54 所示。

检修： 此温度检测电路的原理是：使用四线制检测 Pt100 阻值，让 PT100 流过一个恒流源，然后检测 Pt100 两端的电压，知道电压差就可以计算电阻值，然后单片机查表得出对应的温度值。两个 Pt100 两端的电压是通过模拟开关 MAX339 切换来分时检测的。电压

ADC AD7707
损坏

图 6.54　温度检测板不能测试温度

信号送 AD 转换器 AD7707BRZ 转换成数字信号，以串行方式发送给 CPU。只有温度无显示，其他功能正常，说明上位机和控制板的通信是好的，能够传送控制命令，问题在测温电路。模拟开关 MAX339 内部电路如图 6.55 所示。给整个板卡通电，测试模拟开关 MAX339

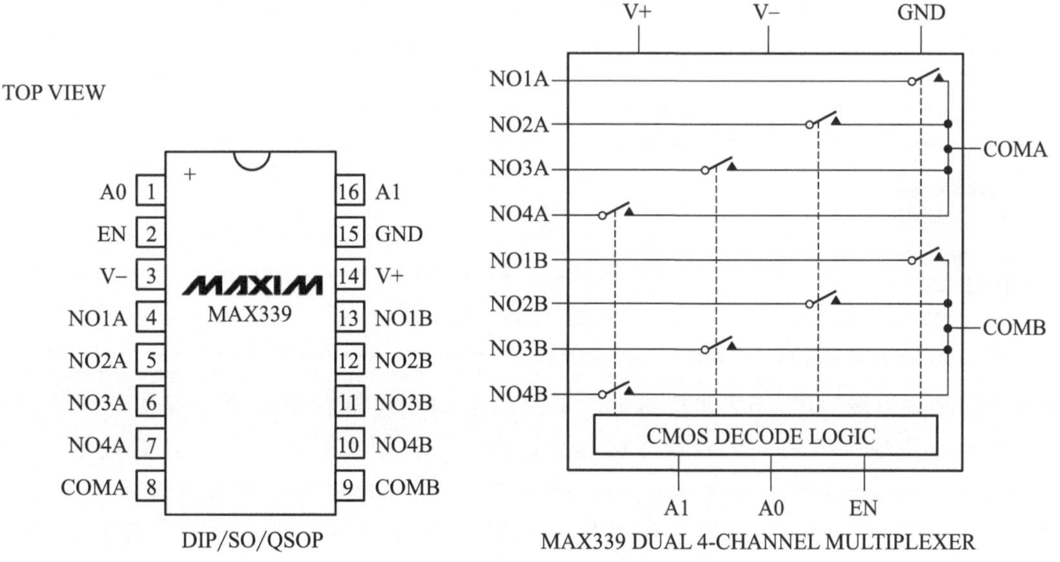

图 6.55　MAX339 引脚分布及内部结构框图

供电电压正常，示波器测试 MAX339 的地址选择信号 A0 A1 有变化的波形，模拟通道 COMA 电压随着地址信号 A0、A1 的变化也在跳变，说明模拟开关可以正确控制，下一步检查 AD 转换器是否把模拟信号正确地转换为数字信号。图 6.56 是模数转换器 AD7707 的内部结构框图。用示波器分别检测该芯片的电源、片选、输入模拟电压、时钟信号、参考电压、串行输入信号、串行输出信号，都有正常幅度的信号，推测该芯片内部转换不良，虽然有转换过程，但是没有把模拟信号转换成正确的数字信号。购相同芯片代换，再通电，使用 120Ω 电阻代替 PT100，观察温度显示 50.1℃，正常，问题解决。

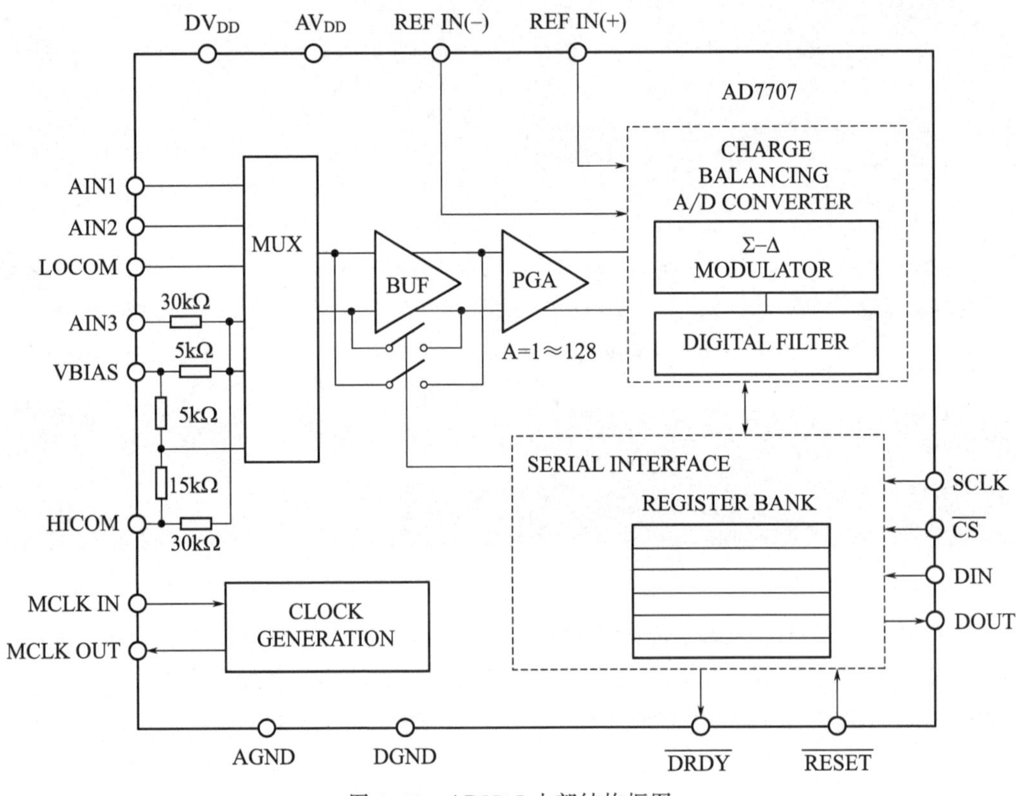

图 6.56　AD7707 内部结构框图

6.6.15　霍尼韦尔控制板无显示

故障： 某霍尼韦尔控制板通电无显示，如图 6.57 所示。

检修： 图中电路板外接交流电源，经整流桥堆整流，2200μF/35V 电容滤波，再经 buck 电路稳压后得到 5V 电压，供数字电路和单片机使用。在桥堆交流输入端接入直流 24V，产生的效果和接入交流一样，都经过桥堆后得到一定方向的直流。用万用表直流电压挡测试电源输出，5V 非常稳定，小数点后面三位都没有跳动，交流电压挡测试交流成分也是毫伏级别。示波器测试晶振波形，发现没有波形，怀疑晶振损坏，更换后控制板仍然没有显示。无意中测量晶振旁边一个 270Ω 电阻，发现阻值有数千欧姆，确认损坏。经查，此电容是串联在晶振输出脚到单片机输入脚之间的。更换电阻后，显示正常。

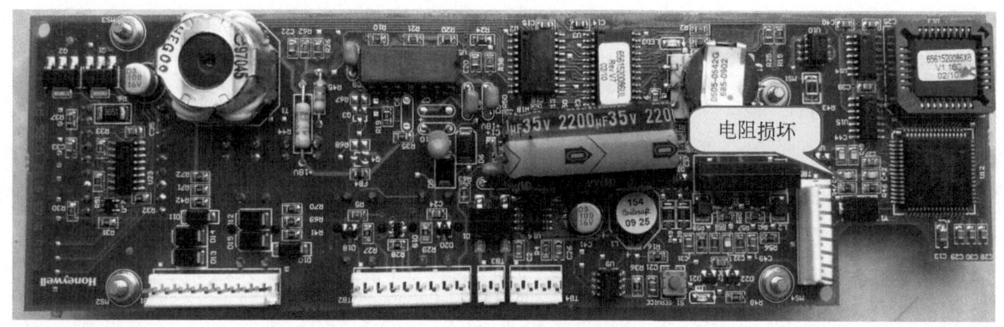

图 6.57　霍尼韦尔控制板

6.7　工控主板维修实例

6.7.1　伦茨带触摸屏工控电脑无显示

故障： 一台伦茨工控电脑，通电后显示数秒 LOGO 画面就再无任何显示，也无任何报警。

检修： 给电脑接入 24V 电源，通电后，有图片 LOGO 显示在屏幕上，电源显示电流 400mA 以上，但大约经过三四秒时间，显示黑屏，触摸屏幕没有任何反应。拆开电脑外壳以后，发现电脑的 CPU 及内存芯片都在一片插卡上，此卡插在主板插槽内，如图 6.58 所示。

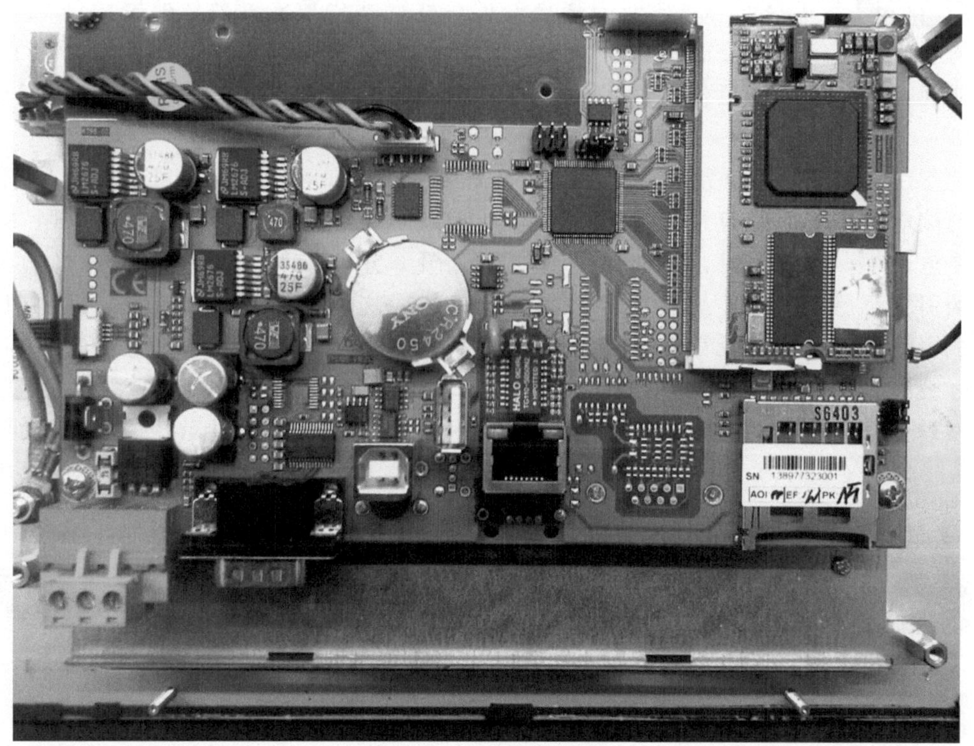

图 6.58　伦茨触摸屏故障

既然电脑有 LOGO 显示，说明 CPU、电源、内存及显示部分元件都是好的，判断是电脑检测到外设有严重错误而自动关机。将插卡与好机对换，故障如旧，说明故障在主板上。怀疑插槽接触不良，将其清洗并仔细检查，确认插槽没有问题后通电试机，故障不变。顺便检查电源情况，24V 经变换后得到 12V、5V、3.3V 电压，万用表检查，各电压稳定，示波器检查亦无纹波。怀疑主板与 CPU 卡板之间的沟通芯片 CPLD 及相关电路有问题，测试此芯片与插槽脚位的串联电阻，阻值未见异常。除 CPLD 以外，将主板上其他芯片与好机对调，故障依旧。怀疑 CPLD 损坏，因 CPLD 含用户程序，不敢和好机对调以防对调后损坏到好机 CPLD 程序。本想就此放弃维修，后在观察电脑启动至稳定期间电流变化时发现，好机在瞬间达到 300mA 后变为 200mA 多一点，而坏机瞬间会达到 430mA，然后变为 10mA 左右，根据平时经验，此种电脑的显示器部分消耗了绝大部分电流，坏机有没有可能显示部分耗电过大而自关断呢？于是将好机的显示部分高压条输入 12V 电源插头拔掉，启动观察发现机器稳定后的电流也是 10mA 左右，这说明有可能坏机本身一直启动都是正常的！只是高压条在启动过后关断了，灯管未被点亮，于是在显示屏上看不到任何东西。于是将好机坏机高压条对调，坏机显示正常了！故障点指向了高压条，将高压条拆下，仔细检查发现 PCB 板上有一个焊盘过孔腐蚀断开，接细铜线上下联通后试机，一切正常。

6.7.2 研华工控机主板不开机故障

故障： 一台注塑机，上电后屏幕无显示，经用户确认是注塑机的控制主板引起的故障，该主板本来是从好机上拆下到其他机器试机，试机时怀疑弄坏了。

检修： 将主板插入专用的工控板插槽，连接显示器、键盘，通电，观察显示器无任何反应。基于用户反映的情况，先从外观上检查板上有无损坏的痕迹。除了查看较容易观察的元件，还要使用放大镜查看细小元件，例如小电阻、电容，芯片的细小引脚等。

检查后发现有两个小元件有明显被碰离焊盘的状态，如图 6.59 所示。测量电阻的焊盘两端电阻值，显示有数百千欧，而电阻标记的是 22Ω，这样的小阻值电阻一般是串联在电路中，无此电阻，则此路信号必定断开，这很有可能是主板不开机的原因。电容的引脚也已经碰掉，虽然电容断开对电路的影响可能没有那么重要，但电阻开路会造成主板故障是肯定无疑的。测电阻阻值还是 22Ω，将其重新焊回电路。电容的引脚已经破损，但尚可测其电容，将其焊下，测其容量为 10nF，找相同封装、容量的电容代替焊上。重新插入插槽，通电，“滴”的一声，显示器有了显示，说明已经可以开机，故障排除。

6.7.3 工控机主板 USB 口失效故障

故障： 客户反映在插拔此工控主板 USB 接口的时候，发现数据不能传输，如图 6.60 所示。

检修： USB 接口包括 VCC、D+、D−、GND 共 4 根线，使用万用表测试 D+ 对地只有 40Ω 左右，D− 对地电阻也只有 38Ω。随手找身边带有 USB 接口的某块电路板，不通

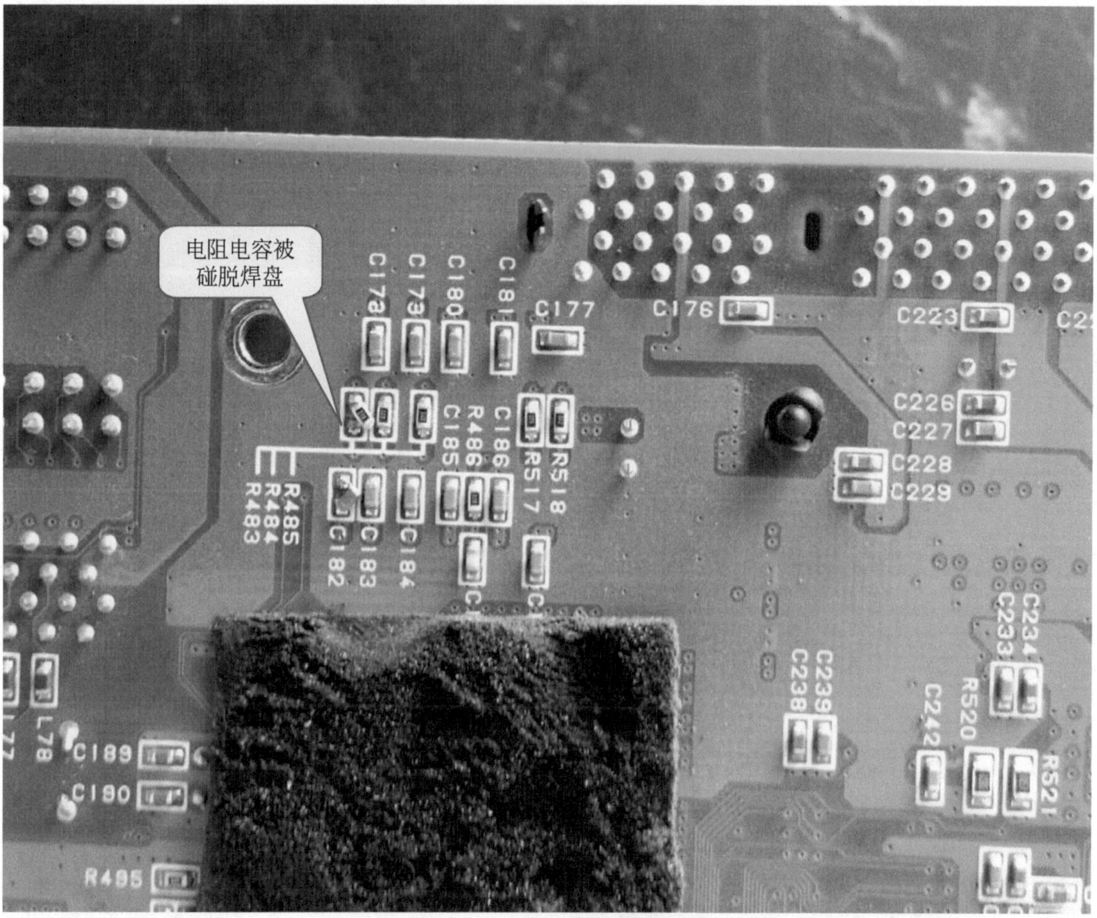

图 6.59　工控机主板电阻碰掉

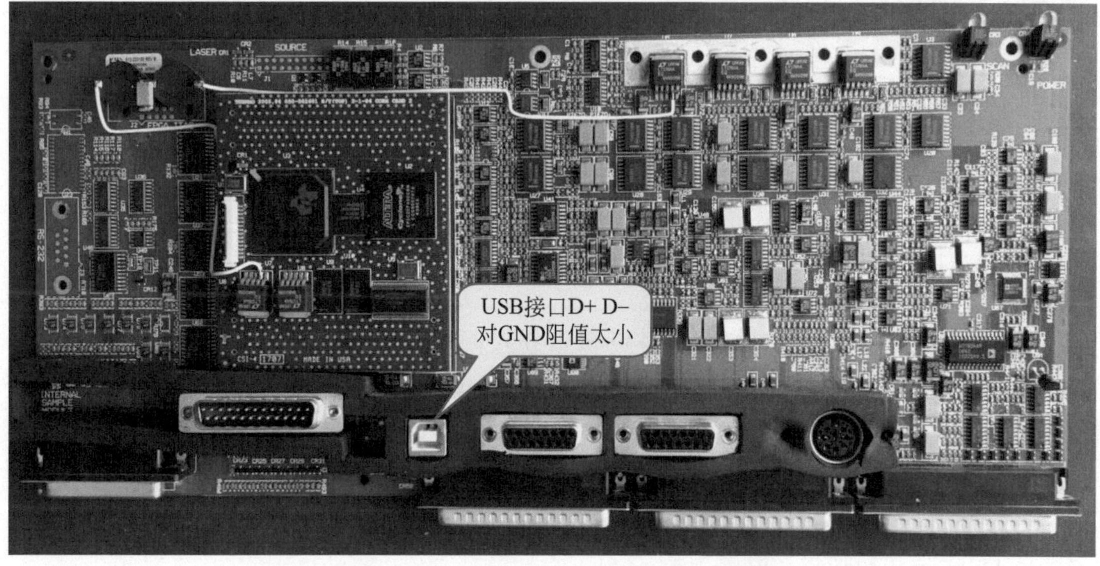

图 6.60　工控机主板 USB 接口不通信故障

电时测试，对比结果发现被修电路板存在短路情况。使用万用表通断挡扫描 D+、D−信号的去向，发现其连接到了一个双列贴片密脚芯片，拆下此芯片再测试 USB 口 D+ D−对 GND 阻值，在数十千欧以上，实测该芯片对其接地脚电阻 40Ω 左右，确认该电阻损坏。购买新的芯片代换，问题解决。

6.7.4 工控机主板与变频器不通信故障

故障： 使用者反映该控制器与变频器不能通信，不能控制变频器启动，更换其他相同电路板可以启动变频器。如图 6.61 所示。

图 6.61 工控主板通信故障

检修： 通常工业控制使用 RS485 通信方式，既然通信不上，就应该先查找 RS485 通信芯片。发现电路板上有两个 8 脚芯片 MAX485（图 6.62），这类芯片差分信号引脚都是要连接到接线端子的，于是使用万用表蜂鸣器挡顺着第六脚第七脚检查看连接到哪一个端子位去了。结果测试中无意发现 6、7 脚之间的电阻值非常低，只有 5.4Ω，拆下这一个 MAX485 芯片，发现确实是这一个芯片 6、7 脚之间短路，同时 6、7 脚又和 5V 是短路的。更换这个芯片，上机测试，故障排除。

图 6.62　MAX485 通信芯片故障

6.8　数控机床维修实例

6.8.1　阿奇火花机报油温超过 50℃

故障： 客户反映，一台阿奇火花机进入应用程序界面后报警油温超过 50℃，检查控制板上温度 OK 的 LED 不亮，相应的继电器不吸合，整机不能工作。

检修： 客户将以为是损坏的一块控制板拿来我处维修。经全部检查板上元件并无问题。如图 6.63 所示。

维修电工在机器后部的油箱内找到一个温度传感器，拆下后量电阻为 8kΩ 左右，用手摸电阻随着温度的升高变小，说明传感器是好的。传感器经过一个小电路板将温度变成电流后再输入到控制板，并且屏幕显示有 28℃，且用手摸后显示温度随着上升。实际油温未超过 50℃，为何会报警？是内部报警程序设定错误？操作工反映从未进行过程序设定，是开着的好机突然就出现报警。于是顺着温度 OK 指示 LED 对应的继电器线圈检查，发现放电油槽侧面不可见部分有两个常闭的标注为 50℃的帽形温度保护开关因油浸已经断线，重新焊好后开机，一切正常。

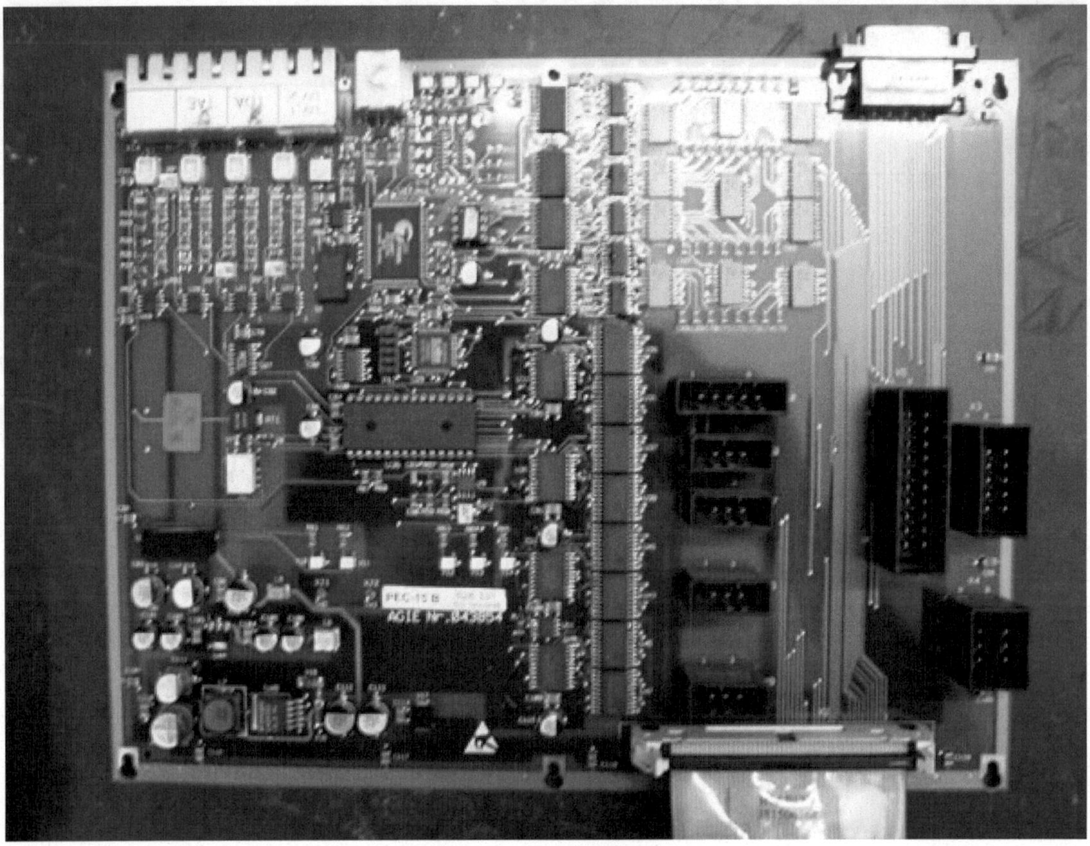

图 6.63　阿奇火花机控制板

6.8.2　法国 SAF 自动焊机开机按键失效故障

故障：一台法国 SAF 自动焊机上电后按任意键不起作用。

检修：经检查发现在电路板上每一个按键都并有一只 0.1μF 的滤波电容，其中有一只按键的电容短路，效果相当于这只按键一直按下，从而将其他按键锁住使其无效。更换电容后故障排除。

6.8.3　辛辛那提加工中心 real time 板故障

故障：一台美国辛辛那提加工中心，有时工作正常，但工作数小时至半天不等就出错，出错报 Rearl Time 板有问题，并指出了出错地址。

检修：怀疑与存储器有关的部分出问题。将 Rearl time 板上两块内存条对调，问题依旧，出错地址也与先前一样。板上另有数片 SRAM 存储芯片，将其拆下用在线测试仪对比测试正常，怀疑滤波不良致存储器读出错误，遂将其上 10μF/6.3V 电容全部更换，将 5V 电源稳压管也加以更换，并且在 5V 电源端并一 100μF/25V 黑金刚电容，试机一个月未出问题。

Appendix 1

附录 1

贴片电阻标识代码表

阻值/Ω	代码	阻值/Ω	代码	阻值/Ω	代码	阻值/Ω	代码	阻值/Ω	代码
10	01X	100	01A	1.00k	01B	10.0k	01C	100k	01D
10.2	02X	102	02A	1.02k	02B	10.2k	02C	102k	02D
10.5	03X	105	03A	1.05k	03B	10.5k	03C	105k	03D
10.7	04X	107	04A	1.07k	04B	10.7k	04C	107k	04D
11	05X	110	05A	1.10k	05B	11.0k	05C	110k	05D
11.3	06X	113	06A	1.13k	06B	11.3k	06C	113k	06D
11.5	07X	115	07A	1.15k	07B	11.5k	07C	115k	07D
11.8	08X	118	08A	1.18k	08B	11.8k	08C	118k	08D
12.1	09X	121	09A	1.21k	09B	12.1k	09C	121k	09D
12.4	10X	124	10A	1.24k	10B	12.4k	10C	124k	10D
12.7	11X	127	11A	1.27k	11B	12.7k	11C	127k	11D
13	12X	130	12A	1.30k	12B	13.0k	12C	130k	12D
13.3	13X	133	13A	1.33k	13B	13.3k	13C	133k	13D
13.7	14X	137	14A	1.37k	14B	13.7k	14C	137k	14D
14	15X	140	15A	1.40k	15B	14.0k	15C	140k	15D
14.3	16X	143	16A	1.43k	16B	14.3k	16C	143k	16D
14.7	17X	147	17A	1.47k	17B	14.7k	17C	147k	17D
15	18X	150	18A	1.50k	18B	15.0k	18C	150k	18D
15.4	19X	154	19A	1.54k	19B	15.4k	19C	154k	19D
15.8	20X	158	20A	1.58k	20B	15.8k	20C	158k	20D
16.2	21X	162	21A	1.62k	21B	16.2k	21C	162k	21D
16.5	22X	165	22A	1.65k	22B	16.5k	22C	165k	22D
16.9	23X	169	23A	1.69k	23B	16.9k	23C	169k	23D
17.4	24X	174	24A	1.74k	24B	17.4k	24C	174k	24D
17.8	25X	178	25A	1.78k	25B	17.8k	25C	178k	25D
18.2	26X	182	26A	1.82k	26B	18.2k	26C	182k	26D
18.7	27X	187	27A	1.87k	27B	18.7k	27C	187k	27D
19.1	28X	191	28A	1.91k	28B	19.1k	28C	191k	28D

续表

阻值/Ω	代码	阻值/Ω	代码	阻值/Ω	代码	阻值/Ω	代码	阻值/Ω	代码
19.6	29X	196	29A	1.96k	29B	19.6k	29C	196k	29D
20	30X	200	30A	2.00k	30B	20.0k	30C	200k	30D
20.5	31X	205	31A	2.05k	31B	20.5k	31C	205k	31D
21	32X	210	32A	2.10k	32B	21.0k	32C	210k	32D
21.5	33X	215	33A	2.15k	33B	21.5k	33C	215k	33D
22.1	34X	221	34A	2.21k	34B	22.1k	34C	221k	34D
22.6	35X	226	35A	2.26k	35B	22.6k	35C	226k	35D
23.2	36X	232	36A	2.32k	36B	23.2k	36C	232k	36D
23.7	37X	237	37A	2.37k	37B	23.7k	37C	237k	37D
24.3	38X	243	38A	2.43k	38B	24.3k	38C	243k	38D
24.9	39X	249	39A	2.49k	39B	24.9k	39C	249k	39D
25.5	40X	255	40A	2.55k	40B	25.5k	40C	255k	40D
26.1	41X	261	41A	2.61k	41B	26.1k	41C	261k	41D
26.7	42X	267	42A	2.67k	42B	26.7k	42C	267k	42D
27.4	43X	274	43A	2.74k	43B	27.4k	43C	274k	43D
28	44X	280	44A	2.80k	44B	28.0k	44C	280k	44D
28.7	45X	287	45A	2.87k	45B	28.7k	45C	287k	45D
29.4	46X	294	46A	2.94k	46B	29.4k	46C	294k	46D
30.1	47X	301	47A	3.01k	47B	30.1k	47C	301k	47D
30.9	48X	309	48A	3.09k	48B	30.9k	48C	309k	48D
31.6	49X	316	49A	3.16k	49B	31.6k	49C	316k	49D
32.4	50X	324	50A	3.24k	50B	32.4k	50C	324k	50D
33.2	51X	332	51A	3.32k	51B	33.2k	51C	332k	51D
34	52X	340	52A	3.40k	52B	34.0k	52C	340k	52D
34.8	53X	348	53A	3.48k	53B	34.8k	53C	348k	53D
35.7	54X	357	54A	3.57k	54B	35.7k	54C	357k	54D
36.5	55X	365	55A	3.65k	55B	36.5k	55C	365k	55D
37.4	56X	374	56A	3.74k	56B	37.4k	56C	374k	56D
38.3	57X	383	57A	3.83k	57B	38.3k	57C	383k	57D
39.2	58X	392	58A	3.92k	58B	39.2k	58C	392k	58D
40.2	59X	402	59A	4.02k	59B	40.2k	59C	402k	59D
41.2	60X	412	60A	4.12k	60B	41.2k	60C	412k	60D
42.2	61X	422	61A	4.22k	61B	42.2k	61C	422k	61D
43.2	62X	432	62A	4.32k	62B	43.2k	62C	432k	62D

续表

阻值/Ω	代码	阻值/Ω	代码	阻值/Ω	代码	阻值/Ω	代码	阻值/Ω	代码
44.2	63X	442	63A	4.42k	63B	44.2k	63C	442k	63D
45.3	64X	453	64A	4.53k	64B	45.3k	64C	453k	64D
46.4	65X	464	65A	4.64k	65B	46.4k	65C	464k	65D
47.5	66X	475	66A	4.75k	66B	47.5k	66C	475k	66D
48.7	67X	487	67A	4.87k	67B	48.7k	67C	487k	67D
49.9	68X	499	68A	4.99k	68B	49.9k	68C	499k	68D
51.1	69X	511	69A	5.11k	69B	51.1k	69C	511k	69D
51.3	70X	523	70A	5.23k	70B	52.3k	70C	523k	70D
53.6	71X	536	71A	5.36k	71B	53.6k	71C	536k	71D
54.9	72X	549	72A	5.49k	72B	54.9k	72C	549k	72D
56.2	73X	562	73A	5.62k	73B	56.2k	73C	562k	73D
57.6	74X	576	74A	5.76k	74B	57.6k	74C	576k	74D
59	75X	590	75A	5.90k	75B	59.0k	75C	590k	75D
60.4	76X	604	76A	6.04k	76B	60.4k	76C	604k	76D
61.9	77X	619	77A	6.19k	77B	61.9k	77C	619k	77D
63.4	78X	634	78A	6.34k	78B	63.4k	78C	634k	78D
64.9	79X	649	79A	6.49k	79B	64.9k	79C	649k	79D
66.5	80X	665	80A	6.65k	80B	66.5k	80C	665k	80D
68.1	81X	681	81A	6.81k	81B	68.1k	81C	681k	81D
69.8	82X	698	82A	6.98k	82B	69.8k	82C	698k	82D
71.5	83X	715	83A	7.15k	83B	71.5k	83C	715k	83D
73.2	84X	732	84A	7.32k	84B	73.2k	84C	732k	84D
75	85X	750	85A	7.50k	85B	75.0k	85C	750k	85D
76.8	86X	768	86A	7.68k	86B	76.8k	86C	768k	86D
78.7	87X	787	87A	7.87k	87B	78.7k	87C	787k	87D
80.6	88X	806	88A	8.06k	88B	80.6k	88C	806k	88D
82.5	89X	825	89A	8.25k	89B	82.5k	89C	825k	89D
84.5	90X	845	90A	8.45k	90B	84.5k	90C	845k	90D
86.6	91X	866	91A	8.66k	91B	86.6k	91C	866k	91D
88.7	92X	887	92A	8.87k	92B	88.7k	92C	887k	92D
90.9	93X	908	93A	9.09k	93B	90.9k	93C	909k	93D
93.1	94X	931	94A	9.31k	94B	93.1k	94C	931k	94D
95.3	95X	953	95A	9.53k	95B	95.3k	95C	953k	95D
97.6	96X	976	96A	9.76k	96B	97.6k	96C	976k	96D
								1M	01E

Appendix 2

附录 2

电容精度字母代码

字母	D	F	G	J	K	M
精度	±0.5%	±1%	±2%	±5%	±10%	±20%

Appendix 3

附录 3

工业电路板维修常用英语词汇表

电路板	circuit board
印制电路板	PCB
走线	track
过孔	via
焊盘	pad
封装	package
表面贴装技术	SMT
元件	component
设备	device
精度	precision
可靠性	reliability
偏差	deviation
功率	power
温度	temperature
温度系数	temperature coefficient
稳定性	stability
噪声	noise
电阻器	resistor
色环	colour wheel
排阻	resistor arrays
金属膜电阻	metal film resistor
阻抗	impedance
丝网印刷	silk-screen printing
电位计	potentiometer
可调电阻	adjustable resistor

热敏电阻	thermistor
正温度系数热敏电阻	PTC
负温度系数热敏电阻	NTC
压敏电阻	varistor
保险丝、熔断器	fuse
电容器	capacitor
电解电容	electrolytic capacitor
陶瓷电容	ceramic capacitor
固态电容	solid capacitor
滤波器	filter
谐波	harmonic wave
磁场	magnetic field
电容量	capacitance
电感线圈	inductive coil
电感量	inductance value
短路	short circuit
绕线电阻器	wirewound resistor
电阻值	resistance
钽电容	tantalum capacitor
薄膜电容	film capacitor
聚酯电容	polyester capacitor
漏电	leakage
充电	charge
放电	discharge
电压	voltage
电流	current
变压器	transformer
直流	DC
交流	AC
继电器	relay
接触器	contactor
开关	switch
干簧继电器	reed relay
自恢复保险丝	self-recovery fuse
瞬态电压抑制器	TVS
发光二极管	LED
显示器	display
液晶显示器	LCD
红外线	infrared
紫外线	ultraviolet rays

光幕	light curtain
阴极射线管	CRT
电子枪	electronic gun
偏转线圈	deflection coil
日光灯	fluorescent lamp
对比度	contrast
亮度	intensity
激光	laser
光纤	optical fiber
连接器	connector
二极管	diode
三极管	transistor
场效应管	FET
单向晶闸管	SCR
双向晶闸管	TRIAC
半导体	semiconductor
开路	open circuit
绝缘栅双极型晶体管	IGBT
智能模块	IPM
处理器	processor
微处理器	microprocessor
并行	parallel
串行	serial
光电耦合器	photocoupler
共模抑制比	CMRR
线性	linearity
隔离放大器	isolation amplifier
存储器	memory
只读存储器	ROM
紫外线可擦除存储器	EPROM
电可擦写存储器	EEPROM
串行电可擦写存储器	SEEPROM
易失性存储器	volatile memory
非易失性存储器	nonvolatile memory
运算放大器	operational amplifier
稳压器	voltage regulator
模拟电路	analog circuit
数字电路	digital circuit
转换器	converter
厚膜电路	thick film circuit

静电	static
故障	fault
报警	alarm
警告	warning
螺丝	screw
螺母	nut
螺丝刀	screw driver
镊子	tweezer
发电机	generator
放大镜	magnifier
酒精	alcohol
万用表	multimeter
示波器	oscilloscope
烙铁	soldering iron
电池	battery
锡线	solder wire
焊锡丝	tin solder
信号发生器	signal generator
脉冲	pulse
幅度	amplitude
正弦波	sine wave
方波	square wave
锯齿波	sawtooth waveform
电路图	circuit diagram
通信	communication
晶体振荡器	crystal oscillator
差分电路	difference channel
恒流源	constant current source
引脚	pin
蜂鸣器	buzzer
曲线	curve
超出	exceed
过流	overcurrent
过压	overvoltage
过热	overheating
基极	base
集电极	collector
发射极	emitter
门极（栅极）	gate
相位	phase

数据手册	datasheet
伺服驱动器	servo drivers
焊接	soldering
衰减	reduction
插槽	slot
主板	mainboard
终端	terminal
字符	character
变频器	frequency converter
矢量、向量	vector
仪器	instrument
数控机床	numerical control machine tool
主轴	spindle axis
编码器	encoder
光栅尺	grating ruler
速度	speed
反馈	feedback
方向	direction
距离	distance